Requiem
pour l'espèce humaine

Domaine Développement durable

Dirigé par François Gemenne

Les Migrations environnementales
Christel Cournil et Benoît Mayer
Collection Bibliothèque du citoyen
2014 / ISBN 978-2-7246-1490-9

Contre vents et marées
Politiques des énergies renouvelables en Europe
Aurélien Evrard
Collection Académique
2013 / ISBN 978-2-7246-1335-3

Peut-on sauver les forêts tropicales ?
Instruments de marché et REDD$^+$ versus principes de réalité
Romain Pirard
Collection Nouveaux Débats, n° 35
2013 / ISBN 978-2-7246-1406-0

Penser la décroissance
Politiques de l'Anthropocène
Agnès Sinaï (dir.)
Collection Nouveaux Débats, n° 31
2013 / ISBN 978-2-7246-1300-1

Controverses climatiques, sciences et politique
Sous la direction d'Edwin Zaccai, François Gemenne et Jean-Michel Decroly
Collection Académique
2012 / ISBN 978-2-7246-1239-4

Nature et Souveraineté
Philosophie politique à l'heure de la crise écologique
Gérard Mairet
Collection Bibliothèque du citoyen
2012 / ISBN 978-2-7246-1240-0

Requiem pour l'espèce humaine

Faire face à la réalité du changement climatique

Clive Hamilton

*Traduit de l'anglais (Australie)
par Jacques Treiner et Françoise Gicquel*

SciencesPo. Les Presses

Catalogage Électre-Bibliographie (avec le concours de la Bibliothèque de Sciences Po)
Requiem pour l'espèce humaine : Faire face à la réalité du changement climatique / Clive Hamilton ; traduit de l'anglais (Australie) par Jacques Treiner et Françoise Gicquel – Paris : Presses de Sciences Po, 2013.
ISBN papier 978-2-7246-1401-5
ISBN pdf web 978-2-7246-1402-2
ISBN ePub 978-2-7246-1403-9
ISBN xml 978-2-7246-1404-6

RAMEAU :
- Climat : Changements : Aspect social
- Climat : Changements : Aspect environnemental
- Réchauffement de la Terre : Aspect social
- Vingt-et-unième siècle : Prévisions

DEWEY :
- 363.7 : Problèmes de l'environnement
- 304.2 : Écologie humaine

© Clive Hamilton 2013
Originally published in English as *Requiem for a Species*, by Allen & Unwin, 2010.

La loi de 1957 sur la propriété individuelle interdit expressément la photocopie à usage collectif sans autorisation des ayants droits (seule la photocopie à usage privé du copiste est autorisée).
Nous rappelons donc que toute reproduction, partielle ou totale, du présent ouvrage est interdite sans autorisation de l'éditeur ou du Centre français d'exploitation du droit de copie (CFC, 3, rue Hautefeuille, 75006 Paris).

© Presses de la Fondation nationale des sciences politiques, 2013

SOMMAIRE

PRÉFACE 7

Chapitre 1 / **LES FAITS SCIENTIFIQUES SONT TÊTUS** 13
    Sirènes d'alarme 13
    Pire que le scénario noir 18
    Le cycle du carbone 20
    Urgence scientifique contre inertie politique 24
    Un avenir au carbone 28
    Tout cela est-il vraisemblable ? 35
    Le mythe de la stabilisation 37
    Le mythe de l'adaptation 43

Chapitre 2 / **LE FÉTICHISME DE LA CROISSANCE** 47
    Un fétiche nommé croissance 47
    La croissance comme solution 53
    La technologie peut-elle nous sauver ? 57
    Combien cela coûterait-il ? 64
    L'intervention de Stern 66
    Le retour de bâton 72
    La signification de la croissance 78

Chapitre 3 / **CONSOMMATION ET IDENTITÉ** 83
    La nouvelle entreprise 83
    Le nouveau consommateur 86
    Le gaspillage 92
    Le consumérisme vert 94
    L'écoblanchiment 99
    Sauvés par la crise ? 102
    Le syndrome chinois 105

Chapitre 4 / **LES NOMBREUSES FORMES DU DÉNI** 113
    Dissonance cognitive 113
    Les racines du climato-scepticisme 116
    Les valeurs déterminent les croyances 125
    Le scepticisme de gauche 131
    Stratégies d'adaptation 137
    Réinterpréter la menace 141
    La recherche du plaisir 143
    À la recherche de boucs émissaires 146
    L'espoir trompeur 149

Chapitre 5 / **DIVORCE D'AVEC LA NATURE** 155
    La mort de la Nature 157
    Science politique 162
    Gaïa : la renaissance de la Nature ? 166
    Le Moi et le monde 173

Chapitre 6 / **Y A-T-IL UNE ISSUE ?** 181
    La capture du carbone 181
    Le vent, le soleil, l'atome 190
    L'ingénierie climatique ou géo-ingénierie 197
    Géopolitique 206

Chapitre 7 / **QUATRE DEGRÉS DE PLUS** 215
    Plus chaud, mais de combien et quand ? 218
    Quelques conséquences 221
    S'adapter à l'inconnu 227

Chapitre 8 / **RECONSTRUIRE L'AVENIR** 233
    Désespérer 233
    Accepter 238
    Retrouver du sens 242
    Agir 245

Annexe / **LES GAZ À EFFET DE SERRE** 251

    INDEX 253

Préface

Lorsque des faits sont très alarmants, il est plus facile de les réinterpréter ou de les ignorer que de les regarder en face. Peu de gens dans le monde ont vraiment pris conscience de la réalité du réchauffement climatique. Certes, mis à part les « climatosceptiques », nous ne mettons guère en doute les calamités que les climatologues n'ont cessé d'annoncer. Mais les accepter sur le plan intellectuel, ce n'est pas la même chose que d'accepter sur le plan émotionnel la possibilité que le monde tel que nous le connaissons aille droit vers une fin horrible. Il en est de même de notre propre mort ; nous « savons » tous qu'elle va survenir, mais ce n'est que lorsqu'elle est imminente que nous nous confrontons au sens véritable de notre condition de mortel.

Au cours des cinq dernières années, chaque avancée ou presque de la science du climat a donné une image plus inquiétante du futur. Les climatologues les plus éminents sont arrivés à la conclusion que le monde était en marche vers un avenir extrêmement pénible et qu'il était trop tard pour l'arrêter. Derrière leur apparent détachement scientifique, ils trahissent un état de panique à peine voilé. Aucun d'entre eux ne veut dire publiquement ce que révèle la climatologie : nous ne pouvons plus empêcher un réchauffement climatique qui provoquera, au cours de ce XXI^r siècle, une transformation radicale du monde, le rendant bien plus hostile et bien moins favorable au développement de la vie. Comme je vais le montrer, il ne s'agit plus d'une anticipation de ce qui pourrait advenir si nous n'agissons pas rapidement ; cela va arriver, même si l'on retient les hypothèses les plus optimistes concernant la réaction du monde face aux ruptures climatiques.

La conférence de Copenhague de décembre 2009 était le dernier espoir de voir l'humanité s'éloigner de l'abîme. Mais les principales nations polluantes n'ont pas été capables de prendre l'engagement ferme de réorienter leurs économies vers une diminution rapide de leurs émissions nocives. À la lumière de l'urgence extrême qu'il y avait à agir, la conférence de Copenhague nous a donné le sentiment d'être les témoins non pas de l'Histoire en train de se faire, mais de sa fin. Certains climatologues se sentent coupables de ne pas avoir tiré le signal d'alarme plus tôt, car nous aurions eu alors la possibilité d'agir. Malgré nos prétentions à la rationalité, les faits scientifiques doivent lutter contre des forces plus grandes. Même si l'on ne peut ignorer les facteurs institutionnels qui ont empêché de réagir vite – le pouvoir de l'industrie, l'accroissement des financements politiques et de l'inertie bureaucratique – il est vrai que nous n'avons jamais vraiment cru les avertissements désespérés des scientifiques. L'optimisme irraisonné n'est pas seulement l'une des plus grandes vertus de l'humanité, c'est aussi l'une de ses plus dangereuses faiblesses. Primo Levi cite un vieil adage allemand qui résume bien notre résistance psychologique aux avertissements des scientifiques : « *Nicht sein kann, was nicht sein darf*[1] »

Dans le passé, les avertissements concernant l'environnement ont souvent pris un ton apocalyptique, et l'on peut comprendre que l'opinion publique les ait accueillis avec une certaine lassitude. Cependant, le changement climatique se distingue des autres menaces environnementales, car ses risques ont été systématiquement sous-estimés à la fois par les militants et, jusque très récemment, par la plupart des scientifiques. Les militants de l'environnement, qui sont par nature des optimistes, ont été lents à accepter toutes les implications des analyses scientifiques et ont craint de paralyser le public en l'effrayant trop fortement. Avec un accroissement des émissions globales de gaz à effet de serre dépassant aujourd'hui les scénarios les plus pessimistes d'il y a quelques années, et avec la perspective de franchir bientôt des seuils qui déclencheront des changements irréversibles du climat, il est clair que les Cassandre – les pessimistes du réchauffement climatique – ont vu juste, et que les Pollyanna – les optimistes – ont eu tort. Dans la mythologie grecque, Apollon donne à Cassandre le don de prophétie, mais comme elle ne répond pas à son amour, il la condamne à ce que ses prophéties ne soient jamais crues. J'ai le

---

1. *Ce qui ne doit pas être ne peut pas être*, NdT.

Préface

sentiment que les climatologues qui, pendant deux décennies, n'ont cessé d'alerter le monde au sujet du réchauffement climatique et de ses conséquences doivent se sentir, aujourd'hui plus que jamais, des Cassandre accablés par la malédiction d'Apollon.

Ouvrages et rapports n'ont cessé d'expliquer, année après année, combien l'avenir était sombre, insistant sur le peu de temps qu'il nous restait pour agir. Ce livre analyse les raisons pour lesquelles nous avons ignoré ces avertissements. Il traite des faiblesses de l'espèce humaine, de la perversité de nos institutions, de nos prédispositions psychologiques qui nous ont conduits sur un chemin suicidaire, de nos étranges obsessions, de notre penchant à ne pas voir les faits et, tout particulièrement, de notre arrogance. Il fait le récit de la bataille qu'ont livré notre capacité à raisonner et nos liens avec la Nature – des forces qui auraient dû nous conduire à protéger la Terre – avec notre avidité, notre matérialisme, notre perte de contact avec la Nature – les forces qui ont fini par triompher. Et il expose les conséquences de ces défaites au XXIe siècle.

Pendant quelques années, j'ai pu mesurer le fossé qui existait entre les actions que réclamaient les scientifiques et ce que nos institutions politiques pouvaient entreprendre – fossé probablement infranchissable. Mais je ne pouvais émotionnellement accepter ce que cela signifiait vraiment pour l'avenir du monde. Ce n'est qu'en septembre 2008, après avoir lu nombre de livres, rapports et articles scientifiques récents, que j'ai finalement accepté de basculer et de prendre acte du fait que nous n'allions tout simplement pas agir à la mesure requise par l'urgence. La détermination de l'humanité à transformer la planète pour son propre profit matériel a déclenché des effets indirects d'une ampleur si spectaculaire que la crise climatique menace désormais l'existence de l'espèce humaine. Pour une part, je me suis senti soulagé : soulagé d'admettre enfin ce que mon esprit rationnel n'avait cessé de me dire ; soulagé de ne plus avoir à gaspiller mon énergie en faux espoirs ; et soulagé de pouvoir exprimer un peu de ma colère à l'égard des hommes politiques, des dirigeants d'entreprises et des climato-sceptiques qui sont largement responsables du retard, impossible à rattraper, dans les actions contre le réchauffement climatique. Mais pour une autre part, le fait d'admettre la vérité m'a plongé dans état de désarroi qui a duré presque aussi longtemps que l'écriture ce livre. Pourquoi donc l'écrire ? J'espère que les raisons apparaîtront clairement aux lecteurs.

Accepter la réalité du changement climatique ne signifie pas que l'on ne doit rien faire. On peut au moins retarder les pires effets du réchauffement en réduisant, rapidement et très sérieusement, les émissions globales. Mais tôt ou tard, il faudra regarder la vérité en face et tenter de comprendre pourquoi nous avons laissé se créer la situation dans laquelle nous nous trouvons. Cet ouvrage tente non seulement de répondre à cette nécessité mais aussi de mesurer ce qui nous fait face, pour permettre de mieux nous y préparer.

Je serai sans aucun doute traité de prophète de malheur. Au cours de l'histoire, il y a toujours eu deux sortes de prophéties du malheur. Les unes, comme celles des sectes de l'Apocalypse, sont construites sur la croyance en une « vérité » révélée par une puissance surnaturelle ou par les élucubrations d'un chef charismatique. Tôt ou tard, les faits parlent d'eux-mêmes et la prophétie se révèle fausse. Les autres sont fondées sur la possibilité d'un désastre réel mais dont la probabilité est exagérée. Les communautés de « survivalistes » se sont ainsi développées pendant la guerre froide parmi ceux qui étaient convaincus qu'une guerre nucléaire allait éclater et qu'elle conduirait à la fin de la civilisation. Le risque était bien réel, mais la plupart des gens ne lui donnaient pas une telle ampleur, et les survivalistes furent traités à raison de Cassandre. L'exemple vaut aussi pour quelques menaces, faibles mais réelles, qui ont conduit certains à prévoir la fin du monde – le bug de l'an 2000 et la collision avec un astéroïde.

Jusque récemment, le réchauffement climatique appartenait à la seconde catégorie de prophétie catastrophique, et quiconque prédisait la fin de la civilisation moderne se voyait reprocher d'exagérer les risques connus, à juste titre puisque les prévisions en vigueur concernant le réchauffement indiquaient qu'une action rapide avait une bonne chance d'empêcher un changement dangereux. Mais au cours des dernières années, les prédictions des scientifiques sur la question sont devenues beaucoup plus solides et beaucoup plus alarmistes ; des changements importants et irréversibles sont désormais attendus plus tôt. Après une décennie marquée par la quasi-absence d'actions concrètes, même en retenant les hypothèses les plus optimistes concernant la probabilité que le monde prenne les mesures nécessaires, et même en supposant qu'il n'y ait rien que nous « ignorions ignorer », un changement climatique aux conséquences dramatiques est aujourd'hui à peu près certain.

Dans ces conditions, refuser d'accepter que nous allons affronter un avenir très désagréable devient une attitude perverse. Un tel déni suppose une interprétation délibérément erronée de la science, une vision romantique de la capacité des institutions politiques à agir, ou encore la croyance en une intervention divine. Les Pollyanna du climat adoptent la même tactique que les prophètes de malheur, mais à rebours : au lieu d'exagérer un très petit risque de désastre, elles en minimisent un très grand.

Ce livre poursuit trois objectifs. Le premier, objet du chapitre 1, est de présenter les faits montrant qu'il est trop tard pour empêcher des changements considérables du climat terrestre. Une telle analyse est nourrie des études de la science du climat les plus sérieuses dont nous disposons. Ceux qui voudront me reprocher d'être trop pessimiste devront expliquer en quoi elle est fausse. Les vœux pieux n'y suffiront pas. Bien que je me sois efforcé de réduire l'usage des chiffres et du jargon, ce chapitre est plus technique que le reste de l'ouvrage, tout en demeurant, je l'espère, à la portée des lecteurs non spécialistes.

Le deuxième objectif, dont traitent les chapitres suivants, est d'expliquer pourquoi l'humanité n'a pas réussi à réagir à la menace que représente le réchauffement climatique pour sa survie. Ces chapitres examinent l'obsession moderne pour la croissance et l'énorme importance symbolique du PIB, ainsi que la façon dont la consommation est devenue, dans les sociétés riches, inséparable de la construction de l'identité personnelle ; ils traitent également de notre tendance à adopter différentes formes de déni et d'évitement afin d'édulcorer les vérités qui dérangent. J'y examine comment, sous l'effet de toutes ces forces, l'homme moderne s'est déconnecté du monde naturel au point de perdre le sens de ce qui est important.

Mon troisième objectif est d'aider le lecteur à prendre conscience des implications du grand bouleversement climatique qui va se produire au cours du siècle. Pour ce faire, dans la partie centrale du livre, j'expose les manœuvres de négation et de dissociation que nous déployons si habilement. Face à la réalité d'un climat perturbé, nous avons le choix entre des stratégies d'adaptation ou des stratégies pernicieuses. Même si le désespoir est humain, comme je l'explique dans le dernier chapitre, il va bien falloir que nous acceptions la situation nouvelle à laquelle nous sommes confrontés, et commencions à agir pour en tirer le meilleur parti. Nous devons nous battre, car il n'y a aucune raison de nous soumettre passivement aux faits.

Même si l'analyse se concentre sur les causes sous-jacentes, il est important de rappeler que la raison la plus flagrante de « notre » échec à agir sur le réchauffement global a été l'action politique soutenue et souvent impitoyable des grandes entreprises qui se sont senties menacées par la perspective d'un redéploiement vers des systèmes énergétiques peu ou pas consommateurs de carbone. De nombreux auteurs et journalistes ont mis au jour leur rôle[2]. Le constat est évident, et si certains méritent d'être jetés dans les feux de l'enfer, ce sont bien les dirigeants de compagnies comme ExxonMobil, Rio Tinto, General Motors (GM), Peabody et E.ON, ainsi que leurs lobbyistes professionnels et leurs directeurs des relations publiques. Tout cela va sans dire, du moins dans cet ouvrage. Mais nous avons laissé ces gens-là empêcher les gouvernements d'agir contre le réchauffement climatique. Cela laisse perplexe. Nous aurions pu manifester devant les parlements, occuper les centrales à charbon et envahir les quartiers d'affaires, en exigeant que nos représentants adoptent des lois musclées pour protéger l'avenir de nos enfants. Mais nous ne l'avons pas fait. Pourquoi ? J'espère apporter à cette question des réponses convaincantes.

---

2. Par exemple, Ross Gelbspan dans Boiling Point, New York (N. Y.), Basic Books, 2004, et Guy Pearse dans High and Dry, Londres, Penguin, 2007.

Chapitre 1 / LES FAITS SCIENTIFIQUES SONT TÊTUS

—— Sirènes d'alarme

Ce qui frappe dans le débat sur le réchauffement climatique, c'est qu'à chaque nouvelle avancée de la climatologie, on nous annonce que la situation empire. Les émissions mondiales de gaz à effet de serre, un temps ralenties en raison de la crise financière internationale de 2008, ont toutefois augmenté de façon bien plus rapide que prévu dans les années 1990. Et, depuis 2005, plusieurs scientifiques ont publié des articles montrant l'existence probable de seuils au-delà desquels le processus de réchauffement était renforcé par des mécanismes de rétroaction positive – des petites perturbations du système climatiques produisant de grands effets[1]. Cette compréhension nouvelle est venue bouleverser l'idée rassurante d'une corrélation « dose-effet » entre la quantité de gaz à effet de serre que nous injectons dans l'atmosphère et l'amplitude du réchauffement global qui en résulte.

Forts de cette idée, nous étions persuadés que, même si nous tardions peut-être à réagir, le jour où nous déciderions de le faire, nous serions en mesure de rétablir la situation. En réalité, il est plus que probable qu'au cours des deux décennies à venir, le climat de la Terre s'engagera sur une nouvelle trajectoire pilotée par des processus « naturels » – à commencer par la fonte des glaces arctiques d'été – qui nous échapperont pendant des millénaires.

Les données paléo-climatiques montrent que le climat de la Terre a souvent changé de façon abrupte, passant parfois d'un état à un autre en quelques années[2]. Il est quasiment certain aujourd'hui que

---

1. Par exemple Tim Lenton et al., « Tipping Elements in the Earth's Climate System », Proceedings of the National Academy of the Sciences, 105 (6), 12 février 2008.
2. Jorgen Peeler Steffensen et al., « High-Resolution Greenland Ice Core Data Show Abrupt Climate Change Happens in Few Years », Science, 321 (5889),

dans les prochaines années, si ce n'est déjà fait, le système aura emmagasiné suffisamment de chaleur pour que se déclenchent des processus de rétroaction qui rendront vaine toute tentative de réduire les émissions de carbone. Nous serons impuissants à arrêter le basculement vers un nouveau climat bien moins favorable à la vie qu'aujourd'hui. Le type de climat qui a permis le développement de la civilisation disparaîtra, et l'humanité entrera dans une longue phase de lutte pour sa survie.

Il est difficile d'accepter l'idée que les êtres humains puissent changer la composition de l'atmosphère terrestre au point de compromettre leur propre civilisation, voire l'existence même de leur espèce. C'est pourtant ce que pensent aujourd'hui certains climatologues. Les scientifiques sont habituellement réservés ; hormis quelques non-conformistes, ils s'en tiennent à ce qui semble hautement probable, attitude qui s'avère judicieuse dans la plupart des cas. Mais après avoir mené un immense effort de recherche au cours des vingt dernières années, ils commencent à exprimer la peur qui les tenaille désormais – à savoir que les conséquences du réchauffement climatique seront bien pires que nous ne le pensions, et que le monde n'agira sans doute pas à temps pour l'arrêter. Ces craintes se sont concrétisées à la lecture de l'accord la conférence de Copenhague de décembre 2009, qui a maintenu à des niveaux très modestes les objectifs de réduction à atteindre durant les prochaines années.

En 2007, James Hansen, directeur de l'Institut Goddard d'études spatiales de la NASA et l'un des experts climatiques les plus connus au monde, a invoqué la prudence traditionnelle des scientifiques pour justifier qu'ils aient sous-estimé les risques d'élévation du niveau de la mer. Or, celle-ci pourrait atteindre plusieurs mètres en raison de la fonte possible de la couverture de glace de l'Antarctique Ouest et du Groenland[3]. James Hansen a expliqué que les scientifiques étaient plus préoccupés par la crainte d'être accusés de « crier au loup » que par

---

1er août 2008. Graeme Pearman remarque que ces changements abrupts peuvent avoir été provoqués par une rapide fonte des glaces à la fin de la dernière période glaciaire, « processus qui ne serait pas applicable à la Terre déjà largement dépourvue de glace » (communication privée).
3. James Hansen, « Scientific Reticence and Sea Level Rise », Environmental Research Letters, avril-juin 2007.

celle de « chanter pendant que Rome brûle ». Il existe bien sûr des barrières institutionnelles et culturelles qui brouillent la communication des résultats scientifiques aux décideurs politiques. Les revues scientifiques publient plus volontiers les articles qui se montrent prudents et sont assortis d'avertissements. Et, en dépit de ses nombreux mérites, le processus d'établissement des consensus du Groupe d'experts intergouvernemental sur l'évolution du climat (GIEC), pilier de la réponse institutionnelle au réchauffement climatique, a conduit naturellement à des positions conservatoires qui minimisent les dangers. Hansen a ainsi écrit : « À mon avis, nous disposons aujourd'hui de suffisamment d'informations pour affirmer avec quasi-certitude que, si l'on laisse faire, les scénarios de l'évolution climatique conduiront à une élévation du niveau de la mer de plusieurs mètres à l'échelle du siècle, avec des conséquences désastreuses[4]. »

Les scientifiques qui étudient la glace de mer arctique ont été frappés par le rythme accéléré de sa fonte, et beaucoup parmi eux croient que la fonte sera totale en été d'ici une décennie ou deux[5]. Certains s'attendent même à ce que cela se produise plus tôt. Mark Serreze, directeur de l'US National Snow and Ice Data Center, le Centre national américain de données sur la neige et sur la glace, a déclaré que « la glace de l'Arctique était entrée dans une spirale qui menait à sa disparition[6] ». La surface d'eau sombre qui remplacera en été la surface blanche réfléchissante absorbera plus de rayonnement solaire, ce qui déclenchera un effet de rétroaction positive augmentant le réchauffement terrestre. On s'attend à une cascade d'effets, dus à la propagation de cette chaleur arctique dans toutes les directions : réchauffement des océans voisins, fonte du pergélisol sibérien et déstabilisation de la couverture de glace du Groenland. En décembre 2007, après un été qui vit un recul spectaculaire de la glace de mer arctique, le climatologue de la NASA Jay Zwally déclara : « L'Arctique

---

4. Ibid., p. 5.
5. D'autres, comme Vicki Pope, du UK Met Office, pensent que la dégradation récente et brutale pourrait être due à une variabilité naturelle, mais qu'à long terme le réchauffement anthropique va conduire à une disparition de la glace arctique en été. Vicki Pope, « Scientists Must Rein in Misleading Climate Change Claims », Guardian, 11 février 2009.
6. Cité par Deborah Zabarenko dans « Arctic Ice Second-Lowest Ever ; Polar Bears Affected », Reuters, 27 août 2008.

est souvent considéré comme étant au réchauffement climatique ce qu'était le canari à la mine de charbon. Aujourd'hui, en tant que témoin d'un réchauffement climatique, le canari est mort. Il est grand temps de sortir de la mine[7]. » Un autre fit appel à une métaphore biblique : « Les climatologues commencent à se considérer comme une bande de Noé[8]. »

Les meilleurs climatologues du monde font aujourd'hui monter le signal d'alarme à un niveau sonore assourdissant, car le délai pour agir a pratiquement expiré, et pourtant, tout se passe comme si ce signal était inaudible à l'oreille humaine. Tandis que les scientifiques se désespèrent, les émissions mondiales de gaz à effet de serre crèvent le plafond. Au cours des décennies 1970 et 1980, les émissions totales de dioxyde de carbone (CO_2) causées par l'utilisation de combustibles augmentaient à un rythme de 2 % par an. Durant les années 1990, cette augmentation était tombée à 1 %. Depuis les années 2000, le rythme de croissance des émissions mondiales de CO_2 frôle 3 % par an[9]. À ce rythme, elles doubleront tous les vingt-cinq ans.

Alors que les taux de croissance économique sont passés au-dessous du seuil de 1 % dans les pays riches, ils ont explosé dans les pays en voie de développement, à commencer par la Chine, où les émissions dues aux combustibles fossiles ont crû de 11 à 12 % par an entre 2000 et 2010[10]. En 2005, la Chine était responsable de 18 % des émissions mondiales de gaz à effet de serre ; on prévoit que cette proportion atteindra 33 %[11] en 2030. Le gouvernement chinois, qui prend au sérieux le réchauffement climatique – beaucoup plus que les États-Unis sous l'administration Bush –, a mis en place des politiques ayant pour objectif de diminuer l'intensité des émissions liées à

---

7. Cité dans le New York Sun, 22 décembre 2007.
8. Andrew Weaver, de l'Université de Victoria, Colombie Britannique, cité par Richard Monastersky dans « A Burden Beyond Bearing », Nature, 458, 30 avril 2009, p. 1094.
9. Ross Garnaut, The Garnaut Climate Change Review, Cambridge, Cambridge University Press, 2008, tableau 3.1, p. 56.
10. Ibid., p. 66.
11. Ibid., tableau 3.2, p. 65. En 2030, les États-Unis seront responsables de 11 % des émissions (au lieu de 18 %) et l'Inde de 8 % (au lieu de 4,6 %). En Chine, tout va dans la mauvaise direction : c'est la nation la plus peuplée, son taux de croissance est le plus élevé du monde et son énergie est pour l'essentiel basée sur les combustibles fossiles.

l'électricité et au transport. Mais la simple croissance de l'économie balaie tous les efforts entrepris pour limiter l'augmentation de la pollution due au charbon.

L'espoir des années 1990 qu'une meilleure efficacité énergétique et un basculement graduel de l'Occident vers des sources d'énergie faibles en carbone pourraient stopper le réchauffement climatique a été battu en brèche par la croissance extraordinaire de l'économie chinoise, suivie par celle de l'Inde, du Brésil et de quelques autres grandes économies émergentes. L'énergie qui soutient cette croissance est venue principalement du charbon. Depuis l'an 2000, sa consommation a crû de 10 % par an[12]. Au lieu de réduire l'utilisation du charbon, la planète l'augmente à un rythme sans précédent, au moment même où nous devrions cesser de le faire.

La récession qui a débuté en 2008 a ralenti, et inversé dans certains pays, la croissance des émissions de carbone, mais le volume des gaz à effet de serre a continué de croître[13] : réduire le débit du robinet d'eau n'empêche pas la baignoire de se remplir. Même si les émissions annuelles s'arrêtaient brutalement, l'élévation de température persisterait pendant plusieurs siècles car la majeure partie des anciennes émissions de carbone restera dans l'atmosphère pour longtemps[14]. Il y a tout lieu de penser qu'en l'absence d'une politique interventionniste, les émissions reviendront, d'ici peu, au niveau atteint avant la récession. Alors que dans les deux ou trois prochaines décennies, le rythme d'expansion de l'économie chinoise finira par ralentir, la croissance d'autres grands pays en voie de développement s'accélérera sans doute. Au cours des deux derniers siècles, environ 75 % de l'augmentation des émissions de gaz à effet de serre ont été le fait des pays riches[15] ; au cours de ce XXIe siècle, plus de 90 % de la croissance des

---

12. Ibid., p. 58.
13. National Oceanic and Atmospheric Administration, « Trends in Atmospheric Carbon Dioxide-Mauna Loa », http://www.esrl.noaa.gov/gmd/ccgg/trends/
14. Susan Solomon, Gian-Kasper Plattner, Reto Knutti et Pierre Friedlingstein, « Irreversible Climate Change Due to Carbon Dioxide Emissions », Proceedings of the National Academy of Sciences, 106 (6), 10 février 2009.
15. Richard Monastersky, « A Burden Beyond Bearing », Nature, 458, 30 avril 2009, p. 1094.

émissions mondiales seront dus aux pays en voie de développement[16]. De fait, selon une enquête récemment publiée, plus de la moitié des climatologues croient qu'une réduction des émissions ne suffira pas à éviter le pire et que nous serons contraints de nous engager dans la voie radicale et dangereuse de la géo-ingénierie, sujet que nous aborderons dans le chapitre 6[17].

Pire que le scénario noir

Le *Troisième Rapport d'évaluation* du GIEC, en 2001, prévoyait pour la période 1990-2100 une augmentation de la température moyenne de la surface de la Terre de 1,4 à 5,8 °C par rapport aux valeurs de l'ère préindustrielle. Les « climato-sceptiques » qualifièrent d'alarmistes ceux qui insistaient sur les dangers d'une hausse de près de 6 °C, et ironisèrent sur l'ampleur de la fourchette qui était, selon eux, à la mesure du manque de confiance du GIEC dans les résultats scientifiques. En réalité, la taille de l'intervalle n'était pas due aux incertitudes concernant les effets de la concentration de gaz à effet de serre dans l'atmosphère sur le réchauffement[18], mais à la difficulté de prévoir l'évolution future des émissions mondiales de ces gaz. La faute en incombait davantage aux modèles des économistes qu'à ceux des scientifiques.

Dans les années 1990, le GIEC développa des scénarios pour décrire les facteurs futurs d'évolution des émissions et leurs effets sur le réchauffement. Parmi la demi-douzaine des principaux scénarios du GIEC, le « scénario noir » était connu sous la dénomination de A1F1. Ce scénario, qui conduisait aux estimations les plus hautes du réchauffement, se fondait sur des hypothèses de croissance économique

---

16. Ross Garnaut, The Garnaut Climate Change Review, op. cit., p. 64.
17. Steve Connor et Chris Green, « Climate Scientists : It's Time for Plan B », *Independent*, 2 janvier 2009, http://www.independent.co.uk/environment/climate-change/climate-scientists-its-time-for-plan-b-1221092.html
18. *La proportion dans laquelle de plus grandes concentrations en gaz à effet de serre dans l'atmosphère conduisent à une augmentation de la température s'appelle sensibilité climatique. Selon la meilleure estimation, le doublement de la concentration en CO_2 de 280 à 560 ppm provoquera un réchauffement de 3 °C, avec un intervalle de confiance de 1,5 °C à 4,5 °C, bien que ces valeurs aient été considérées par certains comme sous-estimées.* Voir David Spratt et Philip Sutton, Climate Code Red, Melbourne, Scribe, 2008, p. 45-48.

mondiale forte et supposait, pour les décennies à venir, le maintien d'une étroite dépendance de la production d'énergie à l'égard des combustibles fossiles.

S'agissant du changement climatique, négateurs et conservateurs ont souvent accusé le GIEC d'exagération, et ridiculisé les écologistes en leur reprochant d'attiser les peurs lorsqu'ils évoquaient la possibilité d'un réchauffement atteignant la fourchette haute des prévisions du GIEC. Bjorn Lomborg, dont le livre intitulé *L'Écologiste sceptique : le véritable état de la planète* en fit le chouchou des éditorialistes et des clubs de réflexion de droite, déclara en 2001 que le scénario A1F1 était « à l'évidence, peu plausible », et que les émissions de carbone avaient toutes les chances de suivre la trajectoire la plus faible parmi celles envisagées par le GIEC[19]. Sur cette base, il généralisa les thèses de son livre pour conclure : « Le réchauffement climatique n'est pas un problème qui s'aggrave sans cesse. En fait, tout scénario raisonnable de changement technologique, sans intervention politique, montre que les émissions de carbone n'atteindront pas les niveaux du scénario A1F1 et qu'elles décroîtront vers la fin de ce siècle[20]. »

Lomborg fit cette déclaration confiante au moment même où il devenait clair que la croissance des émissions mondiales avait atteint de tels sommets que le monde suivait un scénario plus noir que le pire des scénarios imaginés par le GIEC. Dans son scénario le plus pessimiste, le GIEC anticipait une croissance des émissions de CO_2 de 2,5 % par an jusqu'à 2030 ; or, nous savons que depuis 2000, les émissions mondiales ont crû de 3 % par an[21]. En l'absence d'action déterminée, ce scénario « pire que le pire » doit être aujourd'hui considéré comme le plus probable[22]. Il est rarement arrivé, dans l'histoire

---

19. Bjorn Lomborg, The Skeptical Environmentalist, *Cambridge, Cambridge University Press, 2001, p. 284, 286 [Édition française :* L'Écologiste sceptique : le véritable état de la planète, *Paris, Le Cherche Midi, 2004].*
20. *Ibid., p. 286.*
21. *Voir aussi Katherine Richardson et al.,* Synthesis Report, Climate Change : Global Risks, Challenges & Decisions Conference, *Copenhague, University of Copenhagen, 2009, Box 2.*
22. *Une comparaison entre les tendances climatiques récentes et les prédictions des modèles publiées dans le rapport du GIEC de 2001 se trouve dans S. Rahmstorf A. Cazenave, J. A. Church, J. E. Hansen, R. F. Keeling, D. E. Parker et R. J. C. Somerville,* « Recent Climate Observations Compared to Projections », Science, *316 (5 825), 2007.*

des débats publics, de voir un commentateur se tromper aussi lourdement que Lomborg.

À quoi faut-il nous attendre avec un pareil scénario ? Le *Quatrième Rapport d'évaluation* du GIEC, publié en 2007, avait réduit l'amplitude de la fourchette du réchauffement climatique à l'horizon 2100, la fixant désormais, si aucune action n'était engagée, entre 2,4 et 4,6 °C au-dessus des niveaux préindustriels[23]. La limite supérieure de 4,6 °C devint alors la plus probable pour le scénario A1F1[24]. Les climatologues estiment que le seuil d'augmentation de la température à partir duquel la couverture de glace du Groenland commencera à fondre se situe entre +1 et +3 °C, c'est-à-dire bien au-dessous du niveau de réchauffement de 4,6 °C prévu par le scénario A1F1. Comme nous allons le voir, les chiffres montrent que même une action rapide et durable au niveau mondial ne nous permettra probablement pas d'empêcher la température de la Terre de croître d'au moins 3 °C. La fonte des glaces du Groenland aboutira à une augmentation du niveau des mers d'environ 7 mètres, redessinant de façon spectaculaire la géographie de la planète.

Le cycle du carbone

Pour saisir l'importance des études climatologiques les plus récentes, une compréhension élémentaire du cycle du carbone est nécessaire. Le cycle du carbone naturel forme le cœur du système de la vie sur Terre. Le carbone circule à travers la biosphère via la croissance et la mort des plantes, des animaux et des microbes. Il est aussi enterré dans les sédiments sous la forme de carbone fossile (charbon, pétrole et gaz naturel), et absorbé par les océans sous forme de CO_2 dissout. Une partie du CO_2 des océans est absorbée par des organismes marins et s'enfouit *in fine* dans les sédiments du fond océanique.

---

23. GIEC, « *Résumé à l'intention des décideurs* », Bilan 2007 des changements climatiques : rapport de synthèse, Cambridge, Cambridge University Press, tableau RID1, p. 8. Voir aussi V. Ramanathan et Y. Feng, « On Avoiding Dangerous Anthropogenic Interference with the Climate System : Formidable Challenges Ahead », Proceedings of the National Academy of Sciences, 105 (38), 23 septembre 2008.

24. *Bien qu'elle ait un intervalle de 2,4 à 6,4 °C au-dessus du niveau de 1990, soit de 3,0 à 7,0 °C au-dessus du niveau préindustriel.*

Le carbone est présent également dans l'atmosphère, sous forme de gaz (dioxyde de carbone, CO_2, et méthane, CH_4). La biosphère terrestre forme, sur la surface de la Terre, une fine couche riche en carbone, au travers de laquelle cet élément s'échange entre les sédiments du fond, l'eau et l'atmosphère.

Pendant presque trois millions d'années, le cycle naturel du carbone a maintenu la concentration du CO_2 dans l'atmosphère à un niveau inférieur à 300 parties par million (ppm), exactement ce qu'il fallait pour que la température de la planète permette l'éclosion d'une riche diversité des formes de vie. Mais l'activité industrielle de l'homme durant les deux ou trois derniers siècles a perturbé cet équilibre. Lorsque nous extrayons et brûlons du charbon, près de la moitié du CO_2 émis est absorbée par des puits terrestres et océaniques. Le reste s'accumule dans l'atmosphère, dont une partie pour une très longue durée. Un quart de ce CO_2 agira encore sur le climat après mille ans, et un dixième après cent mille ans. Comme le fait remarquer David Archer, professeur de géosciences à l'Université de Chicago, les effets du carbone que nous émettons aujourd'hui seront plus durables que ceux des déchets nucléaires que nous produisons aujourd'hui[25]. Au cours de son histoire, la Terre a connu de longues périodes chaudes dues aux gaz à effet de serre, et de plus courtes périodes glaciaires. Ces variations ont été provoquées par les modifications de la répartition des continents et des océans à la surface du globe, par la formation et l'érosion des massifs montagneux, par l'augmentation à long terme de la luminosité du Soleil, ou encore par les variations cycliques du rayonnement solaire dues aux changements de la position orbitale de la Terre par rapport au Soleil. Si l'homme, pendant les deux prochains siècles, devait libérer dans l'atmosphère la totalité du carbone fossile extractible par des procédés rentables, l'impact sur le climat de la Terre serait supérieur à celui d'une modification de son orbite. L'homme est donc devenu une force planétaire « naturelle » comparable à celles qui ont conduit les grands cycles glaciaires définissant les ères géologiques[26].

---

25. David Archer, The Long Thaw, Princeton (N. J.), Princeton University Press, 2009, p. 1 ; Susan Solomon et al., « Irreversible Climate Change Due to Carbon Dioxide Emissions », art. cité.
26. Ibid., p. 6. Le forçage anthropique est aujourd'hui d'environ 1,6 Watt/m² par rapport à 1750 (en prenant en compte tous les gaz), auquel il convient

Les climatologues savent aujourd'hui que l'augmentation de la concentration des gaz à effet de serre dans l'atmosphère accroît la capacité de cette dernière à retenir la chaleur, ce qui à son tour interfère avec le cycle naturel du carbone et tend à amplifier l'effet de serre. C'est ce qu'on appelle un effet de rétroaction positive. Par le biais du changement climatique, les modifications du carbone atmosphérique altèrent le taux d'absorption et de rejet du carbone effectués par les puits naturels océaniques et terrestres. À cause de l'augmentation de la température, les mécanismes de rétroaction positive du climat réduisent la capacité des océans réchauffés à absorber le CO_2 atmosphérique ; ces mécanismes diminuent aussi le mélange des eaux de surface avec les eaux profondes, et par conséquent le transport du carbone depuis les couches superficielles riches en carbone vers ces eaux profondes. On s'attend, en outre, à ce que le réchauffement climatique accentue la déforestation du fait des sécheresses, des incendies et de températures élevées qui ralentiront la croissance des plantes. Une étude récente conclut qu'une augmentation de 4 °C de la température moyenne de la Terre détruirait 85 % de la forêt tropicale amazonienne, et qu'une simple augmentation de 2 °C, qui semble aujourd'hui inévitable, en détruira de 20 à 40 %[27].

Lorsque les puits de carbone terrestres et océaniques absorbent moins de carbone, une plus grande proportion du CO_2 envoyé par l'homme dans l'atmosphère y demeure, ce qui renforce les effets de rétroaction et accroît le réchauffement. Phénomène peut-être plus préoccupant encore, nous nous rapprochons du seuil de libération du méthane et du CO_2 piégés dans le vaste pergélisol de Sibérie, du fait d'une augmentation de la température dans l'Arctique de 4 °C, soit trois à quatre fois la moyenne mondiale.

> d'ajouter l'effet contraire des aérosols, soit 1,2 Watt/m², les effets de perte d'albédo, de l'Arctique et des autres surfaces, et le gain d'émission infrarouge de la mer, soit un total d'au moins 3 Watts/m². Le forçage naturel associé à la fin des périodes glaciaires a été de 6 Watts/m². Nous avons donc atteint aujourd'hui à peu près la moitié de l'effet qui a conduit à la fin de la dernière période glaciaire (Andrew Glikson, communication privée, basée sur James Hansen et al., « Target Atmospheric CO_2 : Where Should Humanity Aim ? », The Open Atmospheric Science Journal, 2, 2008, p. 217-231).
> 27. David Adam, « Amazon Could Shrink by 85 % Due to Climate Change, Scientists Say », Guardian, 11 mars 2009.

Dans la biosphère terrestre, l'effet de rétroaction fonctionne de la façon suivante. Une augmentation de la concentration en CO_2 de l'atmosphère stimule la croissance des plantes, ce qui pompe du CO_2 de l'atmosphère pour la photosynthèse. Cependant, cet effet dit de fertilisation – une compensation ou une rétroaction négative – a ses limites. Les modifications dans la répartition des précipitations et les températures plus élevées associées au changement climatique vont commencer à agir dans un sens contraire, en réduisant la capacité d'absorption de la végétation. Les forêts boréales (du Nord) s'étendront davantage vers le Nord, tandis que les forêts tropicales brûleront. Les processus sont complexes et imparfaitement compris, mais tout indique que les effets néfastes du changement climatique sur l'absorption du CO_2 par la biosphère l'emporteront sur les effets bénéfiques (y compris la stimulation de la croissance des plantes par un accroissement des précipitations dans les latitudes Nord), et que ce bilan s'alourdira avec l'augmentation des températures. Globalement, la capacité des puits naturels à absorber le dioxyde de carbone de l'atmosphère a diminué de 5 % au cours des cinquante dernières années, et cette diminution va se poursuivre[28]. À moins d'être compensé par un autre mécanisme, le réchauffement, amplifié par les rétroactions positives, provoquera, au cours des prochains siècles et peut-être bien plus tôt, la fonte de toute la glace de la planète, entraînant une augmentation du niveau des mers d'environ 70 mètres.

Pour résumer, l'activité humaine augmente la présence de CO_2 dans l'atmosphère, à la fois directement par l'utilisation de combustibles fossiles et par la déforestation, et indirectement en perturbant le cycle du carbone naturel. Pour atteindre l'objectif visé par toutes les mesures internationales et pour stabiliser les émissions de gaz à effet de serre dans l'atmosphère à un niveau considéré comme « non dangereux », et compte tenu de l'effet des rétroactions positives sur le cycle du carbone, nous devons donc réduire nos émissions directes de façon plus drastique que si nous n'avions affaire qu'aux effets directs. Le GIEC estime que pour stabiliser la concentration des gaz à effet de serre dans l'atmosphère à 450 parties par million (ppm), l'existence

---

28. Global Carbon Project, « Carbon Budget and Trends 2007 », 26 septembre 2008, www.globalcarbonproject.org

de rétroactions positives sur le cycle du carbone impose que nous réduisions le total de nos émissions au cours du XXIe siècle de 27 % *de plus* que nous n'aurions à le faire sans ces rétroactions[29].

Urgence scientifique contre inertie politique

Nous nous efforçons de recourir le moins possible aux chiffres et aux abréviations, mais il faut préciser certains ordres de grandeur pour bien apprécier la situation à laquelle nous faisons face. Par ailleurs, le dioxyde de carbone n'est que le plus connu des gaz à effet de serre. Pour analyser l'impact de tous les autres gaz à effet de serre – le méthane, l'oxyde d'azote et bien d'autres à l'état de « traces » – on convertit leur effet en « potentiel de réchauffement global » et on l'exprime en dioxyde de carbone équivalent (CO_2-eq). Lorsque l'on se réfère aux « gaz à effet de serre », il s'agit donc de la totalité des gaz, et pas seulement du dioxyde de carbone. Cela est expliqué dans l'annexe en fin d'ouvrage, où un tableau indique la correspondance entre concentrations en CO_2 et concentrations en CO_2-eq.

Dans les négociations internationales, il est communément admis que si la température moyenne du globe dépasse de 2 °C la température moyenne préindustrielle, nous entrerons dans une zone dangereuse[30]. Un réchauffement de 2 °C semble la valeur la plus probable si on laisse les émissions de gaz à effet de serre dans l'atmosphère atteindre une concentration de 450 ppm, et si l'on néglige les effets des rétroactions positives. Pour fixer le sens du mot « réchauffement dangereux », dans la Convention-cadre des Nations unies sur les changements climatiques (1992), l'Union européenne a adopté la valeur de 2 °C comme limite à ne pas franchir.

---

29. GIEC, Changement climatique 2007 : Rapport de synthèse, Contribution du groupe de travail I, II, III au Quatrième Rapport d'évaluation du GIEC, Core writing team, R. K. Pachauri et A. Reisinger (eds), Genève, GIEC, p. 66.
30. Voir, par exemple, V. Ramanathan et Y. Feng, « On Avoiding Dangerous Anthropogenic Interference with the Climate System », art. cité. Graeme Pearman fait remarquer que fixer un tel objectif ne constitue pas une procédure rigoureuse car cela implique d'estimer les risques associés à un large éventail d'effets à travers la planète. Ces risques sont très élevés pour certains effets et certaines régions du globe (communication privée).

Comme nous allons le voir, la probabilité de ne pas dépasser de 2 °C les niveaux préindustriels est extrêmement faible, pour la simple raison que la probabilité de maintenir la concentration en gaz à effet de serre au-dessous de 450 ppm est pratiquement nulle[31]. En fait, cette concentration a atteint 463 ppm en 2007, le chiffre ne redescendant à 396 ppm[32] que si l'on tient compte de l'effet refroidissant des aérosols[33]. Il n'y a que la pollution de l'air pour nous protéger. La température de la Terre est déjà supérieure de 0,8 °C à sa moyenne historique, et les niveaux actuels de concentration des gaz à effet de serre dans l'atmosphère signifient qu'une nouvelle augmentation de 0,7 °C est en cours et inévitable, même si les émissions cessaient brutalement demain[34].

Les climatologues les plus prestigieux sont aujourd'hui, pour la plupart, convaincus qu'un réchauffement de 2 °C représente un risque substantiel à la fois par son impact direct sur les systèmes terrestres sensibles au climat et par la possibilité de déclencher des changements irréversibles dans ces systèmes. Cela inclut la disparition des glaces arctiques d'été, la fonte de la plus grande partie de la couverture de glace du Groenland et de l'Antarctique Ouest[35]. James Hansen a qualifié l'objectif de limiter le réchauffement à 2 °C de « recette pour un désastre planétaire[36]. » Selon lui, pour être sans danger, le niveau du CO_2 dans l'atmosphère ne devrait pas excéder 350 ppm. Or, le niveau actuel de CO_2 est de 385 ppm[37] ; il augmente de 2 ppm par an, si bien que nous avons déjà dépassé la limite et qu'il nous faut, d'une façon ou d'une autre, extraire du CO_2 de l'atmosphère en grande quantité[38].

Au cours de son histoire, la planète a déjà connu des époques sans glace – donc sans glaciers ni calottes polaires. Le niveau des mers était alors de 70 mètres plus élevé qu'aujourd'hui. Les études

---

31. *Le rapport du GIEC indique qu'il y a 50 % de chance de dépasser 2 °C si la concentration se stabilise à 450 ppm.*
32. *Les valeurs correspondantes pour 2011 sont respectivement 488 ppm et 439 ppm, NdT.*
33. *Katherine Richardson et al.*, Synthesis Report, op. cit., p. 18.
34. *Ibid., p. 18.*
35. *Tim Lenton et al.*, « Tipping Elements in the Earth's Climate System », op. cit., *tableau 1.*
36. *James Hansen,* « Global Warming Twenty Years Later : Tipping Points Near », *Discours au National Press Club, Washington (D. C.), 23 juin 2008.*
37. *400 ppm en 2013, NdT.*
38. *Katherine Richardson et al.*, Synthesis Report, op. cit., p. 18.

paléo-climatiques des sédiments et les données fournies par les carottes de glace indiquent que la couverture de glace arctique a commencé à se former lorsque le niveau de CO_2 atmosphérique est passé au-dessous de 500 ppm, tandis que les couvertures de glace du Groenland et de l'Antarctique Ouest se sont formées lorsque le niveau est passé au-dessous de 400 ppm[39]. Une fois la fonte des glaces engagée, l'homme ne peut pas faire grand-chose pour l'arrêter, sauf peut-être simuler des éruptions volcaniques (nous nous intéresserons à cette démarche dans le chapitre 6). C'est sur cette base que Hansen et ses confrères concluent que « si l'humanité souhaite préserver une planète semblable à celle sur laquelle la civilisation s'est développée [...] il faudra réduire le CO_2 de sa valeur actuelle de 400 ppm à, au plus, 350 ppm[40]. » Qui aurait pu prévoir qu'au début du XXIe siècle, l'humanité aurait à se demander si elle était capable de préserver une planète propice à la civilisation ?

Compte tenu des doutes sérieux qui pèsent sur cet objectif semi-officiel, on peut se demander si la limitation du réchauffement à 2 °C est même un but réaliste. Que devons-nous faire pour arrêter des émissions qui poussent les températures au-dessus de cette valeur ? Juste avant la tenue de la conférence de Bali sur le changement climatique, fin 2007, une nouvelle évaluation publiée par les climatologues affirmait que pour avoir une chance sérieuse de ne pas dépasser le seuil de 2 °C, les pays riches devaient, d'ici à 2020, réduire leurs émissions de gaz à effet de serre de 25 à 40 % au-dessous du niveau atteint en 1990[41]. L'objectif des 25 % est rapidement devenu la référence internationale à l'aune de laquelle les engagements pris par les pays riches furent jugés. Le fait qu'un objectif fixé à 25 % au lieu de 40 % nécessiterait de la part des pays en voie de développement un effort encore plus considérable fut pudiquement passé sous silence.

---

39. J. C. Zachos, G. R. Dickens et R. E. Zeebe, « An early Cenozoic Perspective on Greenhouse Warming and Carbon-cycle Dynamics », Nature, 451, 2008, p. 279-283.
40. James Hansen et al., « Target Atmospheric CO_2 », art. cité.
41. Voir, par exemple, Bill Hare, Michiel Schaeffer et Malte Meins-Hausen, « Emission Reductions by the USA in 2020 and the Risk of Exceeding 2 °C Warming », Climate Analytics, mars 2009.

Plutôt qu'à une diminution, voire à un ralentissement des émissions au cours de la décennie écoulée, nous avons assisté à leur accélération. Pour conserver un espoir quelconque d'éviter des catastrophes, il faudrait que les émissions atteignent leur maximum au cours des prochaines années, et certainement avant 2020, puis qu'elles se mettent à décroître rapidement jusqu'à ce que la production d'énergie et les procédés industriels soient totalement décarbonés. James Hansen l'a exprimé sans ménagement : « Les décideurs ne comprennent pas la gravité de la situation. La croissance ininterrompue des émissions de gaz à effet de serre pendant une seule autre décennie éliminera pratiquement toute possibilité, à court terme, que la composition de l'atmosphère revienne au-dessous du seuil critique auquel apparaissent des effets catastrophiques[42]. » Lors d'une rencontre en mars 2009, les climatologues mondiaux les plus en vue sont parvenus à une conclusion similaire : « Des réductions immédiates et spectaculaires des émissions de tous les gaz à effet de serre sont nécessaires si l'on veut respecter la limite des 2 °C[43]. »

La question que nous devons nous poser sans délai, c'est de savoir si la communauté humaine est capable de réduire ses émissions au rythme requis pour éviter que la Terre ne franchisse un point de non-retour, au-delà duquel l'avenir nous échappera complètement. C'est cette irréversibilité qui fait du réchauffement climatique un problème non seulement unique parmi les problèmes environnementaux, mais aussi unique parmi tous les problèmes auxquels l'humanité a été confrontée. Au-delà d'un certain point, changer notre comportement ne sera même plus suffisant pour nous permettre de garder la maîtrise du changement climatique, quelle que soit notre détermination à vouloir le faire.

Il existe en réalité deux types de seuils au-delà desquels l'inertie du système prend le dessus. Les seuils habituels sont scientifiques ; lorsque la fonte du Groenland sera bien engagée, aucune réduction des émissions anthropiques (causées par l'homme) ne pourra l'arrêter. Mais l'inertie politique est elle aussi un obstacle. En dehors des périodes de guerre, les institutions politiques mettent du temps à réagir

---

42. James Hansen et al., « Target Atmospheric CO_2 », art. cité.
43. Katherine Richardson et al., Synthesis Report, op. cit., p. 18.

à des changements de circonstances, même si le problème est sérieux et urgent. Les acteurs principaux doivent d'abord être convaincus qu'il y a un problème. Puis il faut organiser des réunions, déclencher des enquêtes, répondre aux objections, vaincre les oppositions et gagner le soutien de l'opinion publique. Une législation doit être préparée, débattue, amendée et actée, après quoi des politiques peuvent être mises en œuvre, l'ensemble pouvant prendre des années même s'il n'y a pas de sérieuse résistance.

Si les scientifiques ont raison, il faut que les émissions mondiales passent par un maximum au cours des cinq ou dix prochaines années, puis décroissent rapidement jusqu'à ce que les systèmes énergétiques mondiaux soient totalement décarbonés. Les institutions gouvernementales des principales nations seront-elles capables de comprendre l'urgence du problème et d'y répondre à temps ? Les institutions internationales qui doivent se mettre d'accord au niveau mondial seront-elles assez réactives pour approuver, mettre en œuvre et imposer les mesures nécessaires ? Ce sont là des questions sur lesquelles les climatologues ont peu de choses à dire : elles relèvent du domaine des sciences politiques et de l'étude des comportements.

Un avenir au carbone

Une façon de réfléchir à la protection du climat est de déterminer combien de carbone nous pouvons ajouter dans l'atmosphère tout en maintenant la concentration des gaz à effet de serre au-dessous d'une valeur convenue, comme 450 ppm. Kevin Anderson et Alice Bows, du Tyndall Center for Climate Change Research (l'un des meilleurs centres, situé au Royaume-Uni), se sont attelés à cette tâche de manière saisissante[44]. C'est l'article le plus important et le plus perturbant que j'ai lu sur le changement climatique. Les auteurs présentent un ensemble de trajectoires possibles pour réduire les émissions mondiales, puis en déduisent les conséquences pour les concentrations en gaz à effet de serre et pour le réchauffement qui en résulte.

---

44. Kevin Anderson et Alice Bows, « Reframing the Climate Change Challenge in Light of Post-2000 Emission Trends », Philosophical Transactions of the Royal Society, Royal Society, 2008.

Il y a deux façons de réfléchir à la question. La première consiste à se fixer un certain objectif, comme une stabilisation à 450 ppm, puis à déterminer le moment où les émissions doivent passer par un maximum et la rapidité avec laquelle elles doivent ensuite diminuer pour atteindre l'objectif recherché. Puis il faut se demander si le plan choisi est politiquement envisageable compte tenu des institutions nationales et internationales qui doivent l'évaluer et le mettre en œuvre. Une méthode alternative consiste à déterminer, en étant le plus optimiste possible, quelle politique de réduction des émissions le monde va probablement suivre, et à calculer ensuite quel réchauffement en résultera. Anderson et Bows utilisent les deux approches, mais nous allons nous concentrer sur la seconde. En d'autres termes, nous allons poser des hypothèses optimistes concernant à la fois le moment auquel les émissions peuvent commencer à diminuer et la rapidité de leur décroissance au cours du siècle. Nous pourrons voir alors quelle sorte de monde ressort de cette simulation[45].

Trois grands types d'activités déterminent le volume de gaz à effet de serre envoyé dans l'atmosphère : les émissions associées à l'utilisation des combustibles fossiles pour la production d'énergie et pour les procédés industriels ; les émissions de CO_2 résultant de la déforestation et de la combustion du bois ; et les émissions de gaz à effet de serre autres que le CO_2. Anderson et Bows commencent par faire quelques estimations simples mais plausibles concernant les deux derniers type d'émissions. Ils se concentrent ensuite sur le plus important des trois : les émissions liées aux combustibles fossiles.

La déforestation est actuellement responsable de 12 à 25 % des émissions mondiales annuelles de CO_2 d'origine anthropique[46]. Il faut donc placer la réduction de la déforestation au premier plan de la lutte contre le réchauffement climatique. Si les décideurs politiques de la planète adoptaient une attitude résolue pour lutter contre le changement climatique, on peut estimer, en étant optimiste, que la déforestation connaîtrait un pic en 2015 et ralentirait rapidement

---

45. Tous les chiffres ci-dessous sont tirés de l'analyse de Kevin Anderson et Alice Bows.
46. Kevin Anderson et Alice Bows, « Reframing the Climate Change Challenge », art. cité, p. 5.

ensuite, pour diminuer de moitié en 2040 et tomber pratiquement à zéro en 2060. Dans ce cas, le stock mondial de dioxyde de carbone contenu dans les forêts passerait de 1 060 milliards de tonnes[47] en 2000 à environ 847 milliards de tonnes en 2100, soit une diminution de 20 %. Au cours du siècle, la déforestation n'ajouterait donc dans l'atmosphère « que » 213 milliards de tonnes (un scénario moins optimiste envisage 319 milliards de tonnes envoyées dans l'atmosphère). Et que dire des gaz à effet de serre autres que le CO_2 ? Que pouvons-nous en attendre ? Le méthane et l'oxyde d'azote sont les deux principaux d'entre eux. En 2000, ils contribuaient à eux deux à 23 % du réchauffement global dû à l'ensemble des émissions de gaz à effet de serre[48]. Ils sont émis principalement par l'agriculture – le méthane par le bétail et la culture du riz, et l'oxyde d'azote par l'utilisation des engrais. Les émissions dues à l'agriculture croissent rapidement à cause de l'extension des terres dédiées et de l'augmentation de l'élevage du fait de la consommation accrue de viande liée à l'amélioration du niveau de vie, en Chine par exemple. La croissance de la population rendra l'objectif de réduction des émissions de gaz hors CO_2 beaucoup plus difficile à atteindre, car la nourriture est un besoin incontournable. Il faut pourtant que les émissions dues à l'agriculture, comme celles liées à la déforestation, passent bientôt par un maximum et se mettent à diminuer rapidement. À la différence de celles liées à la déforestation, ces émissions ne peuvent être réduites à zéro du fait des conditions de production de la nourriture.

Si les dirigeants du monde engagent une action vigoureuse, une hypothèse optimiste voudrait que les émissions hors CO_2 continuent de croître jusqu'en 2020, passent de 9,5 milliards de tonnes par an (exprimées en CO_2-eq) en 2000 à 12,2 milliards de tonnes, puis décroissent jusqu'à 7,5 milliards de tonnes en 2050, niveau auquel

---

47. Nommé aussi Gigatonne. *Les forêts stockent du carbone organique plutôt que du CO_2, mais l'analyse exprime ici les faits en termes de CO_2 résultant de l'oxydation du carbone par combustion ou décomposition.*
48. Kevin Anderson et Alice Bows, « Reframing the Climate Change Challenge », art. cité, p. 7. *Après avoir augmenté pendant de nombreuses années, les émissions de méthane se sont stabilisées en 1999. Elles ont repris leur croissance en 2007, peut-être en raison de la fonte du pergélisol sibérien. Voir M. Rigby* et al., *« Renewed Growth of Atmospheric methane »*, Geophysical Research Letters, *35 (22805), 2008.*

elles devraient se stabiliser[49]. Si, comme on s'y attend, la population mondiale atteint un peu plus de 9 milliards d'individus au milieu du XXIᵉ siècle, ces 7,5 milliards de tonnes de CO_2-eq « alloués » à la production de nourriture devront être réparties sur une population accrue de 2,6 milliards d'individus[50], c'est-à-dire que le taux de ces émissions devra être divisé à peu près par deux au cours des quatre prochaines décennies.

Ces scénarios optimistes concernant la déforestation et les émissions de gaz à effet de serre hors CO_2 conduisent Anderson et Bows à estimer à un peu moins de 1 100 milliards de tonnes de CO_2-eq la somme des émissions cumulées de ces secteurs au cours du XXIᵉ siècle. Elle constitue la base sur laquelle les scénarios d'émissions de CO_2 pour les secteurs de l'énergie et de l'industrie, enjeu principal de la lutte contre le changement climatique, peuvent être construits. Deux paramètres critiques décideront de notre sort : le moment où les émissions globales atteindront leur pic, et le rythme auquel elles diminueront dès lors. Ces paramètres détermineront la quantité totale de gaz à effet de serre qui s'accumulera dans l'atmosphère au cours du siècle à venir, ainsi que l'augmentation de leur concentration et l'augmentation de la température qui en découleront. Plus tardivement le pic sera atteint, plus rapidement les émissions devront diminuer ensuite, pour rester à l'intérieur de l'« enveloppe » d'émissions totales.

Selon une hypothèse très optimiste, le pic d'émissions globales serait atteint en 2020[51]. Pour stopper la croissance des émissions mondiales, il faudrait qu'à partir de cette date, toute augmentation des émissions provenant des pays en développement soit plus que compensée par une décroissance de celles émanant des pays riches.

En admettant que le pic d'émissions puisse être atteint en 2020, quel taux de réduction peut-on espérer dans les années suivantes ?

---

49. *Kevin Anderson et Alice Bows*, « Reframing the Climate Change Challenge », art. cité, p. 8-9.
50. *En 2007, la population mondiale était de 6,6 milliards d'individus. L'estimation moyenne des Nations unies pour 2050 est de 9,2 milliards* (United Nations, World Population Prospects : The 2006 Revision, *New York (N. Y.), UN Department of Economic and Social Affairs, 2007).*
51. *C'est, par exemple, le résultat le plus optimiste de la modélisation de Bill Hare* et al., « Emission Reductions by the USA in 2020 and the Risk of Exceeding 2 °C Warming », art. cité.

Comme nous le verrons dans le prochain chapitre, la variation des émissions est le produit de trois facteurs : le taux de croissance des revenus ou de la production par personne ; la croissance de la population ; la technologie utilisée pour produire et consommer l'énergie – ce qui inclut le rythme auquel les changements technologiques sont susceptibles de réduire les émissions par unité de production. La population continuera d'augmenter au même rythme au moins jusqu'au milieu du XXIe siècle : elle se stabilisera probablement à un peu plus de 9 milliards d'individus. Les changements démographiques s'opèrent lentement, si bien que même des efforts soutenus pour contenir la croissance de la population ne suffiront probablement pas à la maintenir significativement au-dessous de ce chiffre au cours des quatre prochaines décennies (l'estimation basse de l'ONU pour 2050 est de 7,8 milliards d'individus[52]). Une récession ralentit évidemment la croissance des émissions, voire les diminue. Mais il s'agit d'accidents temporaires qui seront suivis d'une reprise de la croissance des émissions, tirée aujourd'hui par les grands pays en voie de développement. Nous verrons dans le chapitre suivant en quoi notre obsession de la croissance économique la rend politiquement intouchable dans un avenir prévisible.

Si s'attaquer à la croissance de la population et de l'économie s'avère impossible au cours des trois ou quatre prochaines décennies, c'est sur les technologies nouvelles et existantes que reposera la charge énorme de décarboner l'économie mondiale. Au lieu de suivre la méthode habituelle qui consiste à évaluer les apports possibles des différentes technologies et à les additionner – comme dans l'approche par « tranches » rendue populaire par deux professeurs de Princeton[53] – l'examen des précédents historiques peut fournir de meilleurs indicateurs concernant la rapidité avec laquelle les émissions de gaz à effet de serre pourraient diminuer. Dans le rapport de Sir Nicholas Stern, une section courte mais d'importance cruciale analyse quelques

---

52. United Nations, *World Population Prospects*, art. cité.
53. Robert Socolow et Steve Pacala, « Stabilisation Wedges : Solving the Climate Problem for the Next Fifty Years with Current Technology », *Science*, 305, 13 août 2004.

précédents[54]. L'effondrement économique de l'Union soviétique, qui a suivi la chute du mur de Berlin en 1989, a conduit à une diminution des émissions de gaz à effet de serre de 5,2 % par an pendant dix ans. Durant cette période, l'activité économique a été réduite par deux, entraînant une misère sociale généralisée[55]. Lorsque la France s'est engagée à marche forcée dans un programme déterminé de construction d'un parc de réacteurs nucléaires – multipliant sa capacité par 40 en 25 ans par rapport aux années 1970 – les émissions dues à la production d'électricité et de chaleur ont décru de 6 % par an, mais les émissions fossiles totales n'ont décru que de 0,6 %. Dans les années 1990, le « *dash for gas*[56] » au Royaume-Uni a vu le gaz naturel remplacer largement le charbon pour la production d'électricité. Les émissions totales de gaz à effet de serre ont décru de 1 % par an au cours de la décennie. Stern en conclut que, malheureusement, une réduction des émissions de plus de 1 % sur une longue période « n'a été historiquement associée qu'à une récession ou à un bouleversement économique[57]. »

Certains dirigeants mondiaux ont conscience de la gravité de la menace que représente le réchauffement global et de la nécessité sans précédent, excepté en temps de guerre, de procéder à un changement structurel rapide de leur économie ; on peut raisonnablement envisager que le monde accepte de réduire les émissions de 3 % par an après le pic de 2020, jusqu'à retomber au minimum de 7,5 milliards de tonnes de CO_2-eq nécessaire à la satisfaction des besoins alimentaires mondiaux. Anderson et Bows montrent que, compte tenu de certaines hypothèses déjà émises sur la rapidité de la décroissance des émissions causées par la déforestation et par la production de nourriture, ces 3 % de réduction globale nécessiteront une réduction de 4 % des émissions de CO_2 provenant du secteur de l'énergie et de celui

---

54. *À propos du rapport Stern, voir p. 66. Nicholas Stern,* The Economics of Climate Change : The Stern Review, *Cambridge, Cambridge University Press, 2007, Box 8.3, p. 231. Anderson et Bows se fondent aussi sur ce rapport.*
55. *Voir les chiffres de la Banque mondiale cités par la BBC (http://news.bbc.co.uk/2/shared/spl/hi/guides/457000/457038/html/default.stm).*
56. *La « ruée vers le gaz », NdT.*
57. *Nicholas Stern,* The Economics of Climate Change, *op. cit., p. 232.*

de l'industrie[58]. Comme il faut s'attendre à ce que les émissions des pays émergents continuent à croître après 2020, bien qu'à un rythme moins soutenu, avant d'atteindre un pic et de commencer à décroître, les réductions d'émissions des pays riches vont devoir atteindre un taux bien supérieur à 4 % – peut-être 6 ou 7 % –, soit un niveau plus élevé que celui associé à l'effondrement économique de la Russie dans les années 1990.

Il est difficile d'imaginer qu'un gouvernement, si conscient et actif fût-il – celui de la Suède, par exemple – soit capable de mettre en œuvre aussi rapidement des politiques de restructuration industrielle. Plaçons-nous néanmoins dans l'état d'esprit le plus optimiste possible. À supposer que les émissions mondiales plafonnent réellement en 2020 et diminuent ensuite de 3 % par an, les émissions des pays riches diminuant de 6 à 7 %, pourrons-nous supprimer les pires effets du réchauffement climatique, ou, du moins, les maintenir à des niveaux « non dangereux » ? La réponse apportée par Anderson et Bows, appuyée par d'autres analyses[59], est très sombre. Si le monde suit cette trajectoire, nous aurons, à la fin du XXIe siècle, envoyé 3 000 milliards de tonnes de gaz à effet de serre supplémentaires dans l'atmosphère[60], ce qui exclura une stabilisation de la concentration au niveau « sans danger » de 450 ppm, ou même au niveau très dangereux de 550 ppm. La concentration des gaz à effet de serre atteindra 650 ppm.

---

58. Kevin Anderson et Alice Bows, « Reframing the Climate Change Challenge », art. cité, tableau 7, p. 14.
59. Une étude a conclu que pour limiter le réchauffement climatique à 2 °C, les émissions anthropiques totales ne doivent pas dépasser 3 670 milliards de tonnes de CO_2 (en ignorant les forçages autres que le CO_2). La moitié de cette quantité a déjà été émise depuis le début de la révolution industrielle du XVIIIe siècle, ce qui laisse un budget de 1 850 milliards de tonnes pour le XXIe siècle, ou 1 460 milliards de tonnes si les autres agents de forçage sont pris en compte (Myles Allen et al., « Warming Caused by Cumulative Carbon Emissions towards the Trillionth tonne », Nature, 458, 30 avril 2009). L'analyse d'Anderson et Bows montre que si les émissions plafonnent en 2020 et diminuent ensuite au taux de 3 % par an, 3 000 milliards de tonnes seront ajoutées dans l'atmosphère, soit 60 % de plus que le budget alloué pour l'objectif des 2 °C.
60. Kevin Anderson et Alice Bows, « Reframing the climate change challenge », art. cité, p. 13.

Tout cela est-il vraisemblable ?

Constater que, même si nous agissons rapidement et de façon résolue, le monde se trouve sur la trajectoire des 650 ppm, est une conclusion presque trop effrayante pour être acceptée. Un tel niveau de gaz à effet de serre dans l'atmosphère provoquera un réchauffement d'environ 4 °C à la fin du siècle, bien au-delà de la température de basculement susceptible de déclencher un changement climatique incontrôlable[61]. Il semble donc que, même en adoptant toutes les hypothèses les plus optimistes – l'arrêt de la déforestation, la division par deux des émissions associées à la production de nourriture, un pic d'émissions atteint en 2020 suivi d'une réduction de 3 % par an pendant plusieurs décennies –, nous n'avons aucun espoir d'empêcher les émissions de dépasser ce seuil de basculement. Le climat de la Terre entrera alors dans une ère chaotique qui durera des milliers d'années avant que des processus naturels ne finissent par rétablir un certain équilibre. Les êtres humains demeureront-ils une force sur cette planète, pourront-ils même survivre ? C'est une question ouverte. Une chose est sûre : ils seront beaucoup moins nombreux qu'aujourd'hui.

Ces conclusions sont alarmantes, mais elles ne sont pas alarmistes. Plutôt que de choisir ou d'interpréter les chiffres pour faire paraître une situation pire qu'elle n'est, j'ai choisi, comme Kevin Anderson et Alice Bows, des chiffres qui se situent sur le versant modéré, c'est-à-dire qui reflètent une appréciation plus rose de la situation. Une évaluation plus neutre de la façon dont la communauté mondiale risque de se comporter conduirait à annoncer un avenir encore plus sombre. L'analyse exclut par exemple les émissions hors CO_2 liées à l'aviation et à la marine. Si on les inclut, la tâche devient bien plus difficile, notamment parce que les émissions de l'aviation ont augmenté rapidement, et qu'elles continueront probablement de le faire en l'absence de solution alternative pour réduire le nombre de vols

---

61. Voir, en particulier, Joel B. Smith et al., « Assessing Dangerous Climate Change through an Update of the Intergovernmental Panel on Climate Change (IPCC) "Reasons for Concern" », Proceedings of the National Academy of Sciences, 1re édition, 26 février 2009.

de façon significative[62]. Et toute évaluation réaliste des perspectives d'accord international place le pic des émissions en 2030 plutôt qu'en 2020. La dernière chance d'inverser la trajectoire des émissions globales en 2020 a été gâchée lors de la conférence climatique de Copenhague en décembre 2009. Toute possibilité d'une réponse mondiale adaptée au problème a été repoussée pour des années.

L'analyse ne prend pas davantage en compte l'effet des aérosols, ces petites particules qui masquent une partie du réchauffement qui affecterait le système si elles n'étaient présentes. Un meilleur traitement de la pollution de l'air en Chine et en Inde, grâce à des lois exigeant que les voitures soient munies de pots catalytiques et que les centrales thermiques soient équipées de filtres à poussières, va en réalité accélérer le réchauffement. La seule bonne nouvelle est liée à la récession mondiale, qui peut donner quelques années de répit. Si, grâce à une action résolue, le maximum d'émissions est néanmoins atteint en 2020, ce pic sera plus petit, et le taux de réduction requis ultérieurement plus faible. Mais, à l'inverse, on peut craindre que la récession n'érode la détermination politique, ce qui conduirait à retarder le passage du pic et à annuler les effets positifs de la crise.

Comme si tout cela n'était pas suffisamment accablant, il faut encore ajouter d'autres effets de rétroaction du climat sur le carbone, non pris en compte par l'analyse. Par exemple, si la diminution de la capacité des terres et des océans à absorber le carbone[63] est bien prise en compte, les variations d'albédo[64] dus à la fonte de la glace arctique ne le sont pas, alors qu'ils sont susceptibles de nous faire arriver plus vite dans un monde à 650 ppm et même de nous emmener bien au-delà.

Ces faits doivent nous conduire à repenser entièrement la manière dont se présente l'avenir, car l'existence de rétroactions et de seuils

> 62. Alice Bows, Kevin Anderson et Sarah Mander, « Aviation in Turbulent Times », Technology Analysis & Strategic Management, 21 (1), 2009, p. 17-37.
> 63. J. G. Canadell et al., « Contributions to Accelerating Atmospheric CO_2 Growth from Economic Activity, Carbon Intensity, and Efficiency of Natural Sinks », Proceedings of the National Academy of Sciences, 104, 2007, p. 18866-18870 ; M. R. Raupach, J. G. Canadell et C. Le Quéré, « Anthropogenic and Biophysical Contributions to Increasing Atmospheric CO_2 Growth Rate and Airborne Fraction », Biogeosciences, 5, 2008, p. 1601-1613.
> 64. L'albédo mesure la capacité d'une surface à réfléchir le rayonnement solaire incident.

de basculement met en question l'une des hypothèses fondamentales de toutes les négociations internationales – à savoir celle que nous serions en mesure de limiter nos émissions pour « stabiliser » le changement climatique.

Le mythe de la stabilisation

La conviction que nous pouvons stabiliser le climat à une concentration définie de gaz à effet de serre dans l'atmosphère, et par conséquent à une certaine augmentation correspondante de la température moyenne mondiale, a sous-tendu toutes les négociations internationales sur le réchauffement climatique. L'idée que les émissions de gaz à effet de serre doivent être limitées pour éviter un réchauffement « dangereux » est présente dans la Convention-cadre des Nations unies sur les changements climatiques de 1992. L'objectif commun à l'Europe et au G-8 de maintenir le réchauffement au-dessous de 2 °C est fondé sur cette idée, tout comme le sont les objectifs de concentration de gaz à effets de serre à 450 ou 550 ppm défendus dans le rapport Stern et le rapport australien Garnaut. Mais il devrait être clair aujourd'hui que la conviction selon laquelle l'humanité peut adopter des politiques susceptibles de stabiliser le climat repose sur des hypothèses scientifiquement peu fondées. Pour le stabiliser, il faudrait arriver à réduire les émissions annuelles « à un niveau qui soit à l'équilibre avec la capacité naturelle de la Terre à extraire de l'atmosphère les gaz à effets de serre[65]. » Le problème est que le réchauffement global va probablement déclencher ses propres sources « naturelles » d'émissions nouvelles et interférer ainsi avec la capacité de la Terre à extraire le carbone de l'atmosphère.

Le climat de la Terre n'est pas une machine dont la température peut être modifiée en tournant quelques boutons politiques ; c'est un système très complexe qui a ses propres mécanismes de régulation. L'homme ne peut réguler le climat ; c'est le climat qui régule l'homme. Depuis plusieurs années, les climatologues ont compris que certaines relations entre variables sont non linéaires, de sorte qu'un petit

| 65. Nicholas Stern, The Economics of Climate Change, op. cit., p. 194.

changement dans la courbe du réchauffement peut avoir de grands effets sur d'autres aspects du climat. Les paléo-climatologues le savent depuis longtemps, mais l'idée n'a été que récemment reliée au réchauffement global actuel[66]. Si l'on observe un tableau décrivant l'histoire climatique de la Terre depuis plusieurs millénaires, on ne distingue pas de transition douce entre des périodes glaciaires et des périodes « interglaciaires » ou chaudes (comme celle que nous vivons aujourd'hui). Les transitions sont parfois spectaculaires, avec des changements abrupts du climat se produisant en quelques décennies à peine, probablement en raison d'effets de rétroaction amplificateurs. Ainsi, des conditions climatiques peuvent brusquement se modifier lorsque certains seuils sont franchis, déclenchant un réchauffement accéléré qui ne s'interrompt que quand une limite naturelle est atteinte – la disparition de la glace de la surface de la Terre par exemple[67].

Nous avons déjà rencontré certains de ces seuils de basculement au-delà desquels des rétroactions positives amplifient le réchauffement et ses effets, comme la disparition de la glace de mer dans l'Arctique en été, la fonte de la couverture de glace du Groenland, celle de la couverture de glace de l'Antarctique Ouest, la libération du carbone par la fonte du pergélisol et le dépérissement à grande échelle de la forêt tropicale amazonienne[68]. Lorsqu'ils se déclencheront, ces changements seront de fait irréversibles. L'idée que nous pourrions engager des actions radicales pour enrayer ces processus

---

66. Je remercie *Andrew Glikson* et *Graeme Pearman* pour les discussions que nous avons eues sur ces sujets.
67. *D'autres facteurs peuvent induire des changements climatiques brutaux, comme le volcanisme, les impacts d'astéroïdes et de comètes, la libération de méthane des sédiments et les effets des radiations d'une supernova.* G. Keller, « Impacts, Volcanism and Mass Extinction : Random Coincidence or Cause and Effect ? », Australian Journal of Earth Sciences, 52 (4-5), 2005, p. 725-757 ; Andrew Glikson, « Asteroid/Comet Impact Clusters, Flood Basalts and Mass Extinctions : Significance of Isotopic Age Overlaps », Earth and Planetary Science Letters, 236, 2005, p. 933-937 ; David Archer, The Long Thaw, op. cit. ; Steffensen et al., « High-Resolution Greenland Ice Core Data Show Abrupt Climate Change Happens in Few Years » ; Bill Hansen et al., « Target Atmospheric CO_2 », art. cité.
68. Tim Lenton et al., « Tipping Elements in the Earth's Climate System », art. cité ; V. Ramanathan et Y. Feng, « On Avoiding Dangerous Anthropogenic Interference with the Climate System », art. cité.

lorsque les choses deviendront insupportables a été balayée par une publication récente[69]. Il y est réaffirmé que le CO_2 envoyé dans l'atmosphère y sera encore présent pour une bonne part dans un millier d'années, ce qui confirme toute l'importance du niveau atteint par le pic d'émissions. Ni le réchauffement ni le niveau des mers associé à ce maximum ne diminueront, même si les émissions étaient réduites à zéro ; au contraire, ils demeureront pratiquement constants pendant plus d'un millénaire. Et les auteurs de conclure : « On croit parfois que des processus lents comme le changement climatique ne présentent que de faibles risques, car on suppose implicitement que l'on pourra toujours décider de diminuer rapidement les émissions, et par conséquent corriger tout dommage en quelques années ou en quelques décennies. Nous avons montré que cette hypothèse est incorrecte...[70] »

Le délai entre les émissions et leurs effets sur le climat ainsi que l'irréversibilité de ces effets font du réchauffement global un problème singulièrement dangereux et inextricable. Ainsi, comme nous le montrerons dans le prochain chapitre, les caractéristiques du changement climatique rendent l'analyse économique habituelle particulièrement inappropriée. En réalité, elle est même dangereuse.

La prise de conscience de la nature non linéaire du changement climatique a radicalement transformé les discussions sur le climat de ces dernières années. Le message reste cependant confiné au sein de la communauté scientifique et n'a pas fait encore l'objet de discussions politiques. De nombreux climatologues, du fait de cette prise de conscience, ne sont plus préoccupés, mais paniqués – bien que leur panique se dissimule parfois derrière un faux détachement. Le GIEC envisageait encore en 2007 une stabilisation possible, même si l'on trouvait, enfoui dans son rapport, un avertissement discret mais inquiétant : « Le risque associé aux rétroactions climatiques n'est en règle générale pas inclus dans l'analyse ci-dessus. Par conséquent, il se peut que les réductions d'émissions nécessaires pour obtenir un

---

69. Susan Solomon et al., « *Irreversible Climate Change Due to Carbon Dioxide Emissions* », art. cité, p. 1704-1709.
70. Ibid., p. 1708-1709.

niveau particulier de stabilisation consignées dans les études d'atténuation soient sous-estimées[71]. »

Après avoir passé en revue, en 2008, les dangers associés aux seuils de basculement, un groupe de climatologues de premier plan concluait : « Les prévisions modérées concernant le changement climatique peuvent bercer la société d'un sentiment de sécurité trompeur[72]. » La science du climat est coutumière de ce genre d'euphémisme. Le fait que les décideurs politiques et leurs conseillers se soient eux-mêmes laissé bercer par un sentiment de sécurité infondé est devenu patent quand sont apparues ces stratégies de « dépassement » dorénavant adoptées explicitement ou implicitement par presque tous les gouvernements de la planète. Le pourrissement a commencé vers 2005, lorsque les principaux dirigeants politiques et leurs conseillers ont décrété trop difficile à atteindre l'objectif de stabiliser la concentration en gaz à effet de serre au niveau de 450 ppm de CO_2-eq – niveau associé à une augmentation de température « dangereuse » de 2 °C. La capitulation fut annoncée par Sir David King, le principal conseiller scientifique du Royaume-Uni, qui déclara que viser l'objectif de 450 ppm était « politiquement irréaliste[73] ». La même conclusion fut tirée par Nicholas Stern, qui écrivit dans son rapport de 2006 qu'atteindre une stabilisation à 450 ppm « exigerait des réductions immédiates, substantielles et rapides de nos émissions qui, selon toute probabilité, seraient très coûteuses[74] ». Le monde devrait plutôt se fixer un objectif politiquement atteignable de 550 ppm, objectif également repris par Ross Garnaut dans son rapport de 2008 au gouvernement australien. Après tout, raisonnaient-ils, nous sommes déjà à 430 ppm de CO_2-eq,

---

71. GIEC, Changement climatique 2007 : l'atténuation du changement climatique. Contribution du Groupe de travail III au Quatrième Rapport d'évaluation du GIEC, édité par B. Metz, O. R. Davidson, P. R. Bosch, R. Dave et L. A. Meyer, Cambridge, Cambridge University Press, 2007, p. 173.
72. Tim Lenton et al., « Tipping Elements in the Earth's Climate System », art. cité, p. 1 792.
73. David King, Discours à la conférence « Decarbonising the UK », Church House, Westminster, 21 septembre 2005. King, bien sûr, est l'un des conseillers politiques les plus avisés. Il considère que même l'objectif des 450 ppm représente un grand risque. En 2007, il militait publiquement pour un objectif de 450-550 ppm (Science, 317 [5842], 31 août 2007, p. 1184-1187).
74. Nicholas Stern, The Economics of Climate Change, op. cit., p. 194.

et la décision de s'arrêter à 450 rencontrerait une opposition farouche de la part de l'industrie et des électeurs. Selon eux, nous devrions par conséquent viser une concentration de 550 ppm, puis en ramener le niveau à 450 ppm au fil des décennies suivantes. C'est aussi la voie suivie par l'administration Obama. Des réductions d'émissions de 25 à 40 %, par rapport au niveau de 1990, à l'échéance de 2020, nécessaires pour atteindre l'objectif de 450 ppm, ont été immédiatement qualifiées de politiquement impossibles pour les pays riches par l'envoyé spécial des États-Unis pour le changement climatique, Todd Stern[75]. La proposition « la plus ambitieuse » que les États-Unis pouvaient faire était de ramener en 2020 les émissions à leur niveau de 1990 – c'est-à-dire une réduction de 0 % au lieu de 25 à 40 % – même si la législation sur le changement climatique adoptée ensuite par la Chambre des représentants en 2009 a finalement retenu un objectif modeste de 4 % au-dessous du niveau de 1990. « Tout en prenant la science pour guide et tout en faisant nos additions », déclara Todd Stern, « nous ne pouvons oublier que nous sommes engagés dans un processus politique, et que la politique, on le sait, c'est l'art du possible. L'application de ce principe n'implique évidemment pas la passivité – nous devons toujours repousser les limites du possible. » Le Stern anglais et le Stern américain ne font qu'un.

Croire que l'on peut aller trop loin puis revenir à un climat plus clément, c'est tout simplement ne pas comprendre les règles du jeu scientifiques : quoi que nous fassions, nous resterons bloqués dans la situation nouvelle pour très longtemps. Si la concentration en dioxyde de carbone atteint 550 ppm, et qu'ensuite les émissions tombent à zéro, la température continuera d'augmenter pendant au moins encore un siècle[76]. De plus, lorsque nous aurons atteint 550 ppm, un certain nombre de seuils de basculement auront été franchis, et il se peut que tous les efforts que l'humanité entreprendra pour réduire les émissions

---

75. Todd Stern, « Keynote Remarks at U. S. Climate Action Symposium », Senate Hart Office Building, Washington (D. C.), 3 mars 2009.
76. J. A. Lowe, C. Huntingford, S. C. B. Raper, C. D. Jones, S. K. Liddicoat et L. K. Gohar, « How Difficult Is it to Recover from Dangerous Levels of Global Warming ? », Environmental Research Letters, 4, 2009. La simulation numérique indique que si l'on met à zéro les émissions en 2050, alors que la concentration globale en CO_2 a atteint 550 ppm, la température augmentera encore de 0,2 °C jusqu'en 2150.

de gaz à effet de serre soient plus que contrebalancés par les sources « naturelles » de gaz à effet de serre. Dans ce cas, au lieu d'être un pic, 550 ppm sera simplement une autre étape sur une trajectoire vers – qui sait ? – 1 000 ppm.

En septembre 2008, deux scientifiques de la Scripps Institution of Oceanography, aux États-Unis, ont publié une analyse selon laquelle le monde serait déjà voué à un réchauffement de 2,4 °C au-dessus du niveau préindustriel[77]. Dans ce cas, la Terre franchirait au moins trois seuils de basculement – la disparition estivale de la glace de mer dans l'Arctique, la fonte des glaciers de l'Himalaya et du Tibet, et la fonte de la couverture de glace du Groenland. Cette analyse a été contestée par un autre scientifique éminent, Hans Schellnhuber, pour qui l'affirmation selon laquelle nous ne pourrons éviter un réchauffement d'au moins 2,4 °C repose sur deux hypothèses de fond : que le monde ne sera pas capable de réduire les concentrations mondiales de gaz à effet de serre au-dessous du niveau de 2005, et que les pays émergents mettront en place les politiques de « qualité de l'air » semblables à celles conduites en Occident pour diminuer la pollution de l'air[78]. Ces politiques sont censées réduire le « nuage atmosphérique brun » composé d'aérosols qui masquent l'effet du réchauffement. Lorsque le ciel sera purifié des particules qui produisent un obscurcissement général, les conséquences d'un effet de serre accru se feront pleinement sentir. Schellnhuber est persuadé, lui, que les émissions mondiales de gaz à effet de serre peuvent être divisées par deux d'ici à 2050. Cela repose cependant sur l'hypothèse que les pays émergents n'entreprendront pas trop rapidement de traiter la pollution de l'air ; dans le cas contraire, la température se rapprocherait, là aussi, de 2,4 °C avant de redescendre, peut-être, sous le seuil de 2 °C un siècle plus tard. L'argument de Schellnhuber suppose que nous soyons optimistes quant aux politiques de réduction des émissions de gaz à effet de serre et pessimistes quant à la mise en œuvre des politiques de réduction de la pollution de l'air. Lui-même concède que la possibilité

---

77. *V. Ramanathan et Y. Feng, « On Avoiding Dangerous Anthropogenic Interference with the Climate System », art. cité.*
78. *Hans Joachim Schellnhuber, « Global Warming : Stop Worrying, Start Panicking ? », Proceedings of the National Academy of the Sciences, 105, (38), 23 septembre 2008, p. 14239-14240.*

de contenir l'augmentation de la température à 2 °C, ou moins, dépend de manière cruciale du fait que le pic des émissions soit atteint durant la période 2015-2020.

Le mythe de l'adaptation

La nouvelle compréhension du système climatique et l'influence probable des seuils de basculement induits par l'intervention humaine forcent également à reconsidérer un autre fondement des négociations internationales et des stratégies climatiques nationales, à savoir la croyance en notre capacité à nous adapter. Depuis le début du débat sur le réchauffement climatique, certains affirment qu'il faut accorder autant d'importance à l'adaptation au réchauffement climatique qu'à son atténuation. Comme il semble plus difficile de fixer des objectifs et de les atteindre, les partisans de l'adaptation se montrent de plus en plus nombreux.

La discussion sur l'adaptation repose sur la conviction implicite que les pays riches seraient capables de s'adapter tout en préservant l'essentiel de leurs modes de vie, le réchauffement climatique ne changeant les choses que lentement, de façon prévisible et gérable. Les pays riches peuvent facilement se permettre de construire des digues pour protéger les routes et les centres commerciaux des inondations causées par les tornades, et mettre leurs logements « à l'épreuve du climat » en les rendant résistants à de fréquentes vagues de chaleur. En réalité, notre confiance dans notre capacité à nous adapter facilement au changement climatique est tout aussi infondée que notre confiance dans notre capacité à stabiliser le changement climatique. Si, au lieu d'une transition douce vers un nouvel état, même moins agréable, le réchauffement climatique déclenche un processus incontrôlé, l'adaptation risque de devenir une tâche sans fin. Si le réchauffement dépasse trois ou quatre degrés, les risques de changement grave et abrupt deviennent élevés. Une sécheresse prononcée et longue peut détruire la production de nourriture d'une région entière. Des plaines fertiles peuvent se changer en zones de poussière. Une semaine de températures supérieures à 40 °C peut tuer des dizaines de milliers de personnes.

Pour les habitants des pays pauvres, l'adaptation signifie bien sûr tout autre chose. Les effets du réchauffement climatique seront plus cruels et les possibilités d'adaptation bien plus limitées. La fonte des glaciers de l'Himalaya priverait de ressource en eau de vastes contrées durant toute la période sèche, ce qui provoquerait des famines. Les stratégies d'adaptation s'en trouveraient singulièrement limitées : soit émigrer, soit mourir. Les gouvernements des États insulaires de faible altitude comme Tuvalu et les Maldives envisagent déjà de déplacer leur population. Toutes ces questions auront des conséquences pour la sécurité des nations, lorsque des vagues de réfugiés environnementaux chercheront de nouvelles terres[79].

Tout ce qui précède adopte évidemment un point de vue anthropocentrique : l'humanité est susceptible de s'adapter à des changements climatiques importants, mais d'autres espèces et les écosystèmes auront plus de mal à y parvenir. Il s'agit d'un vaste sujet, et ce n'est pas le lieu de l'aborder ici. Il suffit de dire que dans beaucoup d'écosystèmes, certaines espèces s'imposeront (y compris des animaux domestiques retournés à la vie sauvage et des plantes non cultivées), tandis que d'autres disparaîtront[80]. Dans les scénarios que j'ai décrits, des extinctions de masse sont très probables.

En résumé, si l'on considère les hypothèses les plus importantes sur lesquelles se sont fondées les négociations internationales et les politiques nationales – notre capacité à stabiliser le climat à un moment donné, la possibilité de dépasser notre objectif de concentration maximum puis de revenir en arrière, notre aptitude à nous accommoder de deux ou trois degrés de réchauffement –, on s'aperçoit que ces hypothèses ne reposent en rien sur la façon dont le système climatique de la Terre se comporte effectivement. Nous, les modernes, nous sommes habitués à l'idée de pouvoir modifier notre environnement pour l'adapter à nos besoins, et c'est ainsi que nous nous avons

---

79. *Voir, par exemple,* A. Dupont et G. I. Pearman, Heating up the Planet : Climate Change and Security, *Lowy Institute Paper 12, Sydney, Lowy Institute, 2007, et* R. Schubert et al., Climate Change as a Security Risk, *Londres, Earthscan, 2008.*
80. *Voir, par exemple,* J. Overpeck, D. C. Whitlock et B. Huntley, « Terrestrial Biosphere Dynamics in the Climate System : Past and Future », *dans* K. D. Bradley et R. S. et T. F. Pedersen (eds), Paleo-climate, Global Change and the Future, *Berlin, Springer-Verlag, 2003.*

agi depuis 300 ans. Nous découvrons aujourd'hui que la croyance grisante en notre capacité à tout conquérir se heurte à une force plus grande, celle de la Terre elle-même. La perspective d'un changement climatique incontrôlé fait vaciller notre confiance démesurée dans notre maîtrise technique, nos certitudes héritées des Lumières et l'ensemble du projet moderniste. La Terre pourrait démontrer bientôt qu'elle ne peut être soumise à long terme, et que notre ardent désir de maîtriser la nature n'a fait que réveiller la bête endormie.

Chapitre 2 / LE FÉTICHISME DE LA CROISSANCE

—— Un fétiche nommé croissance

Chaque année, on appelle « jour du dépassement » la date à laquelle l'humanité a déjà consommé toutes les ressources produites par la nature au cours de l'année et commence donc à puiser dans les réserves de la Terre[1]. En 2013, ce seuil – de plus en plus précoce depuis 1986, première année de son franchissement – a été atteint le 20 août : cette année-là, les hommes ont utilisé 40 % de plus que ce que les écosystèmes de la Terre pouvaient générer, comme une famille qui dépenserait à crédit plus qu'elle ne gagne. Autrement dit, à production économique constante, nous aurions besoin d'une planète 1,4 fois grande comme la Terre pour maintenir notre niveau de consommation.

Il va de soi qu'en dehors des périodes de récession, les économies mondiales continuent de croître, pompant les ressources et déversant des déchets sans interruption. La poursuite de la croissance économique est vitale pour sortir la population des pays pauvres de l'ornière, mais dans les pays riches, la préoccupation de croissance s'est depuis longtemps détachée des besoins : elle est devenue un fétiche.

Fétichiser un objet, c'est lui attribuer des pouvoirs magiques ou surnaturels. Cet objet protège son détenteur contre le mal ; il peut aussi être investi d'un pouvoir divin. Les objets fétiches sont souvent associés aux peuples « primitifs », encore qu'il soit difficile de distinguer les pouvoirs d'un os brandi par un chaman de ceux d'une croix que brandit un prêtre. Pour être plus précis, dans les sociétés prospères, les valeurs religieuses semblent aujourd'hui placées dans l'objet le plus profane qui soit : la croissance de l'économie, laquelle se

---

1. Global Footprint Network, http://www.footprintnetwork.org/gfn_sub.php?content=overshoot

matérialise chez l'individu par une accumulation de biens. Dirigeants et commentateurs politiques croient en ses pouvoirs magiques pour fournir des réponses à tous les problèmes. Seule la croissance peut sauver les pauvres. Les inégalités sont préoccupantes, mais la croissance enrichit tout le monde, les petits comme les grands. La croissance résoudra le chômage. Si nous voulons de meilleures écoles et plus d'hôpitaux, la croissance y pourvoira. Et si l'environnement se dégrade, une croissance accélérée fournira les moyens de le remettre en état. Quel que soit le problème social, la réponse est toujours : davantage de croissance.

Alors qu'il fut un temps où les nations vantaient leurs réalisations culturelles, le développement de leurs connaissances ou leurs conquêtes militaires, on mesure aujourd'hui la puissance d'une nation à son produit intérieur brut (PIB) par habitant, lequel ne peut augmenter que d'une seule façon : par plus de croissance. Un pays en plein marasme économique se sent comme attaqué dans sa fierté. Parmi les nations les plus riches, une sortie du « top dix » du PIB par habitant entraîne un examen de conscience national, une exploitation politique et la résolution d'augmenter la productivité afin de pouvoir relever la tête. L'indicateur le plus important que produise une agence nationale de statistiques, c'est la mesure de la croissance annuelle du PIB. Les annonces, anticipées avec soin et sujettes à d'infinies spéculations, sont accueillies avec enthousiasme ou désarroi. Les marchés réagissent, la confiance des cercles d'affaires dans l'économie bondit ou s'écroule. Si le chiffre est bon, le gouvernement se réjouit ; s'il est au-dessous des espérances, l'opposition jubile secrètement mais annonce gravement que le pays a fait fausse route.

Comme s'ils étaient les adeptes d'un culte de la marchandise, les Occidentaux investissent les biens matériels de pouvoirs surnaturels, et sont convaincus d'accéder au paradis sur Terre s'ils en accumulent suffisamment. La fétichisation des biens matériels prend sa forme sublimée dans leur équivalent universel – l'argent. Les vertus magiques de l'argent sont depuis longtemps le sujet d'analyses anthropologiques et sociologiques. Loin d'être un simple moyen d'échange et de stockage de la valeur, l'argent est devenu une force vitale. Pour acquérir ses pouvoirs, chacun est prêt à se comporter de la façon la plus irrationnelle. Les plus riches ne savent plus comment dépenser leur argent et pourtant ils en veulent toujours plus.

Le progrès lui-même est mesuré à l'aune de la croissance du PIB ; remettre en question la croissance, c'est s'opposer au progrès, et ceux qui s'y risquent sont immédiatement accusés de vouloir revenir à l'âge de pierre, comme si vivre dans un palais ou dans une grotte était la seule alternative, comme si le choix n'était qu'entre l'opulence et la misère.

Accuser ses contradicteurs de zèle religieux fait partie des ficelles rhétoriques fréquemment utilisées par les conservateurs pour ridiculiser ceux qui demandent une action résolue contre le réchauffement climatique. Pourtant, il n'est pas besoin de chercher bien loin pour trouver des accents religieux à l'obsession de notre société pour la croissance économique. Lorsque l'on demanda au président Bush, en 2001, s'il recommanderait aux Américains de restreindre leur consommation d'énergie, son porte-parole Ari Fleischer rétorqua : « La réponse est un "non" massif. Le président est persuadé qu'il s'agit là du mode de vie américain, et que protéger le mode de vie américain doit être l'objectif des dirigeants politiques. Le mode de vie américain est béni des dieux. Et nous disposons dans ce pays de ressources en abondance[2]. »

Certes, la plupart des dirigeants politiques seraient prêts à railler l'affirmation selon laquelle le mode de vie américain, dévoreur d'énergie, est une bénédiction, et l'abondance des ressources, un cadeau de Dieu aux hommes ; cependant, en un sens, le porte-parole du président Bush n'était coupable que d'un manque de finesse. L'association entre croissance économique et progrès est si profondément ancrée dans les modes de pensée – qu'ils soient progressistes ou conservateurs, elle est défendue avec tant de vigueur – qu'elle ne peut être fondée que sur un lien empirique banal entre augmentation de la consommation matérielle et augmentation du bonheur du pays.

Avec la « fin des idéologies », dans les années 1980, on a vu les principaux partis politiques des pays occidentaux adopter la croyance selon laquelle la dérégulation des marchés était la meilleure façon de promouvoir la croissance. Les partis de gauche, cessant de se focaliser

2. http://dccc.org/blog/archives/the_american_way_of_life/

sur les notions d'inégalité et d'exploitation, se sont rangés à l'idée que la route vers le succès électoral était pavée de rigueur fiscale et de confiance dans les marchés boursiers. Les doutes – fondés – quant à la façon dont la libre concurrence favorisait l'individualisme aux dépens de la cohésion sociale ont été balayés. « L'air du temps » politique était parfaitement exprimé par les deux apostrophes emblématiques de l'ère néolibérale, qui exprimaient le cœur de ce que l'on appela la doctrine Thatcher-Clinton : « La société, ça n'existe pas », et « C'est l'économie, idiot ! »

Depuis le début, le culte de la croissance économique a constitué le principal obstacle à la prise de conscience des menaces liées au réchauffement climatique. Les lignes de bataille sont tracées depuis plusieurs décennies. Lorsqu'en 1962, dans un ouvrage devenu classique, *Printemps silencieux*[3], Rachel Carson montra les effets des pesticides sur la vie sauvage dans l'Amérique rurale, la réponse de l'industrie chimique et du gouvernement fut immédiate et brutale. Carson s'attaquait à l'orgueil démesuré du capitalisme américain en matière de technologie, et à sa façon de traiter le monde qui en était le fondement. Carson, une scientifique pourtant très compétente et très prudente, fut traitée par ses contradicteurs de « bonne femme hystérique ». Les défenseurs du statu quo disqualifièrent le livre en le qualifiant de « subversif ». Leurs réactions instinctives se comprenaient parfaitement : appeler à vivre en harmonie avec la nature plutôt que la considérer comme une ressource bonne à être exploitée, c'était saper le pouvoir des puissants, ainsi que les conceptions les plus enracinées sur lesquelles le système avait été construit – à savoir que toute croissance est bonne et que la technologie est une bénédiction pour notre bien-être[4].

Une décennie plus tard, un groupe de penseurs connus sous le nom du Club de Rome chargea des scientifiques du Massachusetts Institute of Technology (MIT) de préparer un rapport étudiant les effets d'une croissance continue de l'économie et de la population sur la

---

3. Rachel Carlson, *Silent Spring*, Boston (Mass.), Houghton Mifflin, 1962 [*Printemps silencieux*, Paris, Plon, 1963].
4. Gary Kroll, « Rachel Carson, Silent Spring : A Brief History of Ecology as a Subversive Subject », Online Ethics Center for Engineering, National Academy of Engineering, 6 juillet 2006, www.onlineethics.org

disponibilité des ressources et sur la pollution. La réaction violente des défenseurs du statu quo à ce rapport, intitulé *The Limits to Growth*[5] [*Halte à la croissance ?*], montra qu'à l'évidence, un nerf sensible avait été touché. Les économistes orthodoxes menèrent la bataille ; après tout, l'économie de marché n'avait-elle pas toujours permis de faire face aux pénuries ? Henry Wallich, un économiste de premier plan de l'Université de Yale, qualifia le rapport d'« absurdités irresponsables[6] », et les attaques n'ont jamais cessé de s'amplifier depuis. Aujourd'hui encore, les opposants à toute mise en garde environnementale n'ont qu'à prononcer les mots « Club de Rome » pour faire s'esclaffer les conservateurs. L'écologie est vite devenue l'ennemie de tout ce à quoi ils étaient attachés. En 1985, Ronald Reagan, défenseur acharné du capitalisme américain, déclara : « Il n'y a pas de limites à la croissance lorsque des hommes et des femmes sont libres de poursuivre leurs rêves[7]. » Au sens strict, cette phrase est un non-sens ; mais Reagan voulait dire que l'écologie est une menace contre la libre entreprise parce qu'elle exige que nous agissions collectivement pour réfréner le comportement égoïste de certains.

En dépit de sa diabolisation, la conclusion principale de *Halte à la croissance ?* était remarquablement modérée : « Si les tendances actuelles de la croissance mondiale concernant la population, l'industrialisation, la pollution, la production de nourriture et l'épuisement des ressources restent inchangées, les limites à cette croissance sur la planète seront atteintes au cours du prochain siècle[8]. »

Même si toutes les critiques virulentes dont le livre fut l'objet concernaient les perspectives d'épuisement de certaines ressources – confondant les projections que faisaient les modèles de ce qui *pourrait* advenir avec des prévisions de ce qui *allait* advenir[9] – la vraie raison

---

5. Donella Meadows, Dennis Meadows, Jorgen Randers et William Behrens, The Limits to Growth, Londres, Earth Island Ltd, 1972, p. 23.
6. Newsweek, éditorial, 13 mars 1972.
7. Cité par Rex Weyler dans http://rexweyler.com/2008/11/28/attacking-margaret-atwood-are-limits-to-growth-real/
8. Donella Meadows et al., The Limits to Growth, op. cit., p. 23.
9. Bien qu'il convienne de noter que la « prédiction » des auteurs selon laquelle la concentration en CO_2 de l'atmosphère atteindrait 380 ppm en 2000 (Meadows et al., The Limits to Growth, op. cit., p. 73) était pratiquement exacte.

du scandale se trouvait dans la deuxième conclusion importante à laquelle parvinrent les analystes du MIT. Ils affirmaient, en effet, que, pendant un temps, la croissance pourrait se poursuivre parce que des solutions technologiques masqueraient et retarderaient les effets de rétroaction[10], mais qu'à long terme, le rythme de la croissance excéderait celui du progrès technologique. Nous devions donc envisager une autre réponse, une réponse qui « n'avait pratiquement jamais été considérée comme légitime par une quelconque société moderne » : modérer, à la fois, la croissance de l'économie et celle de la population, et chercher les conditions d'une stabilité écologique et économique grâce à « une transition contrôlée, ordonnée, allant de la croissance à un équilibre mondial[11]. »

Pressentant peut-être la tempête que leur livre allait déclencher, les auteurs reconnaissaient que leur suggestion heurterait beaucoup de gens qui la considéreraient comme « contre-nature et défiant l'imagination[12]. » Pourtant, en tant que scientifiques, ils avaient une foi presque touchante dans les capacités de la raison à susciter les changements nécessaires et à éviter l'effondrement. Si un appel à l'arrêt de la croissance était déjà incendiaire en 1972, la révolution économique libérale des deux décennies suivantes fit de la croissance une notion politiquement intouchable.

Nous commençons à entrevoir que la cause réelle de la furie que déclenchèrent *Printemps silencieux* et *Halte à la croissance ?* est la remise en question des certitudes les plus profondes de la civilisation occidentale – celles que les ressources de la Terre sont infinies et que les hommes ont le droit de les exploiter à leur profit sans restriction. Comme nous allons le voir, cette attitude envers notre planète est récente dans l'histoire humaine, mais elle est au cœur même de la crise climatique. Bien que, dans les deux cas, il s'agisse d'ouvrages clairement scientifiques, dans les intentions et dans les méthodes, tous deux appellent les hommes – peut-être involontairement – à une sérieuse introspection. Depuis des décennies, les preuves des dommages que l'activité humaine produit sur l'environnement s'accumulent. Il y a eu,

---
10. Donella Meadows et al., *The Limits to Growth*, op. cit., *p. 157.*
11. Ibid., *p. 157, 184.*
12. Ibid., *p. 167.*

certes, des avancées importantes et des succès : les exigences des citoyens ont amené les gouvernements à légiférer pour améliorer la qualité de l'air urbain ; des parcs nationaux ont aidé à protéger certaines espèces et certains écosystèmes ; un traité international semble être parvenu à enrayer la réduction de la couche d'ozone. Ce sont des victoires importantes de l'écologie et de la mobilisation populaire, fondées sur des données scientifiques. Paradoxalement, ces améliorations ont conduit des détracteurs comme Bjorn Lomborg à déclarer les écologistes inutiles, se servant de leurs victoires pour prétendre que l'on n'avait pas besoin d'eux[13].

La croissance comme solution

Tous les arguments en faveur d'une sanctification de la croissance ont été forgés afin de contrer l'appel à des mesures favorables à la réduction des émissions de gaz à effet de serre. Tandis que les négateurs du réchauffement climatique ont réussi à semer le doute dans l'opinion publique, l'argument le plus fort, sans cesse utilisé contre les propositions de réduction, a été l'argument économique. Je pourrais citer des passages entiers où la référence aux effets sur la croissance est utilisée pour contrer ou pour minimiser les mesures destinées à réduire nos émissions de carbone – y compris des affirmations à l'emporte-pièce que personne n'est venu contredire sur la ruine et l'effondrement de l'économie. Les faits sont pourtant si criants de vérité que le lecteur doit déjà être convaincu. Je vais tout de même donner deux exemples.

En juin 1997, à l'approche de la conférence de Kyoto, le Sénat américain vota par 95 voix contre zéro la célèbre résolution Byrd-Hagel. Elle déclarait que le pays ne devait adopter aucun traité international visant à réduire les émissions de gaz à effet de serre qui pourrait « causer de sérieux dommages à l'économie des États-Unis ». C'était pendant la présidence de Clinton. En 2001, l'opposition du président Bush à toute action concernant le réchauffement climatique fut si déterminée qu'il lui sembla nécessaire de faire une déclaration rassurante au monde : « Le bien-être de la Terre est également un

---

13. Bjorn Lomborg, The Skeptical Environmentalist, *op. cit.*

enjeu important pour l'Amérique. » Il laissait entendre que le monde s'était mis à penser le contraire, même si, quelques mois auparavant, il s'était efforcé de dissiper les doutes en déclarant : « Je sais que les hommes et les poissons peuvent coexister pacifiquement. » Expliquant son refus de s'engager dans le protocole de Kyoto, il poursuivit : « Notre action doit toujours permettre une croissance économique et une prospérité continues pour nos concitoyens et pour les citoyens du monde[14]. »

Plutôt que d'être considérée comme la *cause* des dommages à l'environnement, la croissance est partout vue comme la *solution* pour les réparer. Les arguments dépassent l'entendement d'observateurs sans parti-pris, mais ils influencent fortement les dirigeants politiques et les leaders d'opinion. Un revenu national plus élevé résultant d'une croissance accrue, affirme-t-on, produit plus de ressources pour la protection de l'environnement. Bien entendu, cela ne répond pas à la question de savoir si ces ressources seront effectivement dédiées à la protection du climat plutôt qu'au perfectionnement de nos équipements multimédia familiaux. Lorsque nous nous enrichissons, devenons-nous plus généreux ou plus cupides ? Accordons-nous plus de valeur à la sauvegarde de l'environnement ? Des économistes ont tenté de démontrer que c'était bien le cas, au moyen d'un outil appelé la courbe de Kuznets qui se propose de prouver que lorsqu'un pays s'industrialise et que les revenus progressent, la qualité de l'environnement commence par se détériorer mais qu'ensuite elle s'améliore. Mis à part le malaise que peut faire naître l'idée d'une nature-marchandise qui deviendrait plus désirable lorsque le revenu augmente – une sorte de « produit de luxe » comme une Porsche ou une Ferrari –, des rapports de ce type, solidement établis, rendraient toute intervention gouvernementale inutile ; le marché résoudrait seul ses propres problèmes.

Mais la relation s'avère bancale, surtout dans le cas de sujets mondiaux comme le changement climatique. Il est vrai que la classe moyenne parvient souvent à gagner assez d'argent et d'influence

---

14. George W. Bush, « President Bush Discusses Global Climate Change », Maison Blanche, juin 2001, http://www.whitehouse.gov/news/releases/2001/06/20010611-2.html

politique pour se protéger des émanations viciées des taudis et des usines, mais si nous devons attendre que les consommateurs se sentent suffisamment riches pour réduire spontanément et de façon importante leurs émissions de gaz à effet de serre, nous sommes à coup sûr condamnés. Même si l'idée peut être soutenue que les pauvres des pays en voie de développement sont « trop pauvres pour être verts », idée exprimée dans le rapport Brundtland de 1987 sur le développement durable[15], rien n'indique que la croissance rende les gens « trop riches pour être anti-écolos ». Que les pays émergents soient trop pauvres pour être verts et qu'il ne faille pas s'attendre à ce qu'il en soit autrement séduit certes ce bastion de l'économie de marché qu'est la Banque mondiale, laquelle déclarait dans son rapport sur le développement mondial en 1992 : « Avec la progression des revenus, l'exigence d'amélioration de la qualité de l'environnement augmentera, de même que les ressources disponibles pour investir dans le domaine[16]. » L'économiste Wilfred Beckerman, auteur des ouvrages intitulés *Small is Stupid* et *In Defence of Economic Growth* [*Il est stupide de faire petit* et *Défense de la croissance économique*] était plus direct : « Il ne fait pas de doute que, bien que la croissance économique provoque, dans les premiers stades du processus, des dégradations de l'environnement, au bout du compte, la meilleure façon – et probablement la seule – de bénéficier d'un environnement acceptable dans la plupart des pays est de devenir riche[17]. » Plus récemment, l'écologiste sceptique Bjorn Lomborg soutenait la même idée : « Ce n'est que lorsqu'on est devenu suffisamment riche que l'on peut se permettre le luxe relatif de se préoccuper d'environnement[18]. »

Prenant acte du fait que le culte de la croissance constituait un obstacle immuable à toute action concernant le climat, les écologistes ont vite capitulé et affirment à présent que l'on peut avoir le meilleur

---

15. World Commission on Environment and Development, Our Common Future, Oxford, Oxford University Press, 1987.
16. Cité par David Stern dans « The Rise and Fall of the Environmental Kuznets Curve », Rensselaer Working Papers in Economics No. 0302, Rensselaer Polytechnic Institute, octobre 2003.
17. Cité par Stern dans « The Rise and Fall of the Environmental Kuznets Curve », art. cité.
18. Bjon Lomborg, The Skeptical Environmentalist, op. cit., p. 33. Lomborg montre un graphique indiquant pour de nombreux pays la relation entre le

de chacun des deux mondes, à savoir tout à la fois une atmosphère saine et une croissance économique solide, et qu'en vérité promouvoir les énergies renouvelables pour remplacer les énergies fossiles pourrait accélérer la croissance économique. J'ai moi-même entrepris des études de modèles économiques qui ont montré que les politiques de réduction des émissions pouvaient entraîner un « double dividende ».

Il est tout à fait possible d'ajuster les modèles économiques pour montrer que, si les revenus sont utilisés pour la réduction d'autres taxes (comme les charges sociales), la mise en place d'une taxe carbone *augmenterait*, en fait, la croissance du PIB et l'emploi. Ces études devraient porter le coup de grâce dans le débat sur la politique climatique, mais, de façon inexplicable, elles sont ignorées. Cela suggère que, plus profondément, les oppositions aux mesures de réduction des émissions ne porteraient peut-être pas sur la croissance – nous reviendrons sur cette idée.

Néanmoins, en développant ces arguments, les écologistes ont concédé que la protection de l'atmosphère pouvait être, au mieux, le deuxième objectif le plus important. Accepter cette dualité – croissance et protection du climat – impose une charge énorme à la technologie. Dans les initiatives internationales, nous avons atteint le point où la technologie, et elle seule, a la possibilité de réconcilier un développement économique continu avec une planète viable. Plus précisément, dans l'esprit de nos décideurs politiques et industriels, l'avenir du monde ne dépend plus que d'un seul facteur, placé au-dessus de tous les autres, à savoir la réussite du développement et du déploiement de la capture et du stockage du carbone, une technologie destinée à sauver l'industrie du charbon, dont même les plus ardents défenseurs admettent qu'elle ne sera pas commercialisable à grande échelle avant des décennies (nous le verrons dans le chapitre 6). Et pourtant, l'inquiétude provoquée par cette contradiction est moindre que celle qui découle de l'idée qu'un changement social radical serait

> PNB par habitant et un indice de durabilité de l'environnement (figure 9, p. 33). La tendance est nettement croissante, mais parmi les 18 pays les plus riches, ceux dont les revenus annuels par habitant se situent autour de 30 000 dollars, l'indice fluctue de 45 à 80. Autrement dit, au-dessus de ce seuil, il n'y a plus de relation entre le revenu et la qualité de l'environnement.

nécessaire pour préserver une planète habitable. Alors, la technologie peut-elle nous sauver ?

La technologie peut-elle nous sauver ?

Le culte de la croissance se caractérise par sa vision unidimensionnelle, qui empêche ceux qui en sont affectés de voir d'autres solutions au problème des gaz à effet de serre que la solution technologique. Pour comprendre le fardeau que cela fait porter à la technologie, nous pouvons utiliser la fameuse équation IPAT :

$$I = P \times A \times T$$

Cette formule exprime simplement que le niveau d'impact environnemental (I) dépend de la population (P), de l'aisance (A, mesurée par le PIB par habitant) et de la technologie (T).

Avant d'examiner la foi en la technologie, il faut noter que, pour certains, l'augmentation de la population est considérée comme la principale coupable. Il est indéniable que, toutes choses égales par ailleurs, plus la population augmente, plus la tâche est difficile. Il est également certain que l'énorme accroissement de la population mondiale, au cours des dernières décennies, nous a rendus beaucoup plus vulnérables. Mais nous devons nous souvenir que c'est l'augmentation des populations à haut niveau d'émissions de gaz à effet de serre qui nous a conduits à la crise climatique. Cela a été montré, sans aucun doute possible, par deux chercheurs nord-américains, Paul Murtaugh et Michael Schlax, qui ont estimé les « héritages carbone » des comportements reproductifs. Il est évident que les décisions de consommation que nous prenons ont des effets sur les émissions de gaz à effet de serre dont nous sommes responsables ; mais il en va de même pour la natalité. Les chercheurs attribuent à chaque individu une responsabilité pour ses propres émissions et pour celles de ses descendants, puisque les émissions dépendent des choix de reproduction de chacun[19]. Ils supposent qu'une mère est responsable de la moitié des émissions de ses enfants et un père de

---

19. Paul A. Murtaugh et Michael G. Schlax, « Reproduction and the Carbon Legacies of Individuals », Global Environmental Change, 19, 2009, p. 14-20.

l'autre moitié. Chaque parent est responsable du quart des émissions de ses petits-enfants, etc.

En posant des hypothèses raisonnables pour les différents pays concernant les taux de fécondité et les futures émissions de carbone par individu, les chercheurs estiment que l'héritage carbone de la femme est en moyenne de 18 500 tonnes de CO_2 aux États-Unis et de seulement 136 tonnes au Bangladesh. En d'autres termes, le flux futur des émissions de carbone lié à la décision d'un couple américain d'avoir un nouvel enfant est 130 fois supérieur à celui induit par la même décision dans un couple du Bangladesh. Ou encore, la décision d'un couple américain de ne pas avoir d'enfant aura le même impact sur les futures émissions mondiales de carbone que la même décision prise par 130 couples du Bangladesh. Les politiques de contrôle de la population devraient donc être destinées plutôt aux États-Unis et aux grands pays européens (y compris la Russie) qu'aux populations pauvres mais nombreuses comme celles du Bangladesh, de l'Inde et du Nigeria. La comparaison États-Unis/Bangladesh est la plus extrême, mais celle des héritages carbone des parents des États-Unis et de la Chine fait déjà apparaître un facteur proche de cinq[20]. Pour l'Inde, ce facteur est proche de cinquante. En résumé, singulariser la croissance de la population sans la relier à ses perspectives de consommation n'a pas de sens.

Comprendre que l'aisance, plutôt que la croissance de la population, est principalement responsable de la crise climatique nous permet de reconsidérer la fameuse théorie de Thomas Malthus. Son *Essai sur le principe de population*, paru en 1798, explique que la tendance naturelle d'une population dont la croissance n'est pas régulée est de dépasser la capacité de l'agriculture à augmenter la production de nourriture, si bien que ce sont les famines, les épidémies et les guerres qui ramènent le ratio population/production de nourriture à l'équilibre. Le pasteur Malthus attribuait la tendance de la population à

---

20. Bien sûr, dans la mesure où la population de la Chine est très élevée (quatre fois celle des États-Unis), toute politique de limitation de la fécondité aura un énorme impact global. Bien qu'elle n'ait pas été conçue dans ce but, la politique de l'enfant unique tant décriée aura pour conséquence de réduire sensiblement les émissions de gaz à effet de serre au XXIᵉ siècle, ce dont nous devrions nous réjouir.

croître selon une progression géométrique au « vice associé à la promiscuité dans les classes inférieures[21]. » Nous devons cependant admettre que la situation à laquelle nous faisons face n'est pas le résultat d'une copulation excessive de la classe ouvrière d'hier, mais bien des excès de consommation de la classe moyenne d'aujourd'hui. Et, de la même façon que Malthus, dans les rééditions de son essai, reconnaissait que les régulations naturelles par les famines et par les guerres pouvaient être évitées grâce à la « restriction morale » – mariages tardifs et abstinence –, on peut avancer que la réponse à la crise climatique actuelle se trouve dans la réhabilitation, auprès de la classe moyenne, des vertus de modération et de frugalité.

Revenons à notre équation IPAT. Que peut-elle nous dire concernant l'objectif de prévention d'un changement climatique catastrophique ? Les émissions de CO_2 (I) d'un pays dépendent de sa population (P), de son PIB par habitant (A) et de la technologie (T) qui détermine la quantité de CO_2 émise par point de PIB. Chaque année, on a donc :

$$CO_2 = P \times \frac{PIB}{P} \times \frac{CO_2}{PIB}$$

La partie droite de l'équation peut se simplifier pour redonner la partie gauche ; il s'agit de ce que l'on appelle en mathématiques une identité.

Changer la structure démographique d'un pays est un long processus, de sorte qu'il paraît inévitable que le monde atteindra 9,2 milliards en 2050 – à moins que, par chance, un ralentissement de la fertilité ne limite cette croissance à environ 8 milliards d'individus[22]. Qu'en est-il de cette aisance A, qui augmente avec l'accélération de la croissance économique ? Suggérer au dirigeant politique d'un pays riche que la croissance économique devrait être divisée par deux est impensable ; le suggérer à ceux des pays pauvres serait de la folie.

---

21. Thomas Robert Malthus, *Essai sur le principe de population*, 1806.
22. United Nations, World Population Prospects, art. cité. *Les estimations se situent, selon le taux de fécondité, entre un minimum de 7,8 milliards et un maximum de 10,8 milliards.*

Bien qu'un changement dans la composition de ce que nous consommons (qui se traduirait par une modification de la composition du PIB vers plus de services) puisse modérer l'augmentation de nos émissions, la charge d'une véritable limitation incombe aux avancées de la technologie, une technologie qui doit être de plus en plus performante pour répondre à la croissance de la population et, en particulier, à celle du PIB. Une étude montre qu'au cours des quinze années précédant 1997, les émissions de CO_2 des pays riches ont augmenté d'environ 20 %, résultant, en gros, de 10 % d'augmentation de la population, de 40 % d'augmentation de la richesse, compensés en partie par une diminution de 30 % des émissions de carbone par unité de richesse économique produite[23].

Malgré l'augmentation des émissions de carbone sous l'effet combiné de la croissance de la richesse et de la population, tous les espoirs et les initiatives du monde se sont reportés sur la technologie. Mais la technologie peut-elle supporter pareille charge ? Tim Jackson, de l'Université de Surrey, a fait un calcul simple pour indiquer ce qui serait nécessaire[24]. En 2005, la population mondiale était de 6,6 milliards d'individus (P) et leur revenu moyen, ou aisance (A), de 5 900 dollars par an (très inégalement répartis, bien sûr)[25]. Le facteur technologique (T) était de 0,76 tonnes de CO_2 par millier de dollars de PIB. Cela donnait un montant d'émissions globales de CO_2 un peu inférieur à 30 milliards de tonnes = 6,6 milliards x 5,9 x 0,76, soit une moyenne de 4,5 tonnes par personne.

Pour stabiliser la concentration des gaz à effet de serre dans l'atmosphère à 450 ppm (niveau pourtant considéré aujourd'hui comme trop élevé), nous devons réduire les émissions annuelles de CO_2 de 30 à environ 4 milliards de tonnes par an d'ici à 2050[26]. Pour parvenir à une

---

23. Clive Hamilton et Hal Turton, « Determinants of Emissions Growth in OECD Countries », Energy Policy, 30, 2002, p. 63-71.
24. Tim Jackson, Prosperity Without Growth ? The Transition to a Sustainable Economy, Sustainable Development Commission, Londres, 2009, p. 53-54. Voir aussi Tim Jackson, « What Politicians Dare Not Say », New Scientist, 18 octobre 2008, p. 42-43.
25. Les revenus et le facteur technologique (T) sont mesurés en dollar constant 2000 aux prix du marché.
26. Tim Jackson, Prosperity Without Growth ?, op. cit., p. 54. L'analyse ne prend pas en compte les émissions hors CO_2. Nous avons vu dans le chapitre 1 qu'Anderson et Bows fixaient le minimum des émissions hors CO_2 à 7,5 milliards de tonnes en 2050.

telle réduction, il faudrait que nos émissions diminuent dorénavant de 5 % par an, ce qui représente, comme nous l'avons vu dans le précédent chapitre, un taux de diminution que seule la Russie a pu atteindre dans les années 1990, lorsque son économie a été divisée par un facteur supérieur à deux. Si la population et la richesse continuent de croître comme on s'y attend, toute la charge pèsera sur la technologie.

Supposons que l'amélioration des technologies de l'énergie permette d'arriver à une réduction de 80 % des émissions par unité produite, faisant baisser notre facteur T de 0,76 à 0,15 tonne de CO_2 par millier de dollars de PIB en 2050. Que serait le résultat pour les émissions globales avec une population passée de 6,7 milliards d'habitants en 2007 à 9,2 milliards en 2050 selon l'estimation la plus probable des Nations unies – soit un taux annuel de progression de 0,75 %[27] ? Mais le PIB par personne croîtra beaucoup plus rapidement, peut-être autour de 1,75 % par an (moins dans les pays riches, beaucoup plus en Chine et en Inde)[28]. À ce rythme, et avec une technologie permettant de réduire de 80 % les émissions par unité de PIB, les émissions de CO_2 mondiales passeraient de 30 à 17 milliards de tonnes en 2050. Ce qui serait une catastrophe pour le climat, alors que l'objectif est de ne pas dépasser 4 milliards de tonnes. Et si les améliorations de la technologie permettaient de réduire les émissions par unité produite non pas de 80 % mais de 90 %, de sorte que le facteur T diminuerait de 0,76 à 0,076 tonne de CO_2 par millier de dollars de PIB ? Cela réduirait les émissions en 2050 à moins de 9 milliards de tonnes, soit encore le double du niveau « sans danger ». Et, évidemment, l'économie continuera à se développer après 2050, pour autant que la nature le permette. La seule issue serait de décarboner totalement l'économie bien avant 2050, et cela ne serait probablement même pas suffisant.

En 2008, dans le film d'animation *WALL-E*, le consumérisme américain atteint son sommet sous la forme d'une communauté futuriste

---

27. United Nations, World Population Prospects, art. cité.
28. *Ces chiffres sont extraits de Nicholas Stern,* The Economics of Climate Change : The Stern Review, *Cambridge, Cambridge University Press, 2007, p. 209. Le rapport Garnaut, en insistant sur le rôle attendu de la Chine, est beaucoup plus optimiste, et propose une croissance du PIB par tête d'environ 2,75 % (Ross Garnaut,* The Garnaut Climate Change Review Final Report, *op. cit., figure 3.6, p. 60).*

de consommateurs obèses, physiquement impotents et mentalement débiles, prisonniers d'une croisière de luxe, sans fin, dans l'espace. Longtemps auparavant, ils ont été contraints à embarquer à bord d'un vaisseau spatial géant après avoir rendu la Terre inhabitable. Ils ont laissé derrière eux un environnement dévasté et un petit robot chargé de compacter les ordures, WALL-E, programmé pour grignoter, aux abords d'une énorme pile de déblais, ce qu'il reste d'une civilisation en ruine. La communauté humaine survivante peut errer sans fin dans l'espace grâce à sa maîtrise de la technologie, satisfaite de son utopie lotophage, sans aucun désir de retourner vivre sur Terre. La technologie a complètement remplacé la nature, et les consommateurs boursouflés sont devenus moins qu'humains à force d'oublier ce que signifie l'appartenance au monde naturel.

Un scénario où le divorce est consommé entre des êtres humains disposant d'une technologie très sophistiquée d'un côté et le monde naturel de l'autre, peut sembler étrange ; cependant nombreux sont ceux, comme David Keith, qui enseigne les questions d'énergie et d'environnement à l'Université de Calgary, au Canada, qui croient que même si le réchauffement climatique peut signifier « la perte du monde naturel que nous aimons », la civilisation n'est pas en jeu. Pour lui, la technologie permet à la civilisation et à la nature d'occuper des domaines séparés. « Les hommes sont incroyablement adaptables et ils ont une incroyable capacité à s'isoler de l'environnement grâce à la technologie », de sorte qu'il est probable que nous finirons par nous lancer dans la géo-ingénierie, grâce à laquelle ce qui restera du monde naturel sera entretenu comme un jardin[29]. Dès lors, que l'humanité habite une Terre réglementée ou un vaisseau spatial errant ne fait pas grande différence. En fait, la vie dans un environnement autonome et totalement contrôlé est considérée non seulement comme possible, mais même comme préférable par une proportion étonnamment importante des membres de la National Space Society (NSS), une organisation dont la vision se résume ainsi : « Des gens vivant et travaillant dans des communautés prospères au-delà de la Terre. » Le « futur positif de l'humanité » tel que l'envisage la NSS est expérimenté aujourd'hui

---

29. Interview de Jeff Goodell, « Geoengineering : The Prospect of Manipulating the Planet », Yale Environment 360 Magazine, janvier 2009.

sur Terre dans les nouveaux centres commerciaux intégrés où l'on peut à la fois vivre, consommer et se divertir. Se multipliant à travers les États-Unis, ils constituent la « vague du futur », selon l'Urban Land Institute[30]. Le Natick Shopping Mall de Boston renferme douze étages d'appartements ; pour les résidents qui redouteraient les effets de ce monde artificiel, les concepteurs du lieu ont aimablement inclus un parc « d'environ un demi-hectare avec promenades et chemins arborés, sur le toit du centre. » C'est le genre de « mode de vie intégré » que les créateurs de WALL-E ont parfaitement illustré.

De retour sur Terre, pendant qu'il effectue consciencieusement son travail, WALL-E tombe sur un objet incongru, une jeune plante verte, dernier vestige de la Nature vivante. Par des détours compliqués, la plante se retrouve à bord du vaisseau spatial. Là, sa présence réveille une sensation profondément enfouie chez les hommes, un vestige mémoriel du sens de la Nature qui fait naître en eux le désir de redécouvrir une vie authentique. Du moins ce désir affleure-t-il chez le corpulent capitaine du vaisseau, qui décide de mettre le cap sur la Terre. Il découvre, consterné, que les ordinateurs de bord ont depuis longtemps pris le contrôle du vaisseau et que lui-même n'a plus que l'illusion du commandement. Le système informatique a conçu ses propres objectifs et n'a aucune intention de retourner sur Terre ; peut-être sent-il que la Nature et le libre arbitre de l'homme sont des menaces pour son pouvoir. Une lutte à mort s'ensuit, au cours de laquelle ce qui reste d'humanité chez les consommateurs boursouflés et leur capitaine finit par triompher. Ils retournent sur Terre et se mettent à bâtir un habitat vivant authentique à partir de la dernière pousse verte.

Je raconte cette histoire parce qu'il s'agit d'une allégorie de la façon dont la machine de la croissance, que nous pensions avoir construite pour atteindre nos objectifs, a acquis une vie propre. Elle qui devait les servir résiste farouchement aux hommes, désormais conscients de ses dangers. Avec le temps, la machine a créé des types d'humains parfaitement adaptés à sa propre perpétuation – dociles, séduits par ses promesses et incapables de penser au-delà des buts

30. Voir Lisa Sellin Davis, « Malls, the Future of Housing ? », Housing Wire.com, 29 décembre 2008.

qu'elle leur fixe. Plus ils se rapprochent des leviers de commande de la machine, plus les humains doivent se soumettre à ses desseins. Il paraît inconcevable que quiconque remettant en cause la croissance économique soit jamais autorisé à s'approcher de ces leviers, sous peine de se voir ridiculiser dans la presse et dénoncer au parlement. Les citoyens ordinaires peuvent douter de temps à autre qu'une croissance continue ait du sens et en déduire qu'elle ne pourra se prolonger indéfiniment, mais les incitations à la consommation se chargent de les tirer rapidement de leur rêverie subversive. Le système a créé un type d'individus parfaitement adaptés à sa logique de développement illimité.

Le système de croissance se gouverne lui-même. Nous pensons détenir le pouvoir, mais ce système le donne en récompense à ceux seuls qui favorisent ses objectifs. Nous intériorisons le discours (comme dirait Michel Foucault), de sorte que nous nous mettons à exprimer les intérêts du système et à nous gouverner selon ses règles. Nos comportements de consommateurs nous conduisent à le perpétuer et, dans nos agissement publics, à nous impliquer dans des structures politiques qui servent également les besoins de la machine. Nos dirigeants sont, en général, ceux qui ont le mieux intériorisé les objectifs du système et, par conséquent, sont immunisés contre les arguments et les preuves qui pourraient le remettre en question. Quant à l'État, qui représentait jadis les intérêts du peuple, même si ces intérêts étaient souvent contrecarrés par le pouvoir des affaires, il a lui-même été reconfiguré depuis les années 1970 pour servir les intérêts de l'économie.

Combien cela coûterait-il ?

Compte tenu de la peur des dégâts économiques que pourraient provoquer des mesures pour réduire les émissions de gaz à effet de serre – peur continuellement alimentée par les journaux qui insistent sur la charge financière que représenterait toute lutte contre le changement climatique –, nous pourrions nous attendre à ce que les analyses destinées à estimer ces coûts produisent des chiffres effrayants. Pourtant – et c'est là le fait peut-être le plus étonnant dans le débat sur ce qu'il convient de faire à propos du changement climatique – c'est le contraire qui se produit. Les analyses économiques ont toujours conclu que ces coûts seraient peu élevés. Que se passe-t-il donc ?

En 2007, le GIEC a actualisé son évaluation des coûts de la réduction des émissions en compilant et en évaluant les résultats d'un grand nombre de modèles économiques[31]. Qu'en est-il ressorti ? Soyons beau joueur et considérons le pire des cas pour l'économie, c'est-à-dire en général le meilleur pour le climat. L'objectif le plus contraignant suppose de réduire les émissions de sorte que la concentration de gaz à effet de serre dans l'atmosphère ne dépasse pas 450 ppm de CO_2-eq en 2050. Le modèle conduisant au coût le plus élevé pour atteindre cet objectif estime que cela impliquerait une réduction du PIB de 5,5 % en 2050[32]. La plupart des modèles présentent des coûts inférieurs. À première vue – et la majorité des hommes politiques et des journalistes ne vont jamais au-delà de cette première impression – ce chiffre peut sembler non négligeable. En réalité, il est dérisoire. Il signifie que l'objectif de 450 ppm réduirait le PIB de 5,5 % par rapport à ce qu'il atteindrait en 2050 sans cet objectif[33]. La croissance annuelle moyenne du PIB mondial entre 1950 et 2000 a été de 3,9 %[34]. Lorsque le monde se sera remis de la crise actuelle, on s'attend à ce que le taux de croissance annuel moyen soit de 2,5 % pendant les prochaines décennies[35]. À ce rythme, le PIB mondial réel va être multiplié par 2,9 ; il passera donc de 54 300 milliards de dollars en 2007 à 157 000 milliards de dollars

---

31. GIEC, Changement climatique 2007 : l'atténuation du changement climatique. Contribution du Groupe de travail III au Quatrième Rapport d'évaluation du GIEC, op. cit. Voir aussi T. Barker et al., « Technical Summary », dans Bilan 2007 des changements climatiques : atténuation des changements climatiques. Contribution du groupe de travail III au Quatrième Rapport d'évaluation *du GIEC.*
32. GIEC, Bilan 2007 des changements climatiques : l'atténuation des changements climatiques, op. cit., tableau RID6, p. 18. *Pour être précis, l'objectif en question de 445 ppm et des 5,5 % représente la borne supérieure de l'intervalle 10 %-90 % des données analysées.*
33. *En termes annuels, cela signifie un taux de croissance du PIB de 0,12 % (un peu supérieur à 0,1 %) plus faible.*
34. Nicholas Stern, The Economics of Climate Change, op. cit., *p. 208.*
35. Ibid., *p. 209.*

en 2050[36]. Si le monde décidait de stabiliser les émissions pour atteindre 450 ppm, selon le modèle en question, le PIB mondial en 2050 serait plus petit de 5,5 %, soit « seulement » égal à 150 000 milliards de dollars. En tenant compte du fait que le revenu mondial sera très inégalement réparti, qu'est-ce que cela représentera en 2050 pour l'individu moyen quand 9,2 milliards d'humains peupleront la Terre[37]. Si les revenus augmentent, comme prévu, de 1,75 % par an, le revenu moyen va doubler d'ici 2047. D'après le modèle qui conduit aux coûts économiques les plus élevés, si nous prenions des mesures radicales pour restreindre les émissions de gaz à effet de serre en vue de stabiliser la concentration à 450 ppm, la pire des répercussions sur l'économie mondiale serait de retarder de trois ans le doublement du revenu moyen, qui ne serait alors atteint qu'en 2050. J'ai pris les chiffres les plus pessimistes. L'estimation moyenne du coût est plutôt de 2 % du PIB, ce qui impliquerait la perte d'une seule année de croissance du revenu entre aujourd'hui et 2050. Un retard d'un an pour doubler le revenu moyen, voilà ce sur quoi se fonde la conviction selon laquelle il serait trop coûteux de fixer un seuil de protection du climat à ne pas dépasser.

L'intervention de Stern

Depuis le début des années 1990, tous les économistes qui ont modélisé les coûts de réduction des émissions ont montré que maintenir une croissance continue et protéger le climat étaient tout à fait compatibles[38]. En 2005, Gordon Brown, chancelier de l'Échiquier au Royaume-Uni, a chargé Nicholas Stern, ancien économiste en chef à

---

36. Le chiffre pour 2050 est une estimation grossière. En pratique, les variations des taux de change vont invalider une simple proportionnalité, mais une estimation plus précise ne changerait pas la conclusion principale de l'argument (Nicholas Stern, The Economics of Climate Change, op. cit., Box 7.2). Pour le chiffre de 2007, voir World Bank, http://siteresources.worldbank.org/ DATASTATISTICS/Resources/GDP.pdf
37. United Nations, World Population Prospects, art. cité.
38. Les modèles ont été souvent accusés d'exagérer les coûts des réductions, mais parfois on les accuse de les sous-estimer. Dieter Helm, par exemple, suggère que le vrai coût de réduction des émissions pourrait être « de plusieurs pourcents supérieur » au 1 % du rapport Stern [« Climate-change Policy : Why has so Little Been Achieved ? », Oxford Review of Economic

la Banque mondiale, de préparer un rapport sur l'économie du changement climatique, qui tienne compte à la fois des coûts de réduction des émissions et des coûts du changement climatique au cas où les émissions se poursuivraient au même rythme. Le gouvernement Blair tenait à contrer l'argument mis en avant par les États-Unis et par l'Australie, selon lequel ratifier le protocole de Kyoto serait économiquement « ruineux ». Le rapport Stern s'imposa comme une référence dans le débat mondial, principalement parce qu'il mit en avant, officiellement et avec force, le bien-fondé économique de réductions importantes, montrant que l'inaction aurait des coûts économiques bien supérieurs. Il affirmait que le monde n'avait pas à choisir entre éviter un changement climatique dangereux ou encourager la croissance économique, et concluait que le coût d'un réchauffement climatique non maîtrisé allait atteindre de 5 à 20 % du PIB mondial vers le milieu du siècle, alors que le coût de réduction des émissions pour éviter les effets les plus nocifs du réchauffement se situerait à environ 1 % du PIB mondial en 2050[39]. Non seulement, reconnaissait le rapport, réduire le carbone atmosphérique n'est pas un obstacle à la croissance économique, mais c'est la condition même pour qu'elle se poursuive durablement[40].

Le rapport Stern fit sensation dans le monde entier. Mais quelle que fût la solidité de l'analyse, elle n'allait pas modifier l'opposition têtue du président Bush et du premier ministre australien Howard. La stratégie du gouvernement Blair, consistant à saper la thèse de l'inaction, était fondée sur une vision naïve de l'influence de l'économie et de la croissance sur la résistance des gouvernements des États-Unis

---

Policy, 24 (2), 2008, p. 227]. Cela pourrait accroître les coûts jusqu'à 5 % du PIB final, chiffre encore négligeable par rapport à l'échelle en jeu, comme je l'ai expliqué auparavant. Suggérer, comme le fait Helm, que si les nations ne parviennent pas à réduire notablement les émissions, c'est parce que les coûts de réduction sont vraiment « nettement supérieurs », ne tient pas compte du fait que, si cela est vrai, les gouvernements n'en ont rien su.
39. *Cela représente le coût estimé de stabilisation autour de 500-550 ppm. Nicholas Stern, The Economics of Climate Change, op. cit., p. 267.*
40. *« Ce que nous allons faire pendant les prochaines décennies peut susciter des risques de bouleversements majeurs de l'activité économique et sociale, sur une échelle comparable à celle des grandes guerres et de la crise économique de la première moitié du XX*[e] *siècle » (Nicholas Stern, The Economics of Climate Change, op. cit., p. 15).*

et de l'Australie ainsi que du lobby pétrolier. Si la croissance est un fétiche, alors la foi qu'on lui porte n'est que superficiellement chevillée à l'objectif proclamé d'élévation du niveau de vie. Si l'on peut démontrer qu'à long terme, le niveau de vie moyen s'élèvera grâce à la réduction des émissions de gaz à effet de serre, la foi dans les pouvoirs magiques de la croissance et dans le rôle de l'économie libérale pour y parvenir sera certes remise en cause mais non détruite.

Si, comme je vais le montrer dans les chapitres qui suivent, nous devons transformer nos comportements de consommation et repenser notre rapport à la Nature pour répondre au réchauffement climatique, le rapport Stern a eu pour effet fâcheux d'ancrer un peu plus dans les esprits le fétichisme de la croissance et la légitimité de l'approche économique classique du changement climatique. Le gouvernement Blair a voulu faire de l'économie la solution à l'impasse du changement climatique, sans voir que le vrai problème tient au mode de pensée économique lui-même.

Stern prétendait offrir un nouveau cadre éthique pour réfléchir au changement climatique ; mais, mis à part certains arguments éthiques justifiant l'utilisation d'un taux d'actualisation faible (question que nous analyserons plus loin), il n'a pas changé d'univers moral – il n'envisageait d'ailleurs pas d'en changer. Après tout, son rapport commence par la déclaration selon laquelle « le changement climatique d'origine anthropique est, au niveau le plus fondamental, une externalité[41] », c'est-à-dire un effet sur une tierce partie – ici, le climat – non impliquée dans une transaction économique. Bien qu'il paraisse naturel à la pensée économique classique de caractériser le changement climatique causé par l'homme comme une « externalité », il s'agit d'une affirmation hautement tendancieuse, car s'il en est ainsi « au niveau le plus fondamental », le réchauffement climatique ne peut être dû ni à notre éloignement de la Nature, ni à la rapacité de la machine croissance, ni à la surconsommation des riches, ni à l'impuissance des gouvernements à intervenir contre les intérêts des grands groupes. Il ne peut être dû qu'à un cafouillage dans le fonctionnement d'un marché par ailleurs parfait, cafouillage dont l'origine tient à ce

---

41. Nicholas Stern, The Economics of Climate Change, op. cit., p. 27.

que les responsables de la pollution par les gaz à effet de serre « ne sont pas confrontés directement, par les mécanismes du marché ou par d'autres moyens, à toutes les conséquences du coût de leurs actions ». Le réchauffement climatique n'est pas considéré comme un échec de l'homme, mais comme un échec du marché, comme un problème technique plutôt que social ou moral. La solution, c'est donc d'améliorer le marché.

La publication du rapport Stern déclencha un débat et, en particulier, de violentes attaques contre son « radicalisme » de la part des cercles économistes les plus conservateurs, mais personne ne remit jamais en cause la façon qu'avait Stern d'envisager le problème comme « le plus grand échec du marché que le monde ait connu[42]. » Même les écologistes saluèrent sa publication. L'absence de toute contestation refléta la victoire complète de la pensée économique libérale par rapport aux trois décennies antérieures. Même dans les années 1960, le fait de considérer le réchauffement climatique comme une imperfection du marché aurait été regardé comme une façon étrange de comprendre la relation entre les êtres humains et leur environnement. Le problème, selon Stern, c'est que le climat est un « bien commun », et qu'il n'est pas aisé d'empêcher l'accès de la nature à ceux qui refusent de payer alors qu'ils l'utilisent comme un dépotoir. Bien sûr, cela implique que l'état naturel et gérable des choses soit celui de biens privés, c'est-à-dire d'objets bien identifiés, pouvant être achetés et vendus. Cette affirmation suscite évidemment des craintes concernant la privatisation de l'environnement, mais, à l'arrière-plan, on retrouve la vieille conception qui voit les hommes comme totalement extérieurs au monde naturel qui les entoure, monde qu'ils peuvent par conséquent considérer comme leur domaine, où ils peuvent puiser biens et services. Dans un prochain chapitre, j'analyserai la transition philosophique qui a conduit à ce type de représentation ; notons ici simplement que la plupart des économistes et des dirigeants politiques, dans leur aveuglement, jugent même surprenant de discuter cette conception. Ainsi va le monde, n'est-ce pas ?

---

42. Nicholas Stern, Addresse à la Société royale d'économie, novembre 2007, http://www.guardian.co.uk/environment/2007/nov/29/climatechange.carbonemissions

Le rapport Stern sur les aspects économiques du changement climatique concluait qu'un objectif de concentration de CO_2-eq de 500-550 ppm ne réduirait le PIB mondial que de 1 %[43] à l'horizon 2050, de sorte que le niveau de la production qui, en l'absence d'une politique de prévention, serait atteint en janvier 2050, ne le serait, disons, qu'en mai 2050 en cas d'intervention. Nicholas Stern jugeait ce niveau de coût acceptable. Cependant, il refusa catégoriquement d'adopter un objectif plus ambitieux de 450 ppm qui, au minimum, aurait triplé le coût[44]. Mais un coût faible multiplié par trois reste un coût faible. Il était donc acceptable, selon Stern, de demander aux gens d'attendre cinq mois de plus pour voir leur revenu doubler, mais pas de leur demander d'attendre un peu plus d'un an. C'était trop.

Lorsqu'il informa le gouvernement britannique qu'un objectif de 450 ppm serait trop ambitieux car « très couteux » et difficile[45], Stern fut soutenu par Sir David King, conseiller scientifique en chef du gouvernement, une personne dont on aurait pensé qu'elle s'en tiendrait à suivre les avis scientifiques plutôt que d'énoncer des jugements politiques sur ce qui était « réaliste[46] ». Le « Stern » australien, Ross Garnaut, économiste et ancien ambassadeur en Chine, tira la même conclusion : après avoir détaillé les conséquences désastreuses du réchauffement, il conseilla au gouvernement d'adopter l'objectif de 550 ppm de CO_2-eq[47]. Poursuivre cet objectif coûterait un peu plus de 0,1 % de croissance annuelle du PIB (même estimation que celle de Stern) jusqu'en 2050, alors que l'objectif de 450 ppm coûterait un peu plus cher. Cependant, les bénéfices pour le monde d'un objectif à 450 ppm plutôt qu'à 550 ppm seraient immenses. Le rapport Garnaut estima, à son tour, qu'un monde à 550 ppm verrait la disparition de la Grande Barrière de corail et le quasi-doublement des extinctions d'espèces[48]. Garnaut évalua soigneusement tous les

---

43. Nicholas Stern, The Economics of Climate Change, op. cit., p. 267. *Après la publication du* Quatrième Rapport d'évaluation *du GIEC, Stern doubla son estimation, la portant à 2 %.*
44. Ibid., p. 276.
45. Ibid., p. 276, 338.
46. *Extrait d'une interview du Groupe du Climat, 29 juin 2004,* http://www.theclimategroup.org/news_and_events/professor_sir_david_king/
47. Ross Garnaut, The Garnaut Climate Change Review, op. cit.
48. Ibid., p. 271.

facteurs et conclut que « cela valait la peine de payer moins de 1 % du PIB comme prime pour atteindre un résultat à 450 ppm[49]. » Il estima cependant que le reste du monde ne porterait pas le même jugement et, par conséquent, recommanda au gouvernement australien d'adopter l'objectif de 550 ppm. Au vu ce qui est en jeu, c'est extravagant. Le rapport Stern décrit l'importante aggravation des dégâts dans un monde à 550 ppm par rapport à un monde à 450 ppm. Le nombre de personnes risquant la famine, par exemple, passe de 25 % à 60 % (allez leur dire qu'un objectif à 450 ppm est « trop ambitieux »), le risque d'effondrement écologique de la forêt tropicale amazonienne passe de très faible à très élevé, et le déclenchement d'une fonte irréversible de la couverture de glace du Groenland passe de probable à quasiment certain[50]. L'objectif de 550 ppm provoquerait très probablement des changements irréversibles du climat mondial, si bien que la question de savoir dès lors combien nous sommes prêts à sacrifier pour préserver le climat perd toute pertinence.

Le jugement politique de ces économistes et de ce conseiller scientifique semble si profondément ancré dans l'idée que la croissance économique est sacro-sainte que même face à une transformation catastrophique des conditions de vie sur Terre, il leur paraît légitime d'ergoter sur une réduction du taux de croissance économique annuelle de 0,2 % plutôt que 0,1 %. Dans l'hypothèse où les modèles économiques auraient fourni des résultats très différents, montrant que réduire rapidement les émissions endommagerait *vraiment* la croissance économique, on peut se poser la question existentielle de savoir si les gouvernements de la planète ne sacrifieraient pas la Terre au dieu suprême de la croissance. Il est déprimant de constater que le résultat de la conférence de Copenhague de décembre 2009 a donné raison aux prophéties des Stern, des King et des Garnaut : le monde n'est pas prêt au compromis.

---

49. Ibid., p. 272.
50. Nicholas Stern, The Economics of Climate Change, op. cit., *figure 13.4*, p. 330.

Le retour de bâton

En dépit de ses faiblesses, le rapport Stern eut le grand mérite de reconnaître que des jugements éthiques sous-tendent toujours les analyses économiques. En cela, il ouvrit une petite fissure dans le monolithisme intellectuel, sans que toutefois cela menace de provoquer son effondrement. Pourtant, le rapport déclencha une controverse intense parmi les économistes car des conservateurs influents jugèrent qu'il prônait une réponse « radicale » et « extrémiste » au réchauffement climatique. Tout en étant apprécié par quelques étoiles moins dogmatiques de la profession, il fut perçu, au sommet, comme une menace. « Marchand de peur », « parfaitement absurde », « destructeur », tels furent quelques-uns des qualificatifs. Il est intéressant d'analyser les grands axes d'attaque, car cela en dit long sur le monde que nous avons créé.

La réaction fut conduite par l'économiste de l'Université de Yale, William Nordhaus. Nordhaus a bâti l'essentiel de sa réputation en mettant au point l'un des tout premiers modèles économiques permettant d'évaluer les politiques relatives au changement climatique ; de tous les économistes travaillant sur ces questions aux États-Unis, il est peut-être devenu le plus influent. Lorsqu'en 1997, des économistes progressistes préparèrent une déclaration pressant les États-Unis de prendre le réchauffement climatique davantage au sérieux, ils considérèrent comme vital d'obtenir l'aval de Nordhaus, et le texte fut atténué dans ce but.

Le rapport Stern représentait un défi direct pour l'approche très modérée adoptée par le gourou de Yale. Quelques mois après sa parution, Nordhaus publia une critique acrimonieuse qui permit aux cercles conservateurs de la profession de rejeter les arguments de Stern[51]. Nordhaus accusait Stern d'avoir abandonné les principes économiques communément acceptés, d'avoir écrit un document « politique », posant des « hypothèses extrémistes » et parvenant à des

---

51. William Nordhaus, « *The Stern Review on the Economics of Climate Change* » (article non publié, 3 mai 2007) repris sous la forme du chapitre 9 de William Nordhaus, A Question of Balance : Weighing the Options on Global Warming Policies, *New Haven (Conn.), Yale University Press, 2008*, d'où toutes les citations sont extraites.

« conclusions extrémistes ». L'hystérie à peine contenue de la réponse de Nordhaus au défi lancé par Stern à l'orthodoxie déborde quand il insinue qu'en mandatant le rapport, le gouvernement Blair cherchait peut-être à « attiser les dernières braises de l'empire britannique », et que le gouvernement britannique se trompait autant dans son rapport sur le réchauffement climatique qu'il l'avait fait dans son livre blanc sur les armes de destruction massive qui avait conduit à l'invasion de l'Irak[52].

Même s'il se situait sur le terrain d'un désaccord technique quant au taux d'actualisation à adopter – le taux auquel les coûts et les bénéfices futurs sont escomptés pour trouver leur équivalent en valeur actuelle –, le débat sous-jacent entre Stern et Nordhaus portait sur le statut éthique des marchés privés. Comme tous les économistes néoclassiques ou libéraux, Nordhaus est convaincu que le comportement des acteurs privés sur les marchés reflète toujours leurs vraies préférences, de sorte que tout ce que génère le marché se situe en dehors de tout système de valeurs, et qu'il est de ce fait intouchable. Par conséquent, lorsque l'on considère les impacts à long terme des politiques, il faut utiliser le taux d'intérêt déterminé par notre comportement sur les marchés privés, même si cela signifie que l'intérêt des générations dans cinquante ans et au-delà ne sera pas pris en compte dans l'analyse.

La conviction que le marché échappe aux questions de valeurs est de celles auxquelles beaucoup d'économistes se raccrochent comme preuve de leur « rigueur ». Mais la volonté de créer un système conceptuel d'où sont exclus les individus réels – avec leurs faiblesses, leurs biais et leurs irrationalités, sans parler de leurs relations de pouvoir ou de leurs institutions sociales et politiques – en dit long sur la personnalité des économistes. Cela ne signifie pas qu'ils ont éliminé toute réaction émotionnelle de leur travail, mais qu'un sentiment domine outrageusement : le désir de détachement scientifique[53]. Commentant les réactions au rapport Stern, Julie Nelson parle

---

52. William Nordhaus, A Question of Balance, op. cit., *p. 167, 174.*
53. Cet argument est développé dans le contexte de la révolution scientifique par Morris Berman, dans Coming to Our Senses : Body and Spirit in the Hidden History of the West, New York (N. Y.), Bantam Books, 1990, p. 112-113.

d'« hyper-évaluation du détachement », et souligne la façon dont des économistes comme Nordhaus sont prisonniers d'une conception d'eux-mêmes caractérisée par la distance émotionnelle, l'autonomie, la religion des faits, la rationalité et le désintéressement[54]. Il s'agit là des caractéristiques de la science nouvelle telle qu'elle émergea au XVIIe siècle, et qui peut être désignée par un terme unique, utilisé sans aucune honte à l'époque pour décrire la nouvelle vision du monde : une science « masculine ». Cela explique le penchant des économistes pour la formalisation mathématique et la manière dont la profession récompense les plus aptes et les plus enclins à cette forme d'analyse. La méthode a été dénommée objectivisme, « une croyance romantique en la possibilité d'une connaissance dégagée de toute attache, avec un point de vue extérieur à la nature et sans aucun parti-pris[55] ». Plus simplement, on le décrit comme « l'envie de la physique ». Dans les années 1980, des économistes reconnus par l'institution, Wassily Leontief et John Kenneth Galbraith, écrivirent que « les départements d'économie sont en train de diplômer une génération *de savants idiots*, doués pour les mathématiques ésotériques mais ignorants de la vie économique réelle[56] ».

Choisir un taux d'actualisation déterminé par les comportements sur les marchés signifie, bien entendu, accepter comme naturelle, et par conséquent immuable, la distribution actuelle des revenus et de la richesse. Il s'agit là d'un jugement éthique, et pourtant Nordhaus compare la distribution actuelle des revenus avec « les habitudes alimentaires d'espèces marines[57] », sous-entendant que le niveau des inégalités dans n'importe quelle société découle d'une sorte de loi biologique plutôt que de structures sociales et politiques, comme s'il n'y avait pas de solution alternative à la rapacité et à la malhonnêteté que connaît Wall Street, deux maux responsables du crash financier de 2008. Cette forme d'ignorance sociale n'est pas seulement

---

54. Julie A. Nelson, « *Economists, Value Judgments, and Climate Change : A View from Feminist Economics* », Ecological Economics, 65 (3), avril 2008.
55. Julie A. Nelson, « *Economists, Value Judgments, and Climate Change* », op. cit., *p. 445*.
56. Cité par Robert Kuttner dans « *The Poverty of Economics* », Atlantic Monthly, *février 1985, p. 74-84*.
57. William Nordhaus, A Question of Balance, op. cit., *p. 15*.

philosophiquement naïve, mais elle reflète bien l'impérialisme intellectuel de l'économie dominante ; il se trouve qu'elle fournit une défense virulente du statu quo, même si ce statu quo a créé la crise climatique à laquelle nous sommes confrontés.

Les économistes libéraux qualifient de « paternalisme » l'idée que nous puissions avoir des préférences sociales qui se placent au-dessus de notre comportement sur le marché, alors qu'en réalité il s'agit du fonctionnement même de la démocratie. Des économistes de droite comme Richard Tol – qui a déclaré que si un étudiant lui avait remis le rapport Stern, il lui aurait certainement donné un E, pour « échec », « ou peut-être un A pour "appliqué" [s'il avait] été de bonne humeur[58] » – affirme que ce n'est pas à des « philosophes » comme Stern de spéculer sur le taux d'actualisation approprié, car les préférences des individus s'expriment tous les jours sur le marché. Les seules préférences que Tol considère comme légitimes sont celles des consommateurs dans un supermarché, jamais celles des citoyens dans l'isoloir. Il s'agit là sans doute de l'arrogance suprême de l'économie dominante, l'assimilation du comportement du marché à la démocratie elle-même.

Nordhaus a son propre modèle économique appelé DICE (*Dynamic Integrated Climate-Economy*), conçu pour fournir une réponse à la question suivante : de combien devrions-nous chercher à réduire les émissions mondiales de gaz à effet de serre[59] ? Il affirme tenir compte des effets du changement climatique sur différentes activités du marché, comme les changements des rendements agricoles, et certains « effets hors-marché » comme l'extinction d'espèces, pour les convertir en flux de valeurs monétaires pouvant alors être comparés aux coûts de limitation des émissions. Le climat de la Terre est considéré comme une espèce de capital, comme des bureaux ou des machines industrielles, dont le stock contribue plus ou moins à notre bien-être général. Comme pour toute autre forme de capital, nous devons décider soit d'investir pour l'améliorer, soit de le laisser se détériorer, autrement dit décider quelle quantité de gaz à effet de serre nous

---

58. Cité par Simon Cox et Richard Vadon dans « *Running the rule over Stern's numbers* », BBC Radio 4, The Investigation, *26 janvier 2007*.
59. William Nordhaus, A Question of Balance, op. cit.

acceptons dans l'atmosphère pour optimiser sa valeur. La comparaison des coûts et des bénéfices de la réduction des émissions au cours du temps – où les bénéfices représentent une partie des coûts évités du changement climatique – permet à Nordhaus de décrire une voie « optimale » pour gérer le réchauffement climatique.

Comme on le voit, le réchauffement du globe causé par l'accroissement des gaz à effet de serre est pour Nordhaus un problème technique qui exige une réponse parfaitement calibrée. Plus nous réduirons nos émissions, moins les dommages dûs au changement climatique seront importants, mais plus les coûts de réduction seront élevés ; il faut donc chercher le meilleur compromis. Nordhaus utilise son modèle pour trouver la formule magique.

Il montre que si nous n'agissons pas, les températures mondiales vont augmenter de 3,1 °C à la fin du siècle (et de 5,3 °C à la fin du suivant), et le coût des dommages s'élèvera à 53 000 milliards de dollars en termes de pertes de consommation[60]. Nous pouvons réduire ces dommages en réduisant les émissions de gaz à effet de serre, mais seulement si nous payons le prix de ces politiques de réduction. Il faut trouver la meilleure solution, celle qui propose les coûts les plus bas à la fois pour les dégâts climatiques et pour la réduction des émissions. Le modèle crache la réponse : la « politique optimale », c'est une politique qui modère les émissions de gaz à effet de serre de sorte que la température moyenne, en 2100, ne soit que de 2,6 °C supérieure à son niveau préindustriel, au lieu de 3,1 °C. Les dommages climatiques sont réduits de 23 000 à 18 000 milliards de dollars[61], mais il faut ajouter le coût des réductions, 2 000 milliards de dollars, de sorte que le coût total soit de 20 000 milliards de dollars, ce qui représenterait une économie de 3 000 milliards de dollars par rapport au coût de l'inaction.

Nordhaus conclut donc que la meilleure trajectoire pour le monde est de fixer le thermostat mondial à 2,6 °C d'augmentation de la

---

60. *Toutes les estimations sont extraites de William Nordhaus,* A Question of Balance, *op. cit., tableau 5-1, et sont arrondies. Cette option entraîne un très petit coût de réduction, mais les raisons n'en sont pas expliquées.*

61. *En fait, la valeur actuelle des dommages climatiques en cas de laissez-faire est de 22 550 milliards de dollars, tandis que celle des coûts de réduction en cas de laissez-faire représente un coût, inexpliqué, de 40 milliards de dollars.*

température pour la fin du siècle, puis à 3,5 °C en 2200, en dépit du consensus de tous les scientifiques pour dire que cela provoquerait des catastrophes incommensurables. En d'autres termes, nous devrions laisser les concentrations atmosphériques grimper à 600 ou 700 ppm de CO_2, après quoi nous les stabiliserions et nous nous adapterions à un monde plus chaud[62].

Toute tentative pour maintenir la température globale au-dessous d'une augmentation optimale de 2,6 °C serait une grave erreur, insiste Nordhaus. Si le monde, selon lui, était assez stupide pour écouter Nicholas Stern, les pertes économiques seraient gigantesques – 37 000 milliards de dollars[63]. Le modèle DICE mis au point par le professeur Nordhaus prouve qu'adopter les propositions de Stern, quelles que soient les bonnes intentions de ce dernier, serait *pire* que ne rien faire contre le réchauffement climatique[64]. Et si le monde manquait déjà de sagesse au point de suivre Stern, il serait alors complètement fou d'écouter Al Gore, dont les propositions auraient un coût net de 44 000 milliards de dollars. Nous nous en sortirions mieux, concluait Nordhaus, si nous nous adaptions à un monde plus chaud ; le revenu excédentaire ferait plus que compenser les dommages, même si cela devait finalement impliquer une température de 5,3 °C plus élevée.

À l'aune de n'importe quel critère raisonnable, l'analyse de Nordhaus part d'une idée folle. Il se comporte comme le dernier des technocrates économiques avec la main sur le thermostat mondial, vérifiant les résultats de son modèle, tripotant les boutons, revérifiant, réajustant, comme si la couche atmosphérique de la planète pouvait être parfaitement ajustée aux besoins de la majorité de l'humanité. Sans même parler de l'incroyable présomption de penser que les hommes doivent assumer le rôle de régulateur planétaire, le modèle DICE est fondé sur une profonde incompréhension de la science climatique. Le système climatique de la Terre n'est pas une installation

---

62. Voir le commentaire de Jeffrey Sachs dans le Yale Symposium on the Stern Review, *Yale Center for the Study of Globalization*, février 2007, p. 113, http://www.ycsg.yale.edu/climate/forms/FullText.pdf
63. Les coûts associés à la proposition de Stern se montent à 0,8 % du revenu futur, ce que Nordhaus considère comme « extrêmement coûteux » (A Question of Balance, op. cit., p. 87).
64. William Nordhaus les nomme des « cas pires que l'inaction » (A Question of Balance, op. cit., p. 88).

de chauffage central facilement réglable à la température choisie[65]. Il ressemble davantage, selon les mots de l'éminent spécialiste des géosciences Walter Broecker, à un animal en colère. « Si vous vivez avec une bête en colère, évitez de la piquer avec un bâton pointu », conseille-t-il[66]. Nordhaus pense que les hommes ont apprivoisé cet animal, mais Broecker prévient : « Les habitants de la Terre sont en train d'entreprendre tranquillement une expérience démesurée. Ses conséquences vont provoquer un bouleversement si énorme que si elle devait passer devant un comité d'évaluation pour être approuvée, elle serait rejetée sans hésitation[67]. »

La signification de la croissance

J'ai commencé ce chapitre en indiquant que l'obsession de la croissance économique a été l'obstacle principal à la mise en place de politiques efficaces contre le réchauffement climatique. Cela veut dire que si cet obstacle peut être levé, le monde agira. Toutes les analyses économiques, nous l'avons vu, concluent que le ralentissement induit de la croissance va de faible à très faible ; d'après les modèles, il ne s'agit pas tant, pour l'économie mondiale, d'une montagne à gravir que d'une bosse à peine décelable à passer. Le rapport Stern n'a fait que confirmer ce que des douzaines d'études de modélisation économique avaient conclu, à savoir que le coût de réduction des émissions serait faible. Même le funeste modèle DICE de Nordhaus est incapable

---

65. *William Nordhaus affirme que son modèle incorpore la possibilité d'événements catastrophiques, mais John Quiggin montre que, même dans le cadre de référence adopté, le traitement de Nordhaus ne représente pas correctement de tels événements. Il sous-estime les probabilités de catastrophes, prend en compte une évaluation basse de l'aversion par rapport au risque, exclut les événements ayant une très faible probabilité de se produire mais qui causeraient de très gros dommages et utilise une mauvaise fonction de dommage. Il note aussi que Nordhaus utilise des estimations « grossièrement basses » du coût de l'extinction des espèces. John Quiggin, « Stern and his Critics on Discounting and Climate Change »,* Climatic Change, 89 (3-4), 2008, p. 195-205 ; *John Quiggin, « Counting the Cost of Climate Change at an Agricultural Level »,* CAB Reviews : Perspectives in Agriculture, Veterinary Science, Nutrition and Natural Resources, 2 (092), 2008, p. 1-9.
66. *Cité par Ed Pilkington dans « The Carbon Catcher »,* Guardian, 24 mai 2008.
67. *W. S. Broecker, « Unpleasant Surprises in the Greenhouse ? »,* Nature, 328, 1987, p. 123-126.

d'aligner les chiffres faramineux qui justifieraient les proclamations de ruine économique découlant de réductions d'émission rapides. Les critiques des conservateurs, dont les propres chiffres indiquent des coûts de réductions assez importants, font penser à la querelle byzantine sur le nombre d'anges pouvant tenir sur une tête d'épingle.

Un autre fait rend la volonté de ne pas agir extrêmement déconcertante. Les arguments concernant l'impact économique des politiques climatiques reposent sur une hypothèse de base jamais vérifiée, à savoir que la recherche de revenus plus élevés vaut la peine car elle améliore le bien-être des populations. Dans les pays riches – car les modèles sont toujours établis dans ces pays riches et interprétés comme s'appliquant dans ces pays par le relais de leurs décideurs politiques – il n'existe pratiquement pas de relation entre un accroissement du PIB et le bien-être national. Au-dessus d'un certain seuil, plus d'argent ne produit pas plus de bonheur[68]. Prétendre, comme le font implicitement les économistes, que les Américains vont être significativement moins heureux s'ils doivent attendre 2055 au lieu de 2050 pour être deux fois plus riches est absurde. Même les statisticiens qui compilent les données reconnaissent que le PIB n'est pas une mesure du bien-être d'une nation ; il ne fait que jauger la valeur des biens et des services produits dans l'année. Il est bien connu que le PIB ne prend pas en compte la contribution à notre bien-être du travail ménager non payé, ou la façon dont la croissance est répartie. Un milliard de dollars de PIB supplémentaire ajoute la même quantité à la richesse nationale, qu'ils finissent sur le compte en banque de Bill Gates ou dans la poche des sans-abris. De plus, le PIB comptabilise souvent les « maux » comme les « biens ». Un meurtre ajoute environ 1 million de dollars au PIB, si l'on compte tous les dommages et intérêts versés, les coûts de la police, de la justice et du système pénitentiaire. Un meurtre est bon pour l'économie. La destruction de l'environnement aussi. Poussé dans ses retranchements, même l'économiste le plus orthodoxe admet que la croissance du PIB n'a qu'une relation indirecte avec les améliorations du bien-être national.

---

68. Clive Hamilton, Growth Fetish, Sydney, Allen & Unwin, 2003 et Pluto Press, Londres, 2004 ; Richard Layard, Happiness, Londres, Allen Lane, 2005.

Si, par conséquent, il est clair que réduire les émissions n'aurait qu'un faible effet sur la croissance et que, dans les pays riches, une augmentation de la croissance n'aurait pas de résultat appréciable sur notre bien-être, nous sommes en droit de nous demander si une réduction de la croissance est vraiment un obstacle à l'action sur le changement climatique. La réponse, à mon avis, est que ce n'est pas la croissance économique en tant que telle qui constitue l'obstacle à une prise de décision résolue, mais la *fixation* sur la croissance économique, le fétichisme de la croissance, l'obsession *irraisonnée* qui nous habite parce que nous croyons que la croissance détient des pouvoirs magiques. Lorsque dirigeants et commentateurs politiques affirment que nous ne pouvons pas réduire les émissions, ou que nous ne devons le faire que lentement à cause des effets sur la croissance, c'est le *symbole* de la croissance plus que la croissance elle-même qu'ils sont amenés à défendre. Quand on les interroge, certains dirigeants politiques s'épanchent avec lyrisme sur le fait que le PIB ne mesure ni notre finesse d'esprit ni notre compassion, ni la joie de nos enfants lorsqu'ils jouent. Sans doute ; mais c'est tout autre chose de leur demander de mettre un bâton dans les roues de la machine croissance.

Quel est donc, dans les pays riches, le sens symbolique de la croissance ? Alors que les premiers économistes comme John Stuart Mill et John Maynard Keynes croyaient que la valeur de la croissance résidait dans sa capacité à améliorer les conditions de vie, la croissance économique est devenue bien plus que cela. Elle est le signe de la vitalité, du dynamisme, le symbole même de la vie. Elle est ce qui anime une nation, ce qui donne réalité aux rêves de prospérité et confère une supériorité culturelle. Si les hommes sont naturellement des créatures optimistes, leurs espoirs se sont investis dans la croissance économique. La croissance est le véhicule qui tire nations et peuples de l'arriération et les conduit vers la modernité. Une nation dont l'économie ne croît pas est considérée comme une nation moribonde, un « cas désespéré ». La modernité est devenue inséparable de hauts revenus engendrés par une croissance durable ; et pourtant, le culte de la croissance est une forme de totémisme prémoderne. La préoccupation de la croissance est, au fond, comme un appel religieux, mais déplacé d'un contexte sacré vers un contexte profane. Il n'existe pas d'objectif plus noble que de sortir les populations de la pauvreté, et pour cette raison, la préoccupation de croissance des pays pauvres est défendable. Mais, en Chine et en Inde, le processus implique la création d'une vaste armée de consommateurs de la classe moyenne qui se coulent rapidement dans le moule de leurs homologues occidentaux et deviennent des matérialistes irréfléchis, aux désirs insatiables.

Toute remise en cause de la prééminence de la croissance déclenche des cris outragés et des accusations de vouloir régresser, défaire tout ce qui a été accompli, revenir au temps des cavernes. Rien ne sert d'arguer que l'on peut mener des vies riches au lieu de vies de riches ; comme je vais l'expliquer dans le chapitre suivant, la croissance fournit la matière première à partir de laquelle nous construisons peu à peu notre représentation de nous-mêmes, et nous demander de poursuivre des objectifs autres que la croissance, c'est nous demander de répudier l'être humain créé par trois siècles d'industrialisation, de consumérisme et de modernité.

Chapitre 3 / CONSOMMATION ET IDENTITÉ

Le fétichisme de la croissance se manifeste aussi dans le comportement individuel. Tout comme l'image qu'une nation a d'elle-même s'est peu à peu associée à sa croissance, celle que nous nous faisons de nous-mêmes est liée à notre consommation. La consommation, d'abord simple moyen de satisfaire des besoins, est devenue une façon d'acquérir une identité. Cette transformation s'est opérée en plusieurs décennies, mais depuis le début des années 1990 elle est entrée dans une phase nouvelle et plus intense[1]. Phénomène récent mais encore imparfaitement compris, la révolution de la consommation a peut-être autant restructuré notre conscience que l'a fait la révolution industrielle. Je vais aborder l'idée que la mutation d'une société de production en une société de consommation rend plus difficile la tâche de convaincre les citoyens des pays riches de changer leur comportement pour répondre à la crise climatique, en raison de la signification psychologique du processus de consommation. Cette mutation s'est traduite à la fois par un changement de la nature des entreprises et par un changement de nature de la consommation.

La nouvelle entreprise

Dans la société de production, la croissance économique dépendait surtout de la confiance des investisseurs, les esprits animaux, comme les appelait John Maynard Keynes ; dans la société de consommation d'aujourd'hui, c'est davantage la confiance du consommateur qui influe sur la croissance, confiance devenue, depuis les années 1990, très dépendante des possibilités de crédit à la consommation. Auparavant, les entreprises fabriquaient des produits pour la plupart standardisés et leur concurrence portait sur l'efficacité de leurs techniques

---

[1]. On trouvera une analyse plus détaillée dans Clive Hamilton, « Consumerism, Self-creation and Prospects for a New Ecological Consciousness », Journal of Cleaner Production, 2010.

de production, avec des phases de « gestion scientifique » (connue aussi sous le nom de taylorisation) et de massification de la production. De nos jours, c'est la différenciation, plus que la standardisation, qui caractérise les biens et les services, de sorte que les décisions de production répondent désormais aux demandes des consommateurs, infiniment variées et constamment changeantes. Dorénavant, la clef de la compétitivité et du succès des entreprises n'est plus l'efficacité de la production mais la créativité promotionnelle.

Longtemps préoccupation majeure des consommateurs comme des producteurs face à des produits standardisés, le prix de la plupart des biens et des services est devenu secondaire. Parer les objets de qualités symboliques, qui ne contribuent en rien à leur utilité, présente actuellement un coût qui excède souvent celui de leur fabrication. L'exemple emblématique est celui de la paire de baskets vendue à 200 dollars, et fabriquée en Chine pour 20 dollars seulement, la différence venant pour l'essentiel des coûts de la commercialisation du produit comme le paiement des stars du sport et le sponsoring d'événements sportifs. Dans la société de production, la commercialisation, y compris la publicité, constituait un aspect annexe de l'organisation des affaires ; dans la société de consommation, les services marketing des entreprises priment les services de production.

Il y a longtemps que la publicité ne cherche plus à vendre un produit en vantant son utilité, et qu'elle s'est mise à élaborer des associations symboliques entre le produit et les états psychologiques des consommateurs potentiels[2]. Les agences publicitaires ont désormais pour tâche de dévoiler l'ensemble complexe de sentiments pouvant être associés à des produits particuliers et de concevoir des campagnes de commercialisation qui en appellent à ces sentiments. Des milliers de personnes, parmi les plus créatives, travaillent d'arrache-pied à aider les entreprises à persuader les clients d'acheter telle marque de voiture, de beurre ou de chaussures de sport plutôt que telle autre qui vend, peu ou prou, les mêmes produits. Il est pratiquement impossible

---

2. Voir Martin Lindstrom, Brand Sense, New York (N. Y.), Free Press, 2005 ; Naomi Klein, No Logo : Taking Aim at the Brand Bullies, Londres, Harper-Collins, 2001 [No Logo : la tyrannie des marque, Arles, Actes Sud, coll. « Babel », 2002] ; Clive Hamilton, Growth Fetish, Sydney, Allen & Unwin, 2003 et Londres, Pluto Press, 2004.

aujourd'hui d'acheter un article qui ne soit chargé de certains symboles d'identification, que l'acquéreur en soit conscient ou non.

Alors que l'élite fortunée fut à une époque la seule à considérer la consommation comme marqueur de statut, les années 1990 ont vu la consommation de luxe sortir du cercle des plus riches pour s'étendre à tous les groupes de consommateurs : un phénomène qualifié de « fièvre du luxe[3] » qui a conduit les fabricants à apposer leur marque sur une gamme de plus en plus large d'articles en y incluant des « produits d'entrée » accessibles à tous. C'est ainsi que Gucci et Armani ont mis leur griffe sur des lunettes de soleil à portée de bourse de clients qui n'ont pas, par ailleurs, les moyens de s'offrir les vêtements ou les accessoires de ces marques prestigieuses, tandis que d'autres s'efforcent de conserver leur image tout en vendant des produits au consommateur moyen auquel ils donnent ainsi la possibilité d'imiter le style de vie des riches : c'est « la démocratisation du luxe ». Des fabricants de voitures comme Mercedes-Benz conçoivent aujourd'hui des modèles d'entrée de gamme que des foyers aux revenus moyens peuvent se permettre d'acquérir. La Mercedes Classe-A, lancée en 1997 et modernisée en 2004, reçut, pour faire sa promotion, le concours d'une célébrité vieillissante, le grand couturier Giorgio Armani, d'un champion de tennis, Boris Becker, et d'une chanteuse populaire, Christina Aguilera. Le slogan associé à ces icônes de la culture conventionnelle était : « Apprenez les règles, puis brisez-les. »

Aujourd'hui, consommation est indissociable de gaspillage. Les salles de bain ne sont plus considérées comme des lieux fonctionnels, mais comme de nouveaux espaces où s'étale une débauche de robinets, de baignoires, de douches et d'éclairages au design conçu à l'aide d'outils numériques. Il n'est pas rare, pour des familles américaines à revenus modestes, de posséder cinq ou six postes de télévision, de sorte que beaucoup de logements ressemblent à un agrégat d'appartements indépendants. Ni que chaque chambre à coucher possède une salle de bain attenante, et que chacune de ces salles de bain arbore un lavabo

---

3. Robert Frank, Luxury Fever : Money and Happiness in an Era of Excess, Princeton (N. J.), Princeton University Press, 1999 [La Course au luxe : l'économie de la cupidité et la psychologie du bonheur, Genève, Éditions Markus Haller, 2010].

double, avec parfois des accessoires en plaqué-or. Au Royaume-Uni, alors que le prix moyen d'une salle de bain est d'environ 300 livres, celui des modèles de luxe grimpe jusqu'à 8 000 livres. Whirlpool propose un siège de toilette en plaqué-or, présenté ainsi : « Ce siège de toilette, qui parachèvera de manière éblouissante tout type de salle de bain, a été entièrement plaqué d'une feuille d'or aux reflets luxueux, pour apporter une touche d'éclat et de splendeur à vos toilettes ou à votre salle de bain. » À l'ère de l'hyper-consumérisme, le besoin impulsif de satisfaire n'importe quelle envie a atteint des niveaux vertigineux. Il est aujourd'hui possible d'acheter des capsules remplies de feuilles d'or à 24 carats qui, lorsqu'on les avale, font étinceler les excréments. Créées par l'artiste new-yorkais Tobias Wong, elles sont vendues comme des signes de luxe et un moyen d'« accroître sa propre valeur » – même si cette inflation de l'égo ne dure, sans doute, que le temps de la digestion. Vendues à 425 dollars pièce, ces capsules dorées constituent la plus récente manifestation du lien très ancien, souvent signalé par les anthropologues, entre l'or et les excréments, et parfaitement illustré par ce dicton latino-américain : « Si la merde pouvait se transformer en or, les pauvres naîtraient sans trou-du-cul. »

Le nouveau consommateur

Aucune des tendances que j'ai identifiées n'aurait vu le jour si le consommateur lui-même n'avait fondamentalement changé. Dans la société de production, le consommateur avait des goûts affirmés et le rôle de la publicité se bornait à le persuader que le produit satisferait ses besoins. Dans la société de consommation, les responsables du marketing se trouvent investis de la tâche sans fin de créer et transformer ses désirs, puis de les satisfaire. Ces désirs ne sont plus la simple expression d'envies particulières, mais se développent à partir de l'envie de trouver et d'exprimer une identité individuelle. La réinvention du consommateur s'est opérée dans un contexte de changements plus vastes. Les nouveaux mouvements sociaux des années 1960 et 1970 ont ouvert l'ère de l'« individualisation ». Nous vivions jusqu'alors dans des environnements et des communautés homogènes et forgions nos identités en absorbant inconsciemment les normes et les comportements culturels de notre entourage. Ces sociétés se sont transformées : nous avons acquis la liberté de créer nos propres identités, d' « écrire nos propres biographies » au lieu de les laisser suivre, pour l'essentiel, le chemin tracé par les circonstances de notre naissance[4]. Dans une société noyée sous un déferlement de messages des médias de masse, les modèles de réussite et les personnalités à imiter s'exhibent sur les écrans et dans les pages des magazines plutôt que dans la communauté locale ou à travers les vies de saints et de héros. L'individualisation a créé les conditions sociales favorables à l'éclosion d'un consumérisme moderne, en permettant aux marchands de produits de consommation d'entrer dans le jeu et de combler le désir individuel de se forger une identité et de l'exprimer[5]. Ce désir a, de plus en plus souvent, trouvé sa satisfaction dans des substituts extérieurs gratifiants, et tout particulièrement dans l'argent et la consommation matérielle. On sait, en effet, que les personnes attachées aux biens matériels se tournent plus volontiers vers la consommation pour alimenter leur besoin d'identité et d'émotions[6].

Mais ces gratifications de substitution ne peuvent jamais combler ce dont nous avons vraiment besoin : on ne trouve pas une véritable identité dans un supermarché ou sur les rayons d'un magasin. Pourtant, ce manque représente justement ce dont le capitalisme consumériste avait besoin dans sa phase ultime : un sentiment constant d'insatisfaction qui entretienne l'envie d'acheter. Alors que la croissance économique est censée nous apporter ce qui nous rendra plus heureux, dans la société de consommation la croissance économique ne peut être durable que si nous demeurons insatisfaits. La croissance ne produit plus du bonheur : c'est la frustration qui soutient la croissance.

---

4. Ulrich Beck, *Democracy without Enemies*, Cambridge, Polity Press, 1998 ; Ulrich Beck et E. Beck-Gernsheim, *Individualization : Institutionalized Individualism and its Social and Political Consequences*, Londres, Sage, 2002.
5. Zygmund Bauman, *Consuming Life*, Cambridge, Polity Press, 2007 ; Russell Belk, « Are We What We Own ? », dans April Lane Benson (ed.), *I Shop, Therefore I Am : Compulsive Buying and the Search for Self*, Lanham (Md.), Rowman & Littlefield, 2004.
6. Helga Dittmar, « The Costs of the Consumer Culture and the "Cage within" », *Psychological Inquiry*, 18 (1), 2007.

Le fossé grandissant entre ce que nous avons et ce que nous désirons est la seule explication à l'explosion sans précédent de l'endettement des consommateurs au cours des quinze dernières années. Cette explosion a conduit à la crise de 2008, notamment à la bulle immobilière, qui a été décrite par *The Economist* comme la plus grosse bulle de l'histoire[7] : pour assouvir un désir irrépressible d'acquérir l'habitation de leurs rêves, les acheteurs étaient prêts à engager des parts de plus en plus importantes de leurs revenus futurs. Aux États-Unis, en même temps que les prêts immobiliers s'envolaient, la taille des nouvelles maisons augmentait – de 55 % depuis 1970 – alors même que le nombre d'habitants diminuait de 13 %[8]. Pareil phénomène s'est produit au Royaume-Uni et en Australie[9]. Ainsi, avant la crise, un tiers des jeunes acquéreurs américains déclaraient que disposer d'une pièce dédiée à la projection de vidéos dans leur maison était un critère « important » ou « très important » pour le choix de leur maison.

Évidemment, ces maisons plus vastes devaient être dotées de tapis et de rideaux, elles devaient être chauffées, climatisées et meublées. L'accroissement de la taille des logements stimula donc la demande de biens d'équipement. Mais ce lien a aussi fonctionné dans l'autre sens : l'accumulation de marchandises a dépassé la capacité des habitations, même agrandies, à les stocker. Une industrie en est née : le stockage privé – devenu le secteur de l'immobilier qui a crû le plus rapidement au cours des deux dernières décennies aux États-Unis[10]. Le nombre d'installations de stockage privé – le résidentiel l'emportant sur le commercial – a augmenté de 81 % de 2000 à 2006 dans ce pays[11] (en Australie, il a augmenté de 10 % par an pendant les années de boom, et au Royaume-Uni, au taux incroyable de 35 %

---

7. Anonyme, « Global House Price Boom : The Greatest Bubble in History », The Economist, 19 juin 2005.
8. Robert Samuelson, « Homes as Hummers », Washington Post, 13 juillet 2005.
9. Pour le Royaume-Uni, voir Clive Hamilton, Overconsumption in Britain : A Culture of Middle-class Complaint ?, Discussion Paper No. 57, Canberra, The Australia Institute, 2003. Pour l'Australie, voir Clive Hamilton, Overconsumption in Australia : The Rise of the Middle-class Battler, Discussion Paper No. 49, Canberra, The Australia Institute, 2002.
10. http://www.selfstorages.net/storage/guide/self-storage-industry.html
11. http://www.allbusiness.com/construction/building-renovation/5268603-1.html

par an[12]). Un foyer américain sur dix, ou presque, loue aujourd'hui un espace de stockage pour ranger le bric-à-brac qui déborde des maisons. La surconsommation a aussi des coûts psychologiques. Selon une étude, quatre personnes sur dix « se sentent angoissées, coupables ou déprimées du fait du désordre de leur logement[13] ». Elles se disent submergées et désorganisées ; certaines se sentent piégées par ce qu'elles possèdent. Six femmes sur dix déclarent avoir dans leur maison une pièce qu'elles ont honte de montrer à des visiteurs. Le besoin d'accumuler est devenu si tenace que le marché y a répondu en inventant une nouvelle industrie – celle des professionnels de l'organisation domestique (*home organisers*), des spécialistes en conseil de rangement pour que nous ne soyons plus oppressés par le désordre. Sur Google, la recherche « ranger sa maison » donne 36 000 réponses, dont des liens vers des livres comme *Put your House on a Diet* [*Mettez votre maison au régime*], de Sheree Byofsky et Rita Rosenkranz, *Making Peace with the Things in your Life* [*Faites la paix avec les objets de votre vie*], de Cindy Glovinsky, et *Does this Clutter Make my Butt Look Fat ?* [*Ce désordre me fait-il un gros derrière ?*], de Peter Walsh. Dans la serre que sera devenu notre monde au siècle prochain, un musée *underground* exposera peut-être des exemplaires de ces livres comme symboles de ce monde de gaspillage qui a provoqué un changement climatique.

Dans les années 1990 et 2000, dépenser plus qu'on ne gagne était quasiment devenu un devoir patriotique. En 2004, le *Wall Street Journal* déplorait la mauvaise volonté des Européens à l'égard du superflu et leur penchant à élire des gouvernements qui faisaient voter des lois restreignant les heures d'ouverture des magasins et limitant l'utilisation des cartes de crédit : le journal regrettait que l'Europe de l'Ouest n'ait « que 0,27 carte de crédit par personne, contre 2,23 aux États-Unis ». « De plus, écrivait-il, de nombreux riches Européens », n'avaient tout simplement pas envie de « passer leur temps libre à

---

12. *Pour l'Australie, voir Clive Hamilton,* Overconsumption in Australia, *art. cité, et pour le Royaume_Uni voir Hamilton,* Overconsumption in Britain, *art. cité.*
13. *Josh Fear,* Stuffhappens : Unused Things Cuttering up Our Homes, *Research Paper No. 52, Canberra, The Australia Institute, 2008.*

faire des courses[14]. » Les personnes interrogées déclaraient qu'elles préféraient jouer avec leurs enfants, rencontrer leurs amis et lire des livres. Le *Wall Street Journal* dénonçait la télévision française qui mettait régulièrement en garde les téléspectateurs contre les dangers d'un endettement excessif. Il accusait même l'esprit d'économie des Européens d'être responsable du déficit commercial des États-Unis. Alors que jadis s'endetter était très mal vu, dans les années 1990, aux États-Unis, *refuser* d'acheter par carte de crédit était le signe d'une moralité douteuse. La prudence était devenue ringarde.

Le résultat du crédit facile et de la multiplication des prêts immobiliers s'est traduit par la chute brutale du taux d'épargne des ménages aux États-Unis – la différence entre les revenus des ménages et leurs dépenses : ce taux est passé de 10 % au milieu des années 1980 à zéro au milieu des années 2000[15] (en Australie la chute a été encore plus drastique, l'épargne nette devenant négative dans les années 2000[16]). Parallèlement, la dette des consommateurs est montée en flèche, s'accroissant de 10 milliards de dollars par mois au milieu des années 1980, puis de 25 milliards de dollars par mois au milieu des années 2000[17]. Pendant les trois décennies 1950, 1960 et 1970, la dette des ménages américains, en proportion du revenu annuel, était restée stable, autour de 60 %. Dans la seconde moitié des années 1980, elle a commencé à augmenter, accélérant vers la fin des années 1990 pour atteindre 130 % en 2005[18].

Cette énorme augmentation de l'endettement n'a pas été, pour l'essentiel, le résultat d'une pauvreté croissante de ménages forcés d'emprunter pour couvrir leurs dépenses quotidiennes, mais le fait de ménages plus riches, avides de produits de luxe. En 2004, les ménages américains aux revenus les plus bas, représentant un peu plus de 3 %

---

14. Marcus Walker, « Behind Slow Growth in Europe : Citizens'Tight Grip on Wallets, A Thicket of Laws to Protect People Damps Spending », Wall Street Journal, 10 décembre 2004, p. A1.
15. Catherine Rampell, « Shift from Spending To Saving May Be Slump's Lasting Impact », New York Times, 10 mai 2009.
16. Bien que cela ne comprenne pas l'épargne obligatoire due aux cotisations pour la retraite.
17. Catherine Rampell, « Shift From Spending To Saving », art. cité.
18. http://www.ftc.gov/bcp/workshops/debtcollection/presentations/hampel.pdf ; http://src.senate.gov/public/_files/graphics/HouseholdDebtDisposF03E0D.pdf

Consommation et identité

du revenu total, détenaient un peu plus de 3 % de la dette. Les 20 % de la population ayant un niveau de vie moyen représentaient un peu plus de 12 % du revenu mais 15 % de la dette, tandis que les 20 % des ménages plus favorisés avaient 19,5 % du revenu mais 24 % de la dette[19]. Seuls les 10 % les plus riches détenaient une part du revenu plus grande que celle de la dette.

L'effondrement de l'épargne nationale et l'explosion de la dette reflètent le bouleversement des valeurs qui a marqué l'après-guerre. Dans les années 1990, les normes de modération et d'économie ont été remplacées par une culture de l'impulsivité. Nous voulons tout tout de suite, et à peine avons-nous acquis un bien que nous songeons à le remplacer. Alors qu'autrefois nous étions fiers de fabriquer des objets qui duraient longtemps pour en profiter le plus possible, nous avons aujourd'hui l'obsession du renouvellement permanent. Une étude a montré que certains acheteurs d'iPhone se détournaient de la publicité pour une garantie avantageuse de cinq ans car elle leur suggérait un engagement de longue durée pour un téléphone qu'ils souhaitaient, en réalité, remplacer au bout d'un an ou deux[20]. De même, on n'entend plus beaucoup aujourd'hui, comme dans les années 1960, le consommateur se plaindre de l'obsolescence programmée d'un produit, car il s'en lasse souvent avant même que ce produit ne soit usé.

L'impact de tout cela sur le réchauffement climatique est évident. Lorsque l'on suggère aux consommateurs aisés de changer leur comportement, on leur demande bien plus qu'il n'y paraît. La principale raison du passage d'un marketing fondé sur les qualités d'un produit réelles ou supposées, à un marketing des attributs de style de vie d'une marque repose sur la volonté d'exploiter le besoin moderne de construire son identité. Si nous avons fondé une bonne part de notre identité personnelle sur notre activité de consommateur, et que cette activité nous soutient psychologiquement au jour le jour, l'exigence de changer ce que nous consommons devient une exigence de changer ce que nous sommes. Si, pour résoudre le changement

19. http://www.ftc.gov/bcp/workshops/debtcollection/presentations/hampel.pdf ; http://src.senate.gov/public/_files/graphics/HouseholdDebtDisposF03E0D.pdf
20. Anonyme, « Will you still Love your New iPhone Next Month ? », Business Wire, 9 septembre 2008.

climatique, nous devons changer notre façon de consommer, cela signifie en réalité que nous devons renoncer à notre identité – mourir en quelque sorte. Beaucoup, parmi nous, s'accrochent donc à leurs identités manufacturées, au point qu'inconsciemment, ils redoutent d'y renoncer plus qu'ils ne craignent les conséquences du changement climatique. La campagne pour maintenir un climat vivable est, en ce sens, une guerre contre l'image que nous avons de nous-mêmes.

Le gaspillage

La transformation du consommateur a donné naissance à deux phénomènes qui ont directement trait à la façon dont la consommation fait dorénavant obstacle au traitement du changement climatique – le gaspillage et le consumérisme vert.

L'idée que, dans les pays riches, notre comportement de consommateur obéit pour l'essentiel à une pulsion d'« accomplissement de soi » plutôt qu'à un vrai besoin matériel est renforcée par le gaspillage patent auquel nous nous livrons quand nous achetons des biens et des services qu'en fait nous ne consommons pas[21]. Si nos désirs n'ont pas de bornes, notre capacité d'utilisation en a une : une limite à ce que nous pouvons manger, porter, regarder, au nombre de pièces que nous pouvons occuper dans un logement, etc. La différence entre ce que nous achetons et ce que nous utilisons, c'est le gaspillage.

Une étude australienne récente a révélé que pratiquement tous les ménages reconnaissaient qu'ils gaspillaient de l'argent en achetant des biens qu'ils n'utilisaient jamais – de la nourriture, des vêtements, des chaussures, des CD, des livres, des vélos d'intérieur, des cosmétiques, du matériel de cuisine, et maints autres objets. Ils dépensent au total 10,5 milliards de dollars par an en produits dont ils ne se servent pas, soit une moyenne de 1 200 dollars par ménage, plus que ne dépense le gouvernement pour les universités ou pour les routes. Ces chiffres ne prennent pas en compte les coûts que représentent les

---

21. *Ce passage est extrait de Clive Hamilton, Richard Denniss et David Baker,* Wasteful Consumption in Australia, *Discussion Paper No. 77, Canberra, The Australia Institute, 2007. Les chiffres sont exprimés en dollars australiens. En 2009, un dollar australien valait environ 80 cents américains et 50 pennies britanniques.*

logements trop grands, les maisons de campagne inhabitées et les automobiles qui quittent rarement le garage. Si l'on en tenait compte, ils doubleraient probablement.

Le gaspillage va empirer. L'étude a révélé que les ménages les plus aisés gaspillaient plus que les ménages aux revenus modestes ou moyens. Cela n'est pas étonnant. Lorsqu'on leur pose la question, les personnes très à l'aise se sentent moins coupables d'acheter des objets inutiles que les plus pauvres (près de la moitié des ménages à bas revenus disent qu'ils se sentent « très coupables », contre 30 % chez les ménages à hauts revenus). De plus, en dépit de deux décennies d'éducation à l'environnement, les jeunes, quelle que soit leur origine, sont plus enclins à gaspiller et le sont moins à culpabiliser à ce sujet que leurs aînés.

Dans le cas des émissions de gaz à effet de serre, le gaspillage est lié aux « émissions de luxe », ou émissions associées à la consommation au-dessus du niveau de subsistance. D'après certains, le statut moral d'une tonne d'émissions de luxe n'est pas le même que celui d'une tonne d'émissions qui permet à quelqu'un de survivre. Cette différence de statut entre émissions de luxe et émissions de subsistance n'a rien à voir avec le postulat des économistes selon lequel, lorsque nous devenons plus riches, la contribution à notre bien-être de chaque nouvelle tonne émise va en décroissant. Il s'agit d'une différence qualitative plutôt que quantitative. Le moraliste James Garvey écrit : « Toutes les émissions n'ont pas le même statut moral. Certaines émissions ont une valeur plus grande, ou différente, même si les quantités émises sont les mêmes. On ne peut pas mettre sur le même plan les émissions d'un cultivateur africain qui s'efforce de nourrir sa famille et celles d'un dermatologue américain qui se rend à Las Vegas pour le week-end[22]. »

Que pouvons-nous dire du statut moral des émissions associées à l'achat de biens qui ne sont pas consommés, mais simplement jetés à la poubelle ? Les émissions du dermatologue américain qui se rend à Las Vegas peuvent à la rigueur tenir moralement parce qu'elles lui procurent un certain plaisir, mais les émissions résultant du

---

22. James Garvey, « Environmental Morality in the Present », New Statesman en ligne, 10 janvier 2008.

gaspillage – y compris celles qui proviennent des maisons avec des chambres vides ou des résidences secondaires inoccupées – doivent avoir une valeur morale « négative » car elles provoquent des dégâts sans que personne n'en tire le moindre avantage. Bien que pertinents, ces arguments négligent l'objectif de la consommation moderne, qui est davantage le plaisir d'acquérir que celui de consommer. Le simple fait d'acheter produit des effets psychiques bénéfiques. D'un point de vue utilitaire, et c'est la position philosophique de l'économie libérale, c'est suffisant. Mais qui se porte volontaire pour expliquer les avantages psychiques de la consommation au paysan africain qui doit lutter pour survivre ?

En vérité, les consommateurs nord-américains, dont les émissions moyennes atteignent 23 tonnes de CO_2-eq par an, pourraient mener une vie tout à fait confortable, rester en bonne santé et en sécurité avec des émissions égales à un quart ou un cinquième de ce qu'elles sont, et ce, sans changer la façon dont l'énergie est fournie. Les émissions françaises sont de 9 tonnes par personne. En 1970, le trafic aérien des pays riches représentait environ 10 à 20 % de ce qu'il est aujourd'hui. Étions-nous alors dans la misère ? Est-ce que notre qualité de vie s'effondrerait si l'on nous demandait de revenir à ces niveaux, en limitant nos déplacements en avion aux voyages indispensables ? À l'évidence, non, et cependant la résistance psychologique à un tel changement paraît presque insurmontable.

Le consumérisme vert

Depuis de nombreuses années, les gouvernements et les organisations de protection de l'environnement délivrent un message fort : nous pouvons améliorer vraiment la situation si nous modifions la façon dont nous utilisons l'énergie dans nos vies quotidiennes. Le rayon « environnement » des librairies est rempli de volumes sympathiques décrivant tout ce que nous pouvons faire pour diminuer nos émissions de gaz à effet de serre – changer les ampoules, marcher pour faire les courses, ne faire bouillir que la quantité d'eau dont nous avons besoin, ne faire tourner la machine à laver le linge que lorsque nous avons de quoi la remplir et faire sécher les vêtements à l'air libre. Le WWF range ces actions dans la catégorie de « ce que nous pouvons faire pour lutter contre le changement climatique » ; sous le titre : « Dix solutions individuelles contre le changement climatique », l'Union des scientifiques concernés déclare que « les choix individuels peuvent avoir un impact sur le changement climatique. Réduire les émissions de gaz à effet de serre n'implique pas d'abandonner le confort moderne[23] ».

L'idée que les individus peuvent résoudre la question du réchauffement climatique contamine aussi bien la littérature académique que la vulgarisation scientifique. Une étude destinée à savoir si le manque d'intérêt général pour le réchauffement climatique était dû à un manque de connaissance à son sujet a révélé le constat inverse : ceux qui en savent le plus se sentent les moins responsables. Les auteurs de l'étude ont vu là une contradiction qui demandait explication, et pourtant il se peut que mieux on comprend les causes du réchauffement, plus on se rend compte que modifier les comportements individuels ne peut avoir qu'un effet relativement minime, et que seule une action collective pourrait être efficace[24]. Il est tout à fait normal que certains d'entre nous veuillent réduire leur propre contribution au réchauffement global, pourtant le consumérisme vert n'aura d'effet que s'il provoque une mobilisation politique.

Néanmoins, le message du consumérisme vert est séduisant : si je suis préoccupé par le changement climatique, je dois essayer d'agir, et s'il y a une chose que je peux faire, c'est modifier mon propre comportement. Le danger du consumérisme vert est qu'il transfère la responsabilité des principales entreprises polluantes et des gouvernements qui devraient les encadrer sur les épaules des

---

23. James Garvey, « Environmental Morality in the Present », New Statesman online, 10 janvier 2008.
24. Paul Kellstedt, Sammy Zahran et Arnold Vedlitz, « Personal Efficacy, the Information Environment, and Attitudes Towards Global Warming and Climate Change in the United States », Risk Analysis, 28 (1), 2008. L'étude est faussée par le fait que le niveau de connaissance des participants à l'enquête sur le réchauffement climatique était évalué par les participants eux-mêmes, alors que d'autres études ont montré qu'il n'y a pratiquement pas de corrélation entre le niveau de connaissance que l'on pense avoir et celui que l'on a réellement. Ceux qui se disent les « mieux informés » sont parfois les plus ignorants, ce qui est certainement le cas des climato-sceptiques.

consommateurs privés. Comme l'a écrit Michael Maniates, « la privatisation et l'individualisation de la responsabilité des problèmes environnementaux déplace le reproche qui devrait accabler les élites étatiques et les puissants groupes industriels vers des coupables plus diffus comme "la nature humaine" ou "nous tous autant que nous sommes"[25] ». Au lieu de considérer qu'il s'agit d'un ensemble de problèmes endémiques de nos structures économiques et sociales, on nous demande d'endosser la responsabilité de notre contribution personnelle à chaque problème. Les sites internet qui permettent de calculer notre « empreinte écologique » renforcent cette personnalisation de la responsabilité.

En pratique, le consumérisme vert n'est pas parvenu à entamer significativement le caractère non durable de la consommation, et il y a peu de chance qu'il y parvienne jamais. Par exemple, dans les pays où la puissance verte (l'électricité due aux énergies renouvelables) a été mise à la disposition des particuliers et des industriels, les taux de souscription demeurent faibles malgré des efforts importants de promotion. En Australie, après une décennie de publicité, 9 % seulement des particuliers avaient, en 2009, décroché leur téléphone pour demander à leur fournisseur d'électricité de les transférer vers ces sources[26]. De même, l'achat de compensations carbone, malgré tout le bruit fait à son sujet, n'a pas eu d'effet jusqu'à présent sur la croissance des gaz à effet de serre, et il n'en aura probablement pas. Le changement climatique est un problème collectif qui exige des solutions collectives. En d'autres termes, il exige des politiques adéquates et fortes mises en œuvre par les gouvernements.

Le consumérisme vert est soutenu par certains groupes aux intentions moins innocentes que celles des écologistes. Les gouvernements et les entreprises veulent souvent manifester qu'ils se préoccupent de l'environnement et détourner l'attention de leur propre responsabilité. Le cas le plus fragrant est peut-être E.ON, gestionnaire de centrales à charbon, qui dit à ses clients : « Il est facile d'accuser l'industrie et les

---

25. Michael Maniates, « Individualization : Plant a Tree, Buy a Bike, Save the World ? », dans T. Princen, M. Maniates et K. Conca (eds), Confronting Consumption, Cambridge (Mass.), MIT Press, 2002, p. 57.
26. http://www.alacrastore.com/storecontent/datamonitor-premium-profiles/BFEN0374

transports de crimes contre l'environnement. Mais qui décide de quoi produire et de quoi exporter dans les différentes parties du monde ? N'est-ce pas vous, les consommateurs ?[27] » Ce ne sont pas les centrales, les criminels environnementaux, mais vous, les clients.

La tendance à individualiser les problèmes liés à l'environnement a aussi des conséquences considérables sur la nature de la démocratie. Lorsque ces problèmes sont transférés vers la sphère individuelle, le débat public ne porte plus sur les institutions qui pérennisent et amplifient les dégradations contre l'environnement mais sur les comportements individuels. Comme le souligne Maniates, lorsqu'on recommande aux citoyens concernés par l'environnement d'exprimer leurs convictions par leurs décisions d'achat, la conscience sociale devient une marchandise[28]. L'environnement sort de la sphère politique de sorte que les principaux partis peuvent partager une vision commune sans avoir à entrer dans une guerre d'enchères, potentiellement dangereuse, pour déterminer lequel s'occupera le mieux de l'environnement. La discussion change également sur le plan éthique : au lieu de chercher à comprendre les facteurs systémiques qui sont la cause et la solution du problème environnemental, elle tourne autour de la morale individuelle. Nous sommes exhortés à acheter des produits éco-compatibles, à isoler nos habitations et à recycler nos déchets, sinon c'est la honte. Ces activités ne doivent certes pas être critiquées en elles-mêmes – nous y livrer réduit notre responsabilité personnelle – mais lorsqu'elles sont présentées comme la solution à la dégradation de l'environnement, elles peuvent en fait bloquer les vraies solutions.

Présenté comme un moyen pour le consommateur de maîtriser son pouvoir, le consumérisme vert peut en vérité nous priver de pouvoir, car il dénie notre capacité d'action en tant que citoyens ou acteurs politiques au profit d'une action en tant que consommateurs. Il est important d'insister sur le fait que l'échec des consommateurs à s'emparer du pouvoir vert ou à tout recycler ne signifie pas qu'ils

---

27. Cité par Per Gyberg et Jenny Palm, dans « Influencing Households' Energy Behaviour. How is this Done and on What Premises ? », Energy Policy, 37, 2009, p. 2810. L'affirmation est publiée sur le site suédois de E.ON.
28. Michael Maniates, « Individualization : Plant a Tree », op. cit.

s'en moquent ou que l'on ne peut pas agir. Ce serait confondre l'intérêt personnel de l'individu avec son rôle de citoyen responsable. Malgré les tentatives de faire de nous des êtres économiquement rationnels, le consommateur ne s'identifie pas au citoyen ; le comportement dans un supermarché n'est pas le même que dans l'isoloir. Les preuves qui montrent que l'on pense et l'on agit différemment dans les deux contextes sont légion[29]. Il n'est donc pas incohérent que des consommateurs refusent de se tourner vers les énergies renouvelables alors qu'elles sont disponibles et, en même temps, qu'ils votent pour un parti qui s'engage à demander à tous les citoyens d'utiliser ces énergies.

Étonnamment, les campagnes de communication de diverses organisations exhortant à changer les usages de l'énergie mettent en avant le fait que cela n'implique pas de renoncer au confort habituel[30]. Le slogan « Être vert, c'est facile » est fondé sur l'hypothèse que si c'est compliqué, personne ne s'y mettra. Une émission de télévision éponyme se décrit comme « un regard divertissant, amusant et tendance sur le développement du mode de vie "vert"... Mais il ne s'agit pas de vous débarrasser de tout ce que vous avez et de changer drastiquement votre mode de vie[31]. » Personne ne veut nous demander de changer de mode de vie, car cela pourrait concerner bien plus que la consommation d'énergie ; c'est la construction, parfois fragile, de notre identité qui risque d'être en jeu. De fait, la consommation de produits « verts » participe désormais elle aussi de cette construction, même s'il faut reconnaître qu'elle fait souvent moins de dégâts. Mais en transférant la responsabilité vers les individus et en pérennisant le culte sacro-saint de la consommation, le consumérisme vert risque de conforter les états d'esprit et les comportements qui ont conduit au réchauffement climatique.

---

29. Mark *Sagoff*, Price, Principle, and the Environment, *Cambridge, Cambridge University Press, 2004, chapitre 4.*
30. Per Gyberg et Jenny Palm, « Influencing Households' Energy Behaviour », art. cité.
31. http://www.fineliving.com/fine/our_specials/episode/0,,FINE _5916_ 50485,00.html

L'écoblanchiment

La contrepartie à l'action volontaire des consommateurs est celle des producteurs. Pour répondre aux critiques, les entreprises tentent habituellement de changer la façon dont l'opinion publique perçoit ce qu'elles font, avant de changer leurs pratiques. Cela leur coûte moins cher. Ainsi, à l'inquiétude croissante du public concernant le réchauffement climatique, les entreprises ripostent par des techniques de dissimulation très variées, dont l'écoblanchiment est devenu la forme la plus sophistiquée. On le définit comme la stratégie d'entreprises qui « mettent plus d'argent, de temps et d'énergie dans d'habiles campagnes de relations publiques visant à promouvoir leur image de protecteurs de l'environnement, qu'elles n'en mettent à protéger véritablement l'environnement[32]. » Pour contrecarrer leur mise en cause dans le réchauffement climatique, les compagnies du secteur de l'énergie sont particulièrement inventives. Shell a décidé de présenter son exploitation des schistes bitumineux au Canada – en termes de gaz à effet de serre, c'est la pire façon de produire de l'énergie – comme une activité « durable ». Sommée de s'expliquer, la compagnie s'est justifiée avec un aplomb étonnant en invoquant l'autorité du rapport Brundtland : elle interpréta la définition célèbre du développement durable selon Brundtland – « un développement qui satisfait les besoins de la génération actuelle sans compromettre la capacité des générations futures à satisfaire les leurs » – comme s'appliquant à tout ce qui permettrait de satisfaire les besoins mondiaux croissants en énergie, y compris en schistes bitumineux. Bien que déclarée coupable de publicité mensongère par l'Autorité sur les normes de publicité du Royaume-Uni[33], Shell, dont le cynisme paraît sans borne, s'est offert des publicités dans les journaux où les cheminées de ses raffineries émettent des fleurs à la place de fumées. De façon similaire, E.ON, propriétaire de la centrale à charbon de Ratcliffe-on-Soar, troisième source en importance d'émissions de dioxyde de carbone du Royaume-Uni, a installé des panneaux solaires sur le toit de son bâtiment administratif, après quoi elle publia un communiqué de presse

---

32. http://www.corpwatch.org/section.php?id=102
33. http://www.asa.org.uk/asa/adjudications/Public/TF_ADJ_44828.htm

déclarant : « Cette centrale à charbon est l'une des plus propres du Royaume-Uni et, en installant ces panneaux, nous voulons montrer notre détermination à améliorer encore nos performances environnementales[34]. » On estime que les panneaux réduisent les émissions de la centrale de moins d'un millionième[35].

Une partie importante des revenus des agences de communication et des sociétés de relations publiques mondiales est aujourd'hui utilisée à essayer de convaincre le public que les émissions dues aux combustibles fossiles sont bénéfiques. L'industrie du charbon cherche à nous persuader – et c'est là l'une des plus brillantes inventions dans l'histoire des techniques publicitaires – que l'électricité produite par des centrales à charbon est une « bonne forme d'énergie du point de vue de l'environnement[36] ». Le terme clef de cette campagne délibérément mensongère est celui de « charbon propre ». Il est utilisé dans le débat sur le changement climatique pour donner l'impression que le charbon est inoffensif, ou pourrait le devenir s'il existait la possibilité de capturer les émissions de carbone et de les stocker en sous-sol[37]. En réalité, comme nous le verrons dans le chapitre 6, la capture et le stockage du carbone pour les centrales à charbon requièrent une technologie qui n'existe encore que sur le papier, et n'aura aucun effet sur les émissions avant deux décennies au moins, en admettant qu'elle en ait jamais. Lorsque l'on pousse les industriels dans leurs retranchements, ils déclarent « avoir investi plus de 50 milliards de dollars en technologie de réduction des émissions au cours des trente dernières années[38]. » Les réductions d'émissions en question n'ont rien à voir avec le changement climatique ; elles sont une réponse aux régulations gouvernementales qui exigent de réduire les polluants atmosphériques comme le dioxyde de soufre et l'oxyde d'azote. Cette supercherie a été comparée par Sheldon Rampton à la tactique du

---

34. http://www.energycurrent.com/index.php?id=3&storyid=17187
35. Voir aussi Fred Pearce, « Greenwash : E.ON's "Integrated" Technology Claim is Shameless Spin », Guardian, 9 avril 2009.
36. Voir, par exemple, American Coal Council, « Coal-Environmentally Sound », www.clean-coal.info/drupal/environ
37. David Roberts, « The Essential "Clean Coal" Scam : Politico Lets Shill Get Away with the Basic Dodge at the Center of the "Clean Coal" Campaign », Grist, 23 décembre 2008.
38. Ibid.

« leurre » utilisée par des revendeurs frauduleux et des agents immobiliers sans scrupule qui appâtent les clients avec des offres attractives, puis leur substituent d'autres propositions plus onéreuses[39].

Remarquons également qu'après des décennies de résistance farouche aux réglementations imposées pour débarrasser l'air des émanations provenant des centrales à charbon, cette même industrie présente aujourd'hui ce qui a été accompli comme une preuve de son engagement en faveur de l'environnement.

Il est difficile d'imaginer un retournement plus cynique, mais d'autres exemples existent. Aux États-Unis, les ventes croissantes de véhicules tout-terrain – entre 1999 et 2007 elles ont dépassé les ventes de voitures – ont déclenché la colère de l'opinion publique[40]. Préoccupés par ces critiques sévères, les responsables de General Motors – qui fabrique les Hummer – se décidèrent à agir. Mais au lieu de modifier leur production, ils insérèrent dans les magazines des publicités montrant un véhicule « 4x4 » sur un iceberg, entouré d'ours polaires, de pingouins et de baleines, tous très curieux – comme si General Motors voulait à la fois dissiper toute préoccupation dans l'esprit des acheteurs potentiels et faire enrager les écologistes. Bien que feignant le contraire, l'entreprise manifestait le même mépris envers ses clients que Henry Ford lors de sa fameuse réplique à ceux qui se plaignaient du peu de choix de son modèle T : ils pouvaient avoir la couleur de leur choix, « pourvu qu'elle soit noire ». Après tout, en 2008, Bob Lutz, vice-président de GM, déclarait encore aux journalistes que le réchauffement climatique n'était qu'« un tas de conneries[41] ». Cette obsession pour les véhicules tout-terrain et les fourgonnettes a conduit GM au bord de la banqueroute en 2009 : peut-être est-ce là un juste retour des choses. En janvier, alors que la compagnie échappait à l'effondrement grâce à un renflouement gouvernemental, Bob Luz, cette fois, se plaignait : « Je dois faire la queue au comptoir de Northwest Airlines. Ça ne m'était jamais arrivé auparavant[42]. »

---

39. Sheldon Rampton, « The Clean Coal Bait and Switch », PR Watch, 27 décembre 2008.
40. Jad Mouawad, « Lessons on How to Guzzle Less, from Europe and Japan », New York Times, 5 avril 2009.
41. Anonyme, « GM Exec Stands by Calling Global Warming a "Crock" », Reuters, 22 février 2008.
42. Robert Siegel, « At Auto Show, GM Seeks To Shift Perceptions », All Things Considered, National Public Radio, 12 janvier 2009.

Sauvés par la crise ?

La récession survenue en 2008 semblait, pour certains, annoncer un changement d'orientation en Occident, un retour vers une manière de vivre plus équilibrée et plus saine. Bien entendu, les ménages se sont moins endettés et ont économisé davantage, – une évolution prévisible mais bienvenue. Toutefois, l'augmentation de l'épargne ne constitue pas la réponse au changement climatique. Bien qu'elle permette de réduire la consommation à court et à moyen termes, elle ne fait qu'aggraver le problème à long terme. L'épargne facilite l'investissement, et l'investissement favorise une croissance économique plus rapide. Vue sous un autre angle, l'épargne n'est qu'un report de la consommation, et ce report signifie plus de consommation plus tard, à cause des intérêts de l'épargne. La vraie réponse est de consommer moins, aujourd'hui et pour toujours.

Quelques indices montrent que les consommateurs occidentaux ont réagi à la récession en abandonnant leurs habitudes dépensières et en revenant à d'anciennes valeurs d'économie et de modération. Bien entendu, à partir de 2009, associations, livres et sites internet se sont mis à expliquer comment économiser de l'argent en bricolant à la maison et en achetant des objets d'occasion. Même le *Wall Street Journal* de Rupert Murdoch a encouragé ses lecteurs à résister tout un mois à la « fièvre acheteuse », à utiliser internet pour faire du troc et à cesser de soutenir financièrement leurs enfants adultes[43].

La sobriété nouvelle prend des formes variées, comme renoncer, troquer, acheter d'occasion, faire durer les choses et mettre la pédale douce – c'est à dire réduire volontairement ses revenus et sa consommation. Tout cela représente une sortie partielle du marché. L'ironie de la situation, c'est que si ces tendances avaient des répercussions notables sur le comportement des consommateurs, la récession se prolongerait puisque la croissance du PIB est liée à une démarche inverse. Prudence, modération ou satisfaction différée : de toutes ces attitudes clairement salutaires à notre bien-être, aucune n'est bonne pour la

---

43. Veronica Dagher, « *Extreme Measures* : *So, You Think You've Cut your Spending ? Here Are Some Ideas You Probably Haven't Thought of* », Wall Street Journal, 7 avril 2009, p. R3.

croissance économique. La grande question est de savoir si elles annoncent un retour durable vers les valeurs antérieures de parcimonie et de restriction, ou si nous serons rapidement repris par l'hyper-consumérisme propre au dernier « boom » économique. Il est certain que le retour à une forme de frugalité correspondrait à une valeur qui a toujours été plus profondément ancrée en Occident que l'envie de posséder davantage. Un sondage de 2004 a montré que la plupart des Américains jugent toutes les priorités de leur société erronées. Plus de neuf personnes sur dix (93 %) pensent que leurs concitoyens sont obnubilés par leur travail et par le besoin de gagner de l'argent, et ne se consacrent pas assez à leur famille ni à leur communauté[44]. Information remarquable : neuf personnes sur dix (88 %) pensent que la société américaine est trop matérialiste et qu'elle met trop l'accent sur la consommation en particulier. Et alors que cette dernière tourne à la pire boulimie de l'histoire, 90 % affirment qu'une démarche trop matérialiste les entraîne à vivre au-dessus de leurs moyens et à s'endetter.

Dans un essai intitulé *Perspectives économiques pour nos petits-enfants*, publié en 1930, John Maynard Keynes imagina ce que serait la vie après un nouveau siècle de croissance économique continue, un état atteint de nos jours par la plupart des habitants des pays riches. Pour la première fois, écrivait-il, les hommes auraient la possibilité de choisir de vivre « sagement et agréablement, de vivre bien ». « Ce sont les peuples qui se seront montrés capables de préserver un art de vivre et même de le cultiver jusqu'à la perfection, capables également de ne pas se vendre pour assurer leur subsistance, qui pourront jouir de l'abondance le jour où elle sera là[45]. » Est-il possible d'imaginer une société qui s'élève jusqu'à la vision de Keynes, une société dans laquelle nous aurons rompu avec l'obsession de la croissance et de la consommation pour célébrer l'art de vivre ? Une société dans laquelle nous soignerions tout ce qui améliore vraiment le bien-être, au lieu de rêver à ce que l'argent pourrait permettre de se procurer indéfiniment. En un sens, la recette est simple. Tôt ou tard, nous

---

44. *Étude du Center for a New American Dream*, http://www.newdream.org/about/pdfs/PollResults.pdf
45. John Maynard Keynes, « Economic Possibilities for Our Grandchildren », dans Essays in Persuasion, New York (N. Y.), W. W. Norton, 1963, p. 362.

dépensons ce que nous gagnons. Si nous voulons consommer moins, il faut gagner moins, et pour gagner moins, il faut soit travailler moins soit diminuer la quantité de travail rémunéré. Cela peut certes choquer aujourd'hui, mais il s'agit seulement d'un retour à une tendance historique lourde, celle de la réduction du temps de travail, considérée comme la marque la plus probante du progrès social jusqu'à son interruption dans les années 1980. Ce retour traduirait le choix social de convertir en revenu une plus petite partie des gains de productivité, et une plus grande partie de ces gains en temps libre. La société pourrait être tout aussi dynamique et innovante technologiquement ; la différence tiendrait à ce que nous aurions beaucoup plus de temps pour des activités autres que le travail rémunéré, comme l'entraide, l'éducation, le travail associatif et les loisirs. De toutes les politiques à long terme que les gouvernements occidentaux pourraient adopter pour s'attaquer à l'augmentation des émissions de gaz à effet de serre, l'une des plus efficaces serait de donner une nouvelle définition du progrès, la réduction du temps de travail en devenant l'un des indicateurs majeurs. Mais pour cela il nous faudrait d'abord redéfinir notre propre identité.

La récession donnera-t-elle l'occasion d'enraciner de nouvelles valeurs, des valeurs qui éviteraient un retour au matérialisme effréné et à la consommation financée par l'endettement, deux caractéristiques des années 1990 et 2000 ? La réponse est désespérément négative car au cours du dernier long « boom » économique les publicitaires ont semé une graine empoisonnée au plus profond des pays riches – une génération délibérément façonnée pour l'hyper-consommation. Aux États-Unis, où des campagnes publicitaires incessantes en direction des enfants ont été entamées depuis le début des années 1990, les résultats de ce matraquage sont éloquents et racontent une histoire effrayante. En 1983, les entreprises dépensaient 100 millions de dollars en publicité vers les enfants. À la fin du boom, ils investissaient plus de 17 milliards de dollars par an. Chaque enfant voit à la télévision, entre l'âge de deux et onze ans, plus de 25 000 publicités[46].

---

46. Adriana Barbaro et Jeremy Earp (eds), *Consuming Kids : The Commercialization of Childhood*, *DVD* produit par la Media Education Foundation, http://www.mediaed.org/assets/products/134/presskit_134.pdf

Susan Lynn, vice-directrice du Media Center pour enfants, affilié à l'Université d'Harvard, insiste :

« Cette génération d'enfants est la cible d'une promotion commerciale sans précédent. Ils sont cernés par le marketing, qu'il s 'agisse de licences de marque ou de placements de produits. La publicité s'infiltre à l'école comme un virus. DVD, jeux vidéo, internet, iPods, téléphones portables : les moyens de les atteindre sont assez nombreux pour qu'à chaque instant, ils aient une marque sous les yeux[47]. »

Les enfants reconnaissent aujourd'hui les logos des marques dès l'âge de six mois. Un étude britannique a montré que le premier mot que prononce un enfant sur quatre est le nom d'une marque[48]. Une génération, qui atteint aujourd'hui la fin de l'adolescence, a grandi sous un bombardement ininterrompu de slogans commerciaux dont le thème unique se résume à ceci : la route vers le bonheur passe par la consommation. Les publicitaires ne s'en excusent pas, ils s'en vantent. Un professeur en marketing se fait leur porte-parole lorsqu'il déclare : « L'effet positif que je vois, c'est qu'ils sont capables de se repérer plus tôt dans le marché. Et dans une société industrielle pleinement développée, c'est le marché qui répond à l'essentiel de nos besoins[49]. »

Cette génération captive, dont les esprits ont été modelés par la publicité, sera la force motrice du prochain « boom » économique. On a systématiquement étouffé chez eux, depuis leur naissance, toute velléité de restreindre leurs envies, et cette faiblesse, évidemment, va être exploitée partout par les entreprises. Qu'est-ce qui pourrait les arrêter ?

Le syndrome chinois

Tout ce que j'ai écrit jusqu'ici dans ce chapitre concerne les nations riches. Il faut aussi s'intéresser, même rapidement, à la croissance de la consommation dans les pays émergents, et principalement en Chine.

---

47. Ibid.
48. Voir Clive Hamilton et Richard Denniss, Affluenza, Sydney, Allen & Unwin, 2005, p. 53.
49. Cité par Clive Hamilton et Richard Denniss, dans Affluenza, op. cit., p. 53. Juliet Shor indique qu'en préparant son ouvrage, Born to Buy (Scribner, 2004), elle rencontra des publicitaires éprouvant une « immense culpabilité à utiliser leurs talents pour toucher le public des enfants avec des messages déplacés, des produits douteux et des techniques insidieuses ».

Il ne s'agit pas d'un exercice de transfert de culpabilité, car les pays riches sont aujourd'hui responsables d'environ 75 % de l'augmentation de la concentration des gaz à effet de serre dans l'atmosphère[50]. Bien que les émissions annuelles de la Chine aient récemment dépassé celles des États-Unis (chacun étant responsable d'environ 20 % des émissions totales), il faudra des décennies avant que les pays émergents soient responsables pour moitié de l'augmentation de la concentration en gaz à effet de serre de l'atmosphère. De plus, les émissions des pays riches sont essentiellement des « émissions de luxe », dans la mesure où elles sont associées à des productions et à des consommations de biens non indispensables au confort.

Les modes de vie prodigues des pays riches doivent constituer la première cible des politiques de réduction d'émissions, mais les gains de ces politiques vont être plus que neutralisés, au cours des prochaines décennies, par les émissions des grands pays émergents, à moins que ces pays – la Chine, l'Inde, le Brésil et quelques autres – ne se mettent rapidement à les contrôler. Il est donc important d'analyser les forces en jeu dans ces pays, et en particulier en Chine dont les 1,3 milliards d'habitants représentent un cinquième de la population mondiale.

La croissance annuelle de l'économie chinoise depuis les années 1980 a été exceptionnelle, s'établissant autour de 9,5 % et atteignant même 11 % en 2006, avant de redescendre à environ 8 % en 2008[51]. Nous avons vu, dans le chapitre 1, que les émissions de la Chine dues aux combustibles fossiles ont crû de 11-12 % par an au cours des dix premières années de ce siècle[52]. D'habitude, ces taux ralentissent considérablement après deux ou trois décennies, lorsque le pays effectue sa transition industrielle. Même en tenant compte de cette observation, on s'attend à ce que les émissions de dioxyde de carbone de la Chine fassent plus que doubler d'ici à 2030, passant d'un peu plus de 5 milliards de tonnes en 2005 à un peu moins de

---

50. Richard Monastersky, « A Burden Beyond Bearing », Nature, 458, 30 avril 2009, p. 1094.
51. Dabo Guan, Klaus Hubacek, Christopher Weber, Glen Peters et David Reiner, « The Drivers of Chinese CO_2 Emissions from 1980 to 2030 », Global Environmental Change, 18, 2008, p. 626-634.
52. Ross Garnaut, The Garnaut Climate Change Review, op. cit., p. 66.

12 milliards en 2030[53]. Ses émissions de gaz à effet de serre devraient représenter alors un tiers des émissions mondiales[54].

Certains estiment que la croissance des émissions chinoises est à mettre largement sur le compte des consommateurs occidentaux, car une grosse part de la production chinoise répond à leur demande. C'est exact, mais jusqu'à un certain point : en 2005, environ un tiers des émissions de dioxyde de carbone de la Chine était attribuable aux produits destinés à l'exportation[55], mais il faut aussi tenir compte des émissions de carbone d'autres pays dont la Chine importe les produits. La partie due aux exportations est toutefois appelée à diminuer à mesure que l'économie chinoise arrivera à maturité et qu'une part de plus en plus grande de la production chinoise sera destinée au marché intérieur, si bien que les efforts pour réguler les émissions devront se porter sur les consommateurs chinois, et en particulier sur les citadins. L'accroissement de la population n'aura que peu d'effet, et l'efficacité énergétique ainsi que les énergies renouvelables réduiront les impacts de la croissance de la consommation de façon significative ; mais on assistera tout de même à une énorme augmentation des émissions de carbone de la Chine, due principalement à la consommation domestique[56], et dont le plus préoccupant est que rien ne semble pouvoir l'empêcher. Une étude a montré que si – hypothèse extrêmement optimiste – *toutes* les centrales à charbon étaient dorénavant dotées de systèmes de capture et de stockage du carbone, ce qui réduirait leurs émissions de 85 %, les émissions de carbone du pays augmenteraient encore d'environ 80 % à l'horizon 2030[57].

Après que le Parti communiste a eu décidé en 1979 d'ouvrir l'économie de la Chine, la crainte d'éventuelles influences culturelles occidentales a conduit, au début des années 1980, au déclenchement de la campagne de la « civilisation spirituelle socialiste » qui prônait le

---

53. Dabo Guan et al., « The Drivers of Chinese CO_2 Emissions from 1980 to 2030 », op. cit.
54. Ross Garnaut, The Garnaut Climate Change Review, op. cit., tableau 3.2, p. 65.
55. Christopher Weber, Glen Peters, Dabo Guan et Klaus Hubacek, « The Contribution of Chinese Exports to Climate Change », Energy Policy, 36, 2008, p. 3572-3577.
56. Dabo Guan et al., « The Drivers of Chinese CO_2 Emissions from 1980 to 2030 », op. cit.
57. Ibid.

retour à un mode de vie frugal, le rejet du matérialisme et de l'idée que la consommation puisse être la voie du bonheur[58]. La campagne s'est accompagnée d'une réhabilitation de l'histoire chinoise, jusqu'alors accusée d'être la cause de tous les maux qui avaient rendu nécessaire la Révolution. La civilisation chinoise devint une source de fierté nationale. Confucius, qui avait été l'objet de lourdes critiques et une cible de la Révolution culturelle, fut réhabilité, et sa pensée utilisée comme un moyen de résister à la décadence occidentale et de renforcer la cohésion nationale menacée par les turbulences politiques. Au passage, il n'est pas étonnant que la sensibilité profondément écologiste de Confucius[59] ait été gommée afin de ne pas gêner l'avancée d'une industrialisation forcenée.

Cette idéologie officielle concoctée de toutes pièces par le pouvoir n'a cependant guère eu d'effet face aux attraits de la consommation auprès d'une population jusqu'alors privée de tout et, au cours des années 1980, le consumérisme a relégué à l'arrière-plan la préoccupation socialiste en matière de production. Elisabeth Croll affirme que le gouvernement s'est de plus en plus orienté vers la mise en avant de la consommation par crainte de perdre sa légitimité, et en particulier pour contrebalancer l'impopularité de la politique de l'enfant unique et pour apaiser les mécontentements qui s'étaient exprimés par exemple lors des événements de Tienanmen[60]. Un expert de la Chine a posé la question suivante : « Les

---

58. Xin Zhao et Russell Belk, « *Politicizing Consumer Culture : Advertising's Appropriation of Political Ideology in China's Social Transition* », Journal of Consumer Research, 35, août 2008.
59. Tu Weiming, « *The Continuity of Being : Chinese Visions of Nature* », dans Mary Evelyn Tucker et John Berthrong (eds), Confucianism and Ecology, Cambridge (Mass.), Harvard University Press, 1998. Weiming écrit (p. 113) : « [...] *l'idée que l'humanité ne forme qu'une entité avec le reste de l'univers est si largement partagée par les Chinois, aussi bien dans le peuple que dans l'élite culturelle, qu'elle peut être considérée comme caractérisant la vision générale du monde de la Chine [...] La vie humaine fait partie du flux continu de circulation sanguine et de respiration qui constituent le processus cosmique. Les êtres humains sont par conséquent organiquement reliés aux roches, aux arbres, et aux animaux.* »
60. Les quelques paragraphes qui suivent se fondent directement sur l'excellente étude d'Elisabeth Croll, « *Conjuring Goods, Identities and Cultures* », dans Kevin Latham, Stuart Thompson et Jakob Klein (eds), Consuming China : Approaches to Cultural Change in Contemporary China, Londres, Routledge, 2006.

fruits d'une économie en croissance et l'attrait de la consommation feront-ils suffisamment diversion, et constitueront-ils une drogue assez puissante pour faire retarder le jour où le Parti communiste, encore dominant, devra rendre des comptes ?[61] »

Le passage de l'emploi du mot « camarades » à celui de « consommateurs » en seulement dix ans révèle l'accélération d'un processus qui a pris plusieurs décennies en Occident ; il a déclenché en Chine une période de « consommateurs en folie » dont le symbole le plus fort est peut-être ce slogan affiché par les magasins : « Le consommateur est un dieu[62] ». Bien que la consommation intérieure ne se soit pas montrée à la hauteur des espérances, aller faire ses courses est devenu le loisir favori des Chinois ; un processus s'est mis en branle qui a peu à peu transformé les envies et les projets des citadins ordinaires.

Aujourd'hui, toute une catégorie de consommateurs de la classe moyenne manifeste un goût apparemment insatiable pour les biens de type occidental. En 2005, ils assuraient 12 % des achats mondiaux de produits de luxe, non loin des consommateurs américains pour qui cette part était de 17 %[63]. Si la jeunesse a commencé par associer le port du blue-jean à l'affirmation « d'une différence et d'un défi » en réaction aux vêtements à la Mao qui symbolisaient la conformité ennuyeuse de la génération de leurs parents, les aspirations à la modernité, à la sophistication et au cosmopolitisme se sont progressivement étendues aux marques occidentales qui ont comblé la perte de légitimité de la révolution socialiste et de son programme. Dans une étude sur les perceptions des enfants, Croll demanda à des élèves de cours préparatoire de dessiner leurs familles et constata que « de nombreux enfants représentaient des appareils de télévision et des réfrigérateurs étincelants qui ne se contentaient pas de trôner dans le logement. Ces appareils avaient aussi la taille et l'aspect d'êtres vivants, ils étaient pourvus de visages et de jambes, ce qui suggérait

---

61. John Quelch, professeur de marketing à la Harvard Business School, cité par Sean Silverthorne, dans « China, Consumerism, and the Red Pepsi Can », BNet, Harvard Business School, 12 août 2008.
62. Elisabeth Croll, « Conjuring Goods, Identities and Cultures », op. cit., p. 24.
63. Paul Solman, « China's Vast Consumer Class », Public Broadcasting Service (États-Unis), 5 octobre 2005.

qu'en l'absence de fratrie, ils se substituaient aux proches dans l'élaboration de l'identité personnelle et du sens de la famille[64] ».

De nombreux Chinois de la classe moyenne voient dans la possibilité de consommer l'occasion de se libérer de l'uniformité maoïste. Ils avouent aussi être poussés par l'esprit de compétition, qui est une variante de la conformité sociale. Selon Fu Hongchun, professeur de commerce à la East China Normal University de Shangaï, « si un habitant achète une nouvelle télévision, tous les habitants du même quartier vont changer leur télé[65]. » On ne peut certes contester qu'échapper à la pauvreté procure des avantages matériels, mais la « conformité à la Mao » des générations précédentes a été remplacée par la conformité de type consumériste et par le culte des marques.

Les risques culturels associés à la rapide adhésion au capitalisme de consommation – matérialisme, égoïsme, culte de l'argent et décadence morale – ont été vite perçus par des intellectuels chinois, des auteurs et des artistes, ainsi que par le gouvernement. Le slogan du Parti communiste, « Un capitalisme aux couleurs de la Chine », était audacieux, mais l'ambition d'un capitalisme spécifique pouvait difficilement résister à la force de la culture occidentale de la marque. Les Chinois disent volontiers qu'ils veulent devenir « modernes » plutôt qu'occidentalisés, mais la distinction est ténue. On a vu ainsi une agence de publicité occidentale tenter de donner une tonalité confucéenne à sa publicité pour la marque Nike en mettant certes en valeur l'individualisme occidental mais tout en précisant que « cela ne se passait jamais en dehors du groupe[66] ». En réalité, le seul élément chinois de Nike, c'est la localisation de ses usines.

Il est curieux de constater que les valeurs liées au consumérisme se sont répandues en Chine plus vite que la consommation elle-même. Hormis la frange des plus riches, la population n'a pas abandonné sa prudence ancestrale en matière financière comme l'ont fait les consommateurs occidentaux dans les années 1990. Elle a dépensé plus, mais tout en continuant à épargner. Cette réticence générale à

---

64. Elisabeth Croll, « *Conjuring Goods, Identities and Cultures* », op. cit., p. 26 *(légèrement modifié)*.
65. Cité par Ariana Eunjung Cha, dans « Chinese Consumers Eager to Excel at the American Pastime », Washington Post, *15 novembre 2008*.
66. Paul Solman, « *China's Vast Consumer Class* », op. cit.

Consommation et identité

renoncer à la sobriété a provoqué la frustration des États-Unis. En octobre 2005, le secrétaire d'État au Trésor, John W. Snow, se rendit dans un village du Sichuan pour y promouvoir la « modernisation financière ». D'après le correspondant du *New York Times* qui l'accompagnait, Mr Snow « invita la Chine [...] à prendre des leçons des États-Unis sur comment dépenser plus, emprunter plus et épargner moins[67] ». Il déclara à ses hôtes qu'ils avaient grand besoin d'imiter la sophistication des banques et des institutions financières américaines. À l'époque, les dirigeants chinois étaient plus attentifs aux dangers croissants des *subprimes* aux États-Unis que l'administration Bush ou son secrétaire d'État au Trésor, et n'éprouvaient pas, à l'idée d'importer le système financier américain dérégulé, le même enthousiasme qu'ils avaient manifesté à importer leurs centres commerciaux. Trois ans plus tard, leur prudence allait être couronnée de succès.

Ce qu'il faut souligner, dans cette brève description de la montée du consumérisme chinois, c'est la rapidité et l'irréversibilité du passage de cette grande nation à une culture de consommation. Le fait qu'une grande partie du pays demeure pauvre tandis qu'une autre se définisse par son accès aux produits occidentaux compromet toute tentative de réduire les émissions de carbone qui porterait atteinte à la croissance. Bien que le gouvernement reconnaisse les dangers du réchauffement climatique, il perdrait toute légitimité politique s'il mettait en avant le type de mesures qu'exige la science. La seule issue serait dans d'importants transferts financiers des pays riches vers la Chine, l'Inde, le Brésil et une poignée d'autres nations émergentes. L'histoire des politiques d'aide extérieure pratiquées par l'Occident n'augure rien de bon en la matière.

---

67. Edmund L. Andrews, « Snow Urges Consumerism on China Trip », New York Times, *14 octobre 2005.*

Chapitre 4 / LES NOMBREUSES FORMES DU DÉNI

Au début des années 1950, à Minneapolis, une femme au pseudonyme de Marian Keech affirma avoir reçu les messages d'un extraterrestre nommé Sananda. Sananda lui aurait annoncé qu'une inondation gigantesque submergerait la Terre et tous ses habitants le 21 décembre 1954 à minuit. Seuls seraient sauvés ceux qui croyaient en lui ; juste avant l'inondation, un vaisseau spatial viendrait les chercher pour les emporter vers une autre planète.

Dissonance cognitive

Un culte se forma autour de Mariam Keech. Mis à part un bref communiqué de presse, la secte fuyait toute publicité. Les adeptes quittaient leur travail, vendaient leurs maisons et abandonnaient leurs familles. Le jour présumé du jugement, ils se regroupèrent dans la maison de Marian Keech pour attendre l'atterrissage du vaisseau spatial. Les médias s'installèrent devant la maison. L'horloge égrena les douze coups, mais le vaisseau spatial n'arriva pas, pas plus que ne se produisit l'inondation. À l'intérieur, certains adeptes fondirent en larmes ; d'autres fixaient le plafond.

La secte avait été infiltrée par un jeune psychologue, Léon Festinger, qui se demandait comment les membres supporteraient l'échec de la prophétie. Comment réagiraient-ils, lorsqu'ils découvriraient que la fin du monde n'était pas pour cette nuit-là ? Une attitude rationnelle eût été de reconnaître qu'ils avaient été dupés, avant de sombrer dans le désespoir compte tenu des immenses sacrifices consentis.

Mais c'est le contraire qui arriva. Les membres de la secte furent saisis d'une grande excitation, ils ouvrirent les rideaux de la maison et invitèrent les caméras de télévision à l'intérieur : Marian Keech venait de recevoir un message urgent d'un être supérieur, l'informant que le monde avait échappé à l'inondation parce que le groupe avait répandu tant de lumière que Sananda avait décidé de sauver la planète de la destruction. Pendant les jours suivants, Keech et d'autres membres de la secte racontèrent à tous les médias auxquels ils eurent accès que leur dévotion n'avait pas été vaine puisqu'elle leur avait permis de sauver le monde.

Cette réaction inattendue incita Festinger à développer sa théorie de la « dissonance cognitive », qui décrit le sentiment de malaise dont nous sommes saisis lorsque nous commençons à comprendre que ce que nous tenions pour une certitude est contredit par les faits[1]. Selon Festinger, ceux dont les convictions sont contredites par les faits deviennent souvent des prosélytes encore plus fervents après que les faits sont devenus incontestables. Nous passons notre temps, écrivit il, à sélectionner les informations en harmonie avec nos convictions, et à rejeter celles qui ne le sont pas. Nous nous entourons de personnes qui pensent comme nous et évitons celles qui nous dérangent.

L'analyse de Festinger aide à comprendre le phénomène du « scepticisme » ou, plus précisément, du déni concernant le réchauffement climatique. Si les êtres humains étaient vraiment doués de raison, la logique voudrait que, dans la mesure où les preuves scientifiques confirmant l'origine anthropique du réchauffement climatique deviennent écrasantes, les climato-sceptiques modifient leurs opinions pour tenir compte des faits. Et pourtant, les attaques de ces derniers contre les climatologues, les écologistes et quiconque admet les preuves du réchauffement climatique se sont faites encore plus virulentes. Ces détracteurs ont des arguments bien à eux pour éluder la réalité : les scientifiques ont truqué leurs résultats pour obtenir davantage de financement pour leurs recherches ; les détracteurs ont été réduits au silence ; les gouvernements ont cédé à la pression des écologistes qui font tout ce qu'ils peuvent pour détruire le système de l'économie libérale...

Là où demeure la moindre incertitude scientifique, les climato-sceptiques se pressent pour tenter d'élargir la brèche et de détruire l'édifice. Ils agitent les conséquences désastreuses qui surviendraient si le monde refusait de les écouter et prédisent, entre autres, un effondrement économique si les gouvernements étaient assez fous pour

---

1. Leon Festinger, A Theory of Cognitive Dissonance, Stanford (Calif.), Stanford University Press, 1957.

tenter de réduire les émissions de gaz à effet de serre. Plus les preuves du réchauffement climatique s'accumulent, plus les climato-sceptiques s'accrochent à leurs convictions. Ils inondent les journaux de lettres rageuses et expriment leur indignation dans des blogs et des forums en ligne, où ils vilipendent ceux qui ne partagent pas leurs vues. Ils organisent des conférences qui les aident à raffermir leurs convictions mutuelles, convaincus qu'ils sont de détenir *la* connaissance et que le reste du monde doit les écouter toutes affaires cessantes. La vérité leur a été révélée parce qu'ils sont plus rationnels que les autres, et donc capables de déceler les incohérences du discours dominant chez les climatologues.

Les climato-sceptiques sont passés maîtres dans l'art de ce que C. S. Lewis appelait le « bulvérisme », une démarche rhétorique qui consiste à se dispenser de démontrer que quelqu'un a tort, en *partant du principe* qu'il a tort, pour expliquer ensuite comment la personne en est arrivée à avoir une opinion aussi fausse. L'argumentation est structurée de la façon suivante : « Vous les scientifiques, vous prétendez qu'il existe un réchauffement climatique d'origine anthropique, mais c'est parce que vous voulez plus de financements pour vos recherches, ou parce que vous avez un comportement grégaire, ou parce que vous êtes des écologistes ; par conséquent, le réchauffement climatique mondial n'existe pas. » Dans un ouvrage mettant en scène le personnage à l'origine du terme, Lewis décrit cet « Ezekiel Bulver, dont le destin fut fixé à l'âge de 5 ans lorsqu'il entendit sa mère dire à son père – qui avait soutenu que la somme de deux côtés d'un triangle était plus grande que le troisième : "Oh, tu dis cela *parce que tu es un homme*"[2] ». On est en droit de se demander pourquoi les climato-sceptiques, qui se prétendent des alliés loyaux de la science, rejettent les preuves scientifiques lorsqu'elles deviennent dérangeantes. Pourquoi *veulent*-ils que la science ait tort ? Certes, en posant de telles questions, je pourrais être moi-même accusé de bulvérisme, si ce n'était le poids écrasant des preuves en faveur du réchauffement climatique d'origine anthropique. Si l'on commence par les faits, il semble alors normal d'analyser les motifs de ceux qui les rejettent.

2. C. S. *Lewis*, God in the Dock, *Grand Rapids (Mich.), William B. Eerdmans Publishing, 1970.*

Les racines du climato-scepticisme

Quand on recherche les racines du déni climatique, on découvre rapidement qu'elles plongent dans la réaction des conservateurs américains à la chute du mur de Berlin en 1989 et à l'effondrement du bloc soviétique en 1991. Avec la fin du « péril rouge », l'énergie que les conservateurs avaient dépensée contre le communisme se chercha d'autres exutoires. Pendant un certain temps, l'islamisme joua ce rôle, car il semblait vouloir défier l'Occident et s'opposer à l'inéluctable progression de son influence. Mais l'ennemi était aussi intérieur. Depuis les années 1970, les conservateurs s'étaient déjà mobilisés contre la nouvelle génération d'intellectuels progressistes auxquels ils reprochaient de trahir la culture occidentale en critiquant systématiquement ses principes et ses réalisations : non seulement le féminisme, le multiculturalisme et l'anticolonialisme s'érigeaient contre les injustices, mais surtout ils dénonçaient un système oppressif aux origines enfouies dans les fondements de la civilisation occidentale.

Le combat pour l'environnement représenta pour les conservateurs un ennemi encore plus sérieux, parce qu'il faisait douter de la nature inoffensive du système non pas cette fois du point de vue d'un groupe opprimé, mais du point de vue de la science, c'est-à-dire du socle de la civilisation occidentale. Le sommet de la Terre de Rio, à l'été 1992, fut un moment crucial dans l'émergence de la « peur verte », car il incarnait l'aboutissement de trois décennies de préoccupations environnementales croissantes à travers le monde[3]. Rassemblant cent huit chefs d'État ou de gouvernement, il plaça l'environnement au centre d'une action mondiale et, parmi d'autres initiatives importantes, lança la Convention-cadre des Nations unies sur les changements climatiques, laquelle fournit aujourd'hui encore l'architecture des négociations internationales sur le sujet. Le sommet de la Terre ne s'est pas borné pas à mettre en évidence l'ensemble des éléments scientifiques qui signalaient une dégradation de l'environnement, il a également marqué un net changement des valeurs.

---

3. Voir Peter Jacques, Riley E. Dunlap et Mark Freeman, « The Organisation of Denial : Conservative Think Tanks and Environmental Scepticism », Environmental Politics, 17 (3), juin 2008.

Le président George H. W. Bush était bien conscient des dangers politiques du sommet de Rio et donna pour instruction à la délégation américaine de limiter ou de bloquer la plupart des initiatives diplomatiques, y compris la Convention-cadre[4]. Bush et ses amis conservateurs avaient compris qu'après la guerre froide, un péril nouveau menaçait leur vision du monde. Le ministre allemand de l'Environnement nota à l'époque : « J'ai bien peur que les conservateurs américains ne soient en train de prendre "l'écologie" comme nouvel ennemi[5]. »

Dès le début, la lutte pour le respect de l'environnement fut considérée comme une menace pour la souveraineté nationale. Un haut fonctionnaire de l'administration Bush qui préparait le sommet de Rio exprima cette crainte en ces termes : « Les Américains n'ont pas mené et gagné les guerres du XXe siècle pour garantir la sécurité des légumes verts[6]. » Cette mise en perspective nationaliste des enjeux a eu un impact fort et durable aux États-Unis. Au cours de sa campagne présidentielle, le programme climatique de Barack Obama mit en avant l'amélioration de l'efficacité énergétique comme moyen de libérer les États-Unis de l'influence du « pétrole étranger ». Le climato-sceptique Frederick Seitz, défendant le développement de l'énergie nucléaire, déclara de façon plus brutale : « Nous avons davantage de contrôle

---

4. Voir Timothy W. Luke, « A Rough Road out of Rio : The Right-wing Reaction in the United States Against Global Environmentalism », Blacksburg (Va.), Virginia Polytechnic Institute and State University, 1998 ; Luke écrit : « Les divergences sur les accords internationaux, comme ceux du Sommet de Rio, expriment certains des désaccords les plus fondamentaux qui divisent la classe politique américaine depuis la fin de la guerre froide. »
5. Cité par Timothy W. Luke, ibid. Cette opinion a été reprise plus récemment par le président de la République tchèque, Vaclav Klaus, qui est un climato-sceptique : « La plus grande menace contre la liberté, la démocratie, l'économie de marché et la prospérité n'est plus le socialisme. Il a été remplacé par une idéologie ambitieuse, arrogante et dépourvue de scrupule : l'écologie ». Cité par Charles Krauthammer, dans « Carbon Chastity », New York Times, 30 mai 2008. Krauthammer ajoute son propre crû : « Après avoir ressassé les vieilles rengaines de l'histoire, la gauche intellectuelle s'est vu accorder le salut suprême : l'écologie. Dorénavant, les experts réguleront notre vie, non pas au nom du prolétariat ou du socialisme fabien mais encore mieux au nom de la Terre elle-même. »
6. Richard Darman, chef de l'Office of Management and Budget du président Bush, cité par Luke, dans « A Rough Road out of Rio », op. cit.

sur le coût de l'énergie nucléaire. Les musulmans peuvent augmenter le prix du pétrole à leur guise[7]. »

Parmi les 17 000 participants du sommet de Rio se trouvait une militante conservatrice influente, Dixie Lee Ray, spécialiste de biologie marine, titulaire d'un doctorat obtenu à l'Université de Stanford sur le système nerveux d'une variété de poisson-lanterne. En 1973, Ray avait été nommée à la tête de la Commission de l'énergie atomique par le président Nixon ; elle fut par la suite élue gouverneur de l'État de Washington. Co-auteur d'un livre critique du mouvement écologique paru en 1995, *Environmental Overkill* [*La surenchère écologique*], elle était étroitement liée aux dirigeants de deux *think tanks* de droite, la Heritage Foundation et le Competitive Enterprise Institute, tous deux actifs dans le déni climatique. À Rio, Ray s'inquiéta de ce que le sommet fût soutenu financièrement par des représentants des Nations unies qui, selon elle, étaient membres de l'International Socialist Party. Elle considérait que l'Agenda 21[8] du sommet était conçu pour « imposer un gouvernement mondial sous les auspices des Nations unies, ce qui amènerait pratiquement tous les gouvernements à renoncer à leur souveraineté, et forcerait les nations à en faire de même, sous la menace ou sous la contrainte, comme cela était dit très ouvertement, en agitant le spectre du changement climatique[9] ».

Ray exprimait l'une des peurs les plus profondes des conservateurs américains, mais si ces derniers s'inquiétaient pour la souveraineté nationale, ils ne craignaient pas moins la remise en cause, par les écologistes, de l'idée de progrès et de maîtrise de la nature. Pour eux, ces valeurs définissent la modernité même. Leur refrain sur « les écologistes qui veulent nous ramener à l'âge des cavernes » reflète certes leur incapacité à imaginer une troisième voie entre richesse et pauvreté, mais aussi leur absence de doute sur l'identification du progrès à la croissance sans entrave. Toute remise en question de la croissance ne pourrait donc signifier que la fin du progrès, de la civilisation et du mode de vie américain.

---

7. Interviewé par Frontline, *Public Broadcasting Service (États-Unis)*, 3 avril 2006.
8. *L'Agenda 21 est une série de recommandations aux États adoptées lors du sommet de Rio.*
9. Cité par Peter J. Jacques, Riley E. Dunlap et Mark Freeman, « The Organisation of Denial : Conservative Think Tanks and Environmental Scepticism », *Environmental Politics*, 17 (3), 2008.

Une contradiction était cependant apparue au sein des idées forces qui sous-tendent les valeurs conservatrices, puisque selon les études scientifiques elles-mêmes, la poursuite du progrès humain semblait contradictoire avec une croissance illimitée et avec la volonté de maîtriser la nature. Pour remédier à cette dissonance cognitive, le plus simple était de rejeter les données scientifiques à l'origine du malaise. Cela ne fut pas difficile pour les créationnistes qui n'acceptaient déjà la science qu'à la condition qu'elle fût cohérente avec des croyances plus profondes. Pour les conservateurs plus sophistiqués, ceux qui menaient le mouvement et privilégiaient la science par rapport à une lecture littérale de la Bible, la solution consista à ne pas rejeter la science en tant que telle, mais à revoir certaines pratiques scientifiques dont l'objectivité, affirmaient-ils, avait été faussée par des biais introduits par des scientifiques eux-mêmes, ceux qui avaient été contaminés par les idées progressistes développées dans les années 1960 et 1970.

Ces réactions aident à comprendre pourquoi une poignée de scientifiques ayant une authentique expertise en climatologie rompirent avec la majorité de leurs confrères et rejoignirent le mouvement antiécologiste dans les années 1980. Myanna Lahsen a étudié en détail les parcours et les opinions de trois physiciens de renom qui ont participé à la réaction conservatrice contre la climatologie[10]. Frederick Seitz, Robert Jastrow et William Nierenberg furent, dans les décennies d'après-guerre, des physiciens de premier plan, respectés par la société et soutenus par des gouvernements aux yeux desquels l'effort scientifique était source de puissance et de prestige pour la nation. Ils faisaient partie de l'*establishment* de la physique nucléaire lié aux efforts de défense, et leur influence atteignit son maximum dans les années 1970, au moment même où les mouvements écologistes et pacifistes commencèrent à contester les avantages de l'industrie nucléaire et le pouvoir excessif du complexe militaro-industriel.

Les bienfaits sociaux de la science et de la technologie cessaient alors d'être des évidences, et ces critiques trouvèrent une expression

---

10. Myanna Lahsen, «*Experience of Modernity in the Greenhouse : A Cultural Analysis of a Physicist "Trio" Supporting the Backlash Against Global Warming*», Global Environmental Change, *18, 2008, p. 204-219.*

politique dans l'exigence d'une évaluation indépendante de la science et de la technologie. Le pouvoir et l'élite scientifique descendirent de leur piédestal. Lahsen raconte que Seitz lui-même évoqua son découragement devant les attaques résultant de ce nouveau contexte politique contre la notion moderne de progrès par le développement technologique. Lahsen écrit que « généralement, [les discours de scientifiques de premier plan tels que Seitz] révèlent une philosophie moderniste préréflexive caractérisée par une solide confiance dans la science et dans la technologie pour trouver des solutions aux problèmes [...] [selon] une compréhension de la science et du progrès qui a été dominante au cours de la première moitié du xx⁰ siècle[11] ». Ne percevant pas la nature comme fragile, ces scientifiques croient que les hommes ont le droit de s'en rendre maîtres à l'aide de la technologie, et c'est au nom de ce droit suprême qu'ils s'arrogent celui de modeler l'opinion. Ils se sentent outragés par ceux qui remettent en cause cette vision de la science et du progrès, prenant cela comme une offense personnelle, comme la « violation d'un droit[12] ». Leur intolérance à l'égard de ceux qui n'ont pas de connaissance scientifique sur le sujet est peut-être pardonnable, mais comment répondent-ils à ceux qui ont ce savoir ? Lorsque l'on demanda à Seitz (qui a présidé l'Académie nationale des sciences aux États-Unis) pourquoi la majorité des climatologues rejetaient son scepticisme, il fit remarquer : « La plupart des scientifiques sont dans le camp démocrate [...] je pense que c'est aussi simple que ça[13]. »

Cette élite physicienne représentée par le célèbre trio partage une arrogance intellectuelle qui la conduit à croire, comme cela a été finement observé, que les problèmes environnementaux globaux sont « des bagatelles qui peuvent être résolues par un bon physicien un vendredi

---

11. Ibid., p. 211.
12. Ibid., p. 214.
13. Interviewé par Frontline, Public Broadcasting Service *(États-Unis), 3 avril 2006. La première partie de l'affirmation de Seitz est vraie. Des statistiques portant sur les membres de l'*American Association for the Advancement of Science *ont montré que 55 % des scientifiques étaient démocrates et seulement 6 % républicains, les autres étant indépendants (Pew Research Center for the People & the Press, «* Public Praises Science ; Scientists Fault Public, Media : Scientific Achievements Less Prominent Than a Decade Ago *», 9 juillet 2009).*

après-midi autour d'un verre de bière[14]. » Leur excellence scientifique, combinée à une rigueur donnée en exemple, leur donne un sentiment de supériorité intellectuelle et les autorise à l'anti-conformisme. Une telle suffisance fonde sûrement l'intervention de Freeman Dyson dans le débat sur le réchauffement climatique en 2009, via un article du *New York Times*. Dyson, physicien très admiré qui s'est fait un nom dans les années 1960, admet volontiers qu'il ne connaît pratiquement rien à la climatologie. Mais cela ne l'empêche pas, dans cet article, de qualifier d'exagération grossière les théories scientifiques sur le réchauffement climatique[15]. L'humanité doit, selon lui, assujettir la nature à ses intérêts propres. Le fait que les opinions de Dyson puissent avoir un quelconque crédit illustre bien le culte moderne de la grosse tête, notre admiration pour l'intelligence pure, même lorsqu'elle est déconnectée du savoir[16].

Le rejet par les conservateurs de ce qu'ils percevaient comme une attaque contre leur position privilégiée et contre l'idée d'une modernité construite sur la science[17] n'est que l'une des manifestations d'une réaction plus large contre les transformations sociales et culturelles introduites par les années 1960. Au sujet de nos trois physiciens climato-sceptiques, Lhasen écrit : « Leur engagement dans la politique climatique des États-Unis s'inscrit dans une lutte plus générale qu'ils mènent pour préserver une compréhension personnelle de la réalité scientifique et environnementale, très marquée par une vision propre de la culture et de l'histoire et par l'ordre normatif spécifique qui lui est associé[18]. »

En 1984, Seitz, Jastrow et Nierenberg fondent un club de réflexion, l'Institut Marshall, basé à Washington, avec pour objectif initial le

---

14. Myanna Lahsen, « *Experience of Modernity in the Greenhouse* », op. cit., p. 212.
15. Nicholas Dawidoff, « *The Civil Heretic* », New York Times Magazine, 29 mars 2009.
16. Simon Baron-Cohen et al., « *Autism Occurs more often in Families of Physicists, Engineers, and Mathematicians* », Autism, 2, 1998, p. 296-301.
17. Seitz parle du « *fondement scientifique de notre civilisation* » (Myanna Lahsen, « *Experience of Modernity in the Greenhouse* », op. cit., p. 214). La civilisation n'est pas fondée sur des droits politiques, ni sur un engagement au bien-être social, sans parler des arts, mais sur le progrès scientifique dont lui-même et ses confrères sont les gardiens.
18. Myanna Lahsen, « *Experience of Modernity in the Greenhouse* », op. cit., p. 216.

soutien à l'Initiative de défense stratégique (IDS) du président Reagan. Connue sous le nom de « guerre des étoiles », elle était considérée par la plupart des experts comme irréalisable et source d'un énorme gaspillage[19]. Dans les années 1990, tout en poursuivant le soutien aux missiles de défense, l'Institut Marshall réorienta son activité principale contre la recherche scientifique sur le changement climatique. Nul ne s'étonnera de constater qu'ExxonMobil finança l'opération[20]. Bien que le but proclamé fût alors de s'opposer à la politisation de la science « en fournissant aux décideurs politiques des analyses techniques rigoureuses, clairement formulées et non biaisées[21] », chaque article que publie l'Institut sur la science climatique ou auquel il se réfère sur son site internet a pour but de ridiculiser la science.

La façon dont les clubs de réflexion conservateurs ont répercuté les thèses des scientifiques sympathisants a été bien analysée[22]. La poignée de scientifiques climato-sceptiques ont trouvé un contexte politique favorable sous la présidence de George W. Bush (2000-2008) et avec la majorité républicaine au Congrès. La « guerre républicaine contre la science », dans laquelle des clubs comme l'Institut Marshall ont joué un rôle de premier plan, est également bien documentée[23]. Leur efficacité se mesure à ce que, lors des auditions du Congrès sur le changement climatique, les apparitions des représentants des clubs de réflexion conservateurs, qui ne constituent pourtant qu'une petite minorité, furent pratiquement aussi nombreuses que celles des scientifiques défendant le point de vue majoritaire[24].

19. Ibid., p. 210.
20. Mark Hertsgaard, « While Washington Slept », Vanity Fair, mai 2006. Questionné sur le financement de l'Institut Marshall par les compagnies de pétrole, y compris Exxon, Seitz répondit : « Il n'y a rien de mal avec l'argent du pétrole », après avoir précisé que tous les financements étaient sans condition : « Lorsque l'argent change de mains, c'est le nouveau propriétaire qui décide de son utilisation, pas l'ancien » (Frontline, Public Broadcasting Service (États-Unis), 3 avril 2006). D'autres négateurs de premier plan, comme Fred Singer et Sallie Balliunas, gravitent également autour du Marshall Institute.
21. http://www.marshall.org/category.php?id=6
22. Aaron McCright et Riley Dunlap, « Defeating Kyoto : The Conservative Movement's Impact on US Climate Change Policy », Social Problems, 50 (3), 2003.
23. Chris Mooney, The Republican War on Science, New York (N. Y.), Basic Books, 2005.
24. Aaron McCright et Riley Dunlap, « Defeating Kyoto », art. cité.

Le scepticisme climatique s'est développé directement à partir de la réaction conservatrice contre l'écologie. Son premier objectif a été d'éroder la confiance à l'égard de la science sur laquelle se fondaient les inquiétudes environnementales, en affirmant que les scientifiques s'étaient politisés et utilisaient leurs recherches, ou permettaient qu'elles le fussent, pour promouvoir un programme politique hostile aux entreprises. On fait parfois un rapprochement entre ceux qui résistent à la marée de preuves concernant les dangers du changement climatique et ceux qui, pendant des décennies, ont contesté le lien entre le tabagisme et le cancer du poumon. Il se trouve que climato-sceptiques et tabaco-sceptiques partagent bien plus qu'une simple ressemblance. Pour répondre au rapport de l'Agence américaine de protection de l'environnement, publié en 1992, qui faisait un lien entre le cancer et le tabagisme passif, la compagnie de tabac Philip Morris chargea une agence de communication, APCO, de mettre au point une contre-offensive[25]. Constatant que les arguments de l'industrie du tabac manquaient de crédibilité, APCO proposa une stratégie d'« *astroturfing* », c'est-à-dire la création et le financement de groupes en apparence indépendants pour accréditer l'idée d'un mouvement populaire qui serait opposé à la « sur-réglementation » et défendrait les libertés individuelles. Au premier plan de ces « groupes de paille » se trouvait The Advancement of Sound Science Coalition (TASSC) (Coalition pour la promotion de la bonne science). Selon des documents secrets révélés lors d'un procès, et rapportés par George Monbiot, elle se voulait « une coalition nationale se fixant comme objectif d'informer les médias, les élus et l'opinion publique sur les dangers de la "pseudo-science"... Dès la formation de la coalition, les principaux dirigeants devaient intervenir auprès des médias, par exemple en faisant la tournée des comités de rédaction, en proposant des articles d'opinion, et en informant les élus de certains États bien choisis[26]. »

La stratégie consistait à faire le lien entre les préoccupations concernant le tabagisme passif et tout un ensemble d'autres craintes

---

25. George Monbiot, Heat : How to Stop the Planet Burning, *Londres, Allen Lane, 2006, p. 31 et suivantes. Voir aussi Clive Hamilton,* Scorcher : The Dirty Politics of Climate Change, *Melbourne, Black Inc., 2007.*
26. George Monbiot, Heat, op. cit., p. 32.

très courantes – réchauffement climatique, gestion des déchets nucléaires, biotechnologies – de façon à suggérer que tout cela faisait partie d'une panique sociale organisée mais sans fondement, et que par conséquent les appels au gouvernement pour qu'il intervienne dans la vie privée des gens ne pouvaient se justifier. Il fallait jeter le doute sur la science, relier la peur du tabagisme à d'autres « peurs infondées », et opposer la « pseudo-science » de leurs contradicteurs à leur « bonne science ». Un dirigeant de l'industrie du tabac écrivit dans une note de service : « Notre produit, c'est le doute, car c'est le meilleur moyen de remettre en question "les preuves" ancrées dans l'esprit du grand public. Et aussi parce que du doute naît la controverse[27]. »

Durant les années 1990, le combat d'arrière-garde contre les restrictions au tabagisme s'épuisant, TASSC se mit à recevoir des fonds d'ExxonMobil (parmi d'autres compagnies pétrolières), et son site internet sur la « pseudoscience » commença à publier des documents attaquant les études scientifiques sur le changement climatique. Monbiot indique que ce site « a été le principal réservoir de presque toutes les formes de déni du changement climatique publiées par la suite dans la presse grand public ». Créée par Philip Morris, TASSC « fut la première organisation financée par l'industrie à nier le réchauffement climatique, et la plus importante aussi. C'est elle qui a fait le plus de mal à la lutte contre le réchauffement[28] ».

La tactique, les individus et les organisations mobilisés pour servir les intérêts du lobby du tabac dans les années 1980 ont ainsi été transférés à l'identique pour servir les intérêts du lobby des combustibles fossiles dans les années 1990. Frederick Seitz avait été, dans les années 1980, le principal conseiller scientifique du fabricant de cigarettes R. J. Reynolds, et c'est à ce titre qu'il avait remis en cause le lien entre tabagisme et cancer du poumon[29]. La tâche assignée aux climatosceptiques des clubs de réflexion et aux spécialistes de la communication engagés par les entreprises de combustibles fossiles fut « d'endormir les consciences », de « déproblématiser » le réchauffement climatique en

---

27. Ibid., p. 32.
28. Ibid., p. 129.
29. Mark Hertsgaard, « While Washington Slept ». Interrogé sur l'éthique de sa position, Seitz répondit : « Je n'ai pas de position arrêtée sur ces enjeux moraux [...] Je les laisse aux philosophes et aux prêtres. »

le présentant comme une forme de manipulation politique de la peur[30]. Le résultat, c'est que le déni climatique et le conservatisme politique se trouvent, du moins aux États-Unis, étroitement mêlés. Même si certaines Églises évangélistes encouragent aujourd'hui les actions visant à éviter le réchauffement, les présentant comme une bonne gestion de la Terre donnée par Dieu, le climato-scepticisme fait partie intégrante de la vision du monde de certains fondamentalistes chrétiens. On retrouve ce brouet paranoïaque dans la bouche de personnalités comme l'élue républicaine au Congrès Michele Bachmann, qui attaqua la présidente de la Chambre des représentants, Nancy Pelosi, pour son « fanatisme sur le réchauffement climatique [...] Elle dit qu'elle veut juste sauver la planète. Nous savons tous que quelqu'un s'en est chargé il y a 2000 ans[31] ». Et en mars 2009, Bachmann appela ses électeurs du Minnesota à prendre les armes contre la politique énergétique de l'administration Obama[32].

Les valeurs déterminent les croyances

De nombreux écologistes sont convaincus que le monde des affaires est responsable des pires formes de dégâts sur l'environnement, que le marché, livré à lui-même, est incapable de résoudre les problèmes, et qu'une intervention gouvernementale est essentielle. S'agissant du réchauffement climatique, ils croient aussi que seule une coopération internationale, imposant notamment des obligations légales aux principaux pollueurs, peut résoudre le problème. Ils sont, en cela, assez proches de l'opinion de la plupart des citoyens des pays développés, y compris les citoyens américains[33]. D'autres vont plus loin et prétendent que c'est le système lui-même qui est fautif, imputant la dégradation écologique au pouvoir illimité des grands groupes, à l'obsession

---

30. Aaron McCright et Riley Dunlap, « Defeating Kyoto », art. cité.
31. http://www.onenewsnow.com/Politics/Default.aspx?id=210502
32. Kate Galbraith, « Michele Bachmann Seeks "Armed and Dangerous" Opposition to Cap-and-Trade », New York Times, 26 mars 2009.
33. Lors d'une enquête couvrant 30 pays, les trois quarts des personnes interrogées se prononcèrent en faveur d'un accord international légalement contraignant. Parmi les 92 % d'Américains qui ont entendu parler du réchauffement climatique, 88 % sont en faveur du protocole de Kyoto. Anthony Leiserowitz, Public Perception, Opinion and Understanding of

structurelle de la croissance, au déterminisme technologique et à l'attrait d'une vie de consommateur.

C'est donc à juste titre que les néoconservateurs ont vu dans l'écologie et dans son emprise sur l'imagination du public une menace pour leur vision du monde et leurs aspirations politiques. Peter Jacques et ses co-auteurs expliquent que cette remise en cause des valeurs conservatrices a suscité aux États-Unis « une réaction anti-écologiste durable », qui a pris rapidement « la forme institutionnelle d'un réseau de clubs de réflexion conservateurs influents, financés par de riches fondations conservatrices et par des entreprises[34]. » Associer les tenants du réchauffement climatique à une vision du monde hostile aux valeurs conservatrices s'est avéré très efficace, du moins aux États-Unis, car cela a servi à polariser le débat et à briser le large consensus de l'opinion publique sur la science climatique. Fin 1997, l'administration Clinton a fait campagne pour obtenir un soutien du public en vue d'un accord à la conférence de Kyoto qui approchait, mais le problème du réchauffement climatique a enclenché un regrettable processus de polarisation politique, qui a conduit militants républicains et simples citoyens conservateurs à adopter – ou à renforcer s'ils l'avaient déjà acquis – un point de vue hostile à l'idée que le changement climatique soit d'origine anthropique[35].

En 1997, il y avait peu de différence d'opinions entre électeurs républicains et démocrates concernant le réchauffement global. Mais en 2008 un large fossé s'était creusé. En 1997, 52 % des démocrates pensaient par exemple que les effets du réchauffement avaient déjà commencé à se faire sentir, et 48 % des républicains étaient d'accord. En 2008, du fait de l'accumulation de données scientifiques plus précises, la proportion de démocrates partageant ce point de vue était passée à 76 %, tandis que celle des républicains avait chuté à

Climate Change. Current Patterns, Trends and Limitations, *Occasional Paper for the Human Development Report Office*, United Nations Development Program, 2007.
34. Peter J. Jacques et al., « The Organisation of Denial », art. cité, p. 352.
35. Jon A. Krosnick, Allyson L. Holbrook et Penny S. Visser, « The Impact of the Fall 1997 Debate about Global Warming on American Public Opinion », Public Understanding of Science, vol. 9, 2000, p. 239-260.

42 %[36]. L'écart était désormais de 34 % et non plus de 4 %. En 2008, 59 % des républicains croyaient que la gravité du réchauffement global était en général exagérée par les media, alors que ce pourcentage n'était que de 37 % en 1997. En 2008, 17 % seulement des démocrates partageaient cet avis, contre 27 % en 1997.

À une époque de fort clivage idéologique, le déni du réchauffement global est donc devenu, pour certains Américains, une façon de marquer et d'accentuer une identité culturelle, au même titre quer les idées sur le patriotisme, le bien-être et les goûts musicaux. Une récente étude, « Six Amériques », de Edward Maibach, Connie Roser-Renouf et Anthony Leiserowitz s'est appuyée sur des données statistiques pour répartir les Américains en six groupes caractérisés par leur opinion concernant le réchauffement climatique : les Inquiets (18 % de la population), les Préoccupés (33 %), les Prudents (19 %), les Sans avis (12 %), les Sceptiques (11 %) et les Indifférents (7 %)[37].

Ces groupes, pratiquement impossibles à identifier selon des critères démographiques, se distinguent fortement les uns des autres par leurs valeurs et leurs croyances politiques et religieuses. En résumé, « ceux qui ont été classés dans les groupes plus préoccupés par le réchauffement climatique sont de tendance politique plus progressiste et portent de fortes valeurs égalitaristes et écologistes. Les groupes moins préoccupés sont politiquement plus conservateurs, affirment des valeurs anti-égalitaires et très individualistes et ont une probabilité plus grande d'appartenir à des Églises évangélistes et de montrer de fortes croyances religieuses traditionnelles[38] ».

Parmi les Inquiets – définis comme les plus convaincus que le réchauffement climatique est une menace réelle et sérieuse et qui s'en préoccupent régulièrement ou souvent –, 48 % se considèrent eux-mêmes comme progressistes et seulement 14 % comme conservateurs, le reste (soit 38 %) se considéraient comme « modérés ». À l'autre bout

---

36. Riley Dunlap et Aaron McCright, « A Widening Gap : Republican and Democrat Views on Climate Change », Environment Magazine, 50 (5), septembre/octobre 2008.
37. Edward Maibach, Connie Roser-Renouf et Anthony Leiserowitz, Global Warming's "Six Americas" 2009 : An Audience Segmentation, Yale Project on Climate Change and George Mason University Center for Climate Change Communication, 2009.
38. Ibid., p. 24.

du spectre, chez les Indifférents – ceux qui refusent la réalité du réchauffement, qui se considèrent bien informés mais absolument pas préoccupés – 76 % se disent conservateurs et seulement 3 % progressistes. Le graphique ci-dessous compare les opinions des différents groupes (les modérés étant exclus)[39]. La façon dont les préoccupations climatiques décroissent en même temps que les convictions politiques se décalent vers la droite est frappante.

Proportion de progressistes et de conservateurs de chaque groupe d'opinion concernant le réchauffement climatique (%)

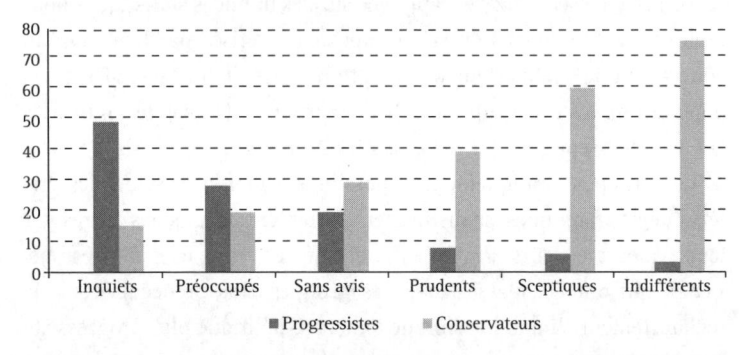

Source : tableau 20 de *Global Warming Six Americas'2009* de Edward Mailbach, Connie Roser-Renouf et Anthony Leiserowitz.

La forte corrélation entre l'idéologie politique et le degré de préoccupation concernant le réchauffement climatique se reflète dans les prises de position sur des sujets qui, aux États-Unis, divisent régulièrement la gauche et la droite. Dans le groupe des Inquiets, on croit plus volontiers que le monde serait plus pacifique si la richesse était mieux partagée entre les nations (62 % contre 12 % dans le groupe des Indifférents) ; on a tendance à davantage soutenir le gouvernement

---

39. *Les données sont extraites de Edward Maibach et al.,* Global Warming's "Six Americas" 2009, *op. cit., tableau 20, p. 113. J'ai inversé l'ordre des Sans avis et des Indifférents donné par Maibach et al. Parmi ces deux groupes, seulement 49 % pensent que la plupart des scientifiques croient que le réchauffement climatique est réel (tableau 1). Les Sans avis sont un peu plus nombreux que les Indifférents à croire que le réchauffement a lieu (tableau 1), mais ils sont moins favorables à des politiques et à des actions individuelles pour réduire ce réchauffement (tableau 2).*

dans ses efforts pour lutter contre la pauvreté (85 % contre 30 %) ; quant aux interventions de l'État sur le monde des affaires pour imposer des règles, on est moins enclin à croire qu'elles font, en moyenne, plus de mal que de bien (31 % contre 87 %)[40]. Comme on peut s'y attendre, les Inquiets ont beaucoup plus tendance à préférer la protection de l'environnement à la croissance économique, même si cela doit coûter des emplois (89 % sont de cette opinion), alors que les Indifférents sont en faveur de la croissance économique même si elle crée des problèmes environnementaux (90 %)[41]. Les opinions de chacun des autres groupes s'alignent pratiquement selon une diagonale entre ces deux extrêmes.

Les Inquiets ont davantage tendance à suivre les nouvelles sur les chaînes grand public (63 %) tandis que les Indifférents les suivent plutôt sur Fox News (62 %) et écoutent le programme radiophonique de Rush Limbaugh (47 %)[42] (la multiplicité des sources d'information est considérée en général comme un gage de démocratie, mais la domination des principales chaînes de télévision et des grands journaux s'est effritée au profit des chaînes câblées, des débats radiophoniques et d'internet, permettant au public d'accéder plus facilement à des sources d'information qui confortent leurs propres préjugés et d'ignorer les informations plus dérangeantes).

Les données de l'étude sur les « Six Amériques » confirment l'impression que les opinions de nombreux Américains concernant le réchauffement climatique dépendent de leurs choix politiques antérieurs, bien que cela soit plus vrai à droite qu'à gauche. Sur la plupart des sujets qui divisent la droite et la gauche – comme le rôle que doit jouer le gouvernement, la place de l'aide sociale, la souveraineté nationale, les droits par rapport aux devoirs – il existe de réelles différences de valeurs qui servent à chaque camp à justifier ses choix, même si une sélection des « faits » est souvent opérée pour appuyer les positions. Dans le cas du réchauffement climatique, les faits concernant son existence, sa gravité et la probabilité de ses conséquences ne

---

40. *Edward Maibach et al., Global Warming's "Six Americas" 2009*, op. cit., tableau 21, p. 114-115.
41. *Ibid., figure 32*, p. 37.
42. *Ibid., tableau 28*, p. 128. Rush Limbaugh est un commentateur politique ultra-conservateur.

relèvent pas de valeurs morales mais de preuves scientifiques. Les faits sont filtrés par le prisme opaque de l'idéologie.

La forte corrélation entre l'idéologie politique et les opinions sur le réchauffement climatique est un phénomène spécifique aux États-Unis, même s'il se répand en Australie où l'on cultive aussi un fort scepticisme dans des cercles de réflexion liés à leurs homologues américains[43]. En Europe, la corrélation entre le conservatisme et le scepticisme climatique est beaucoup moins nette. Au Royaume-Uni, avant d'arriver au pouvoir, le Parti conservateur de David Cameron a reproché fortement au gouvernement travailliste de ne pas aller assez loin, et environ 58 % des électeurs conservateurs se déclarent favorables à une « attitude ferme et courageuse sur le problème de l'environnement[44]. » En Allemagne, Angela Merkel adopte une position au moins aussi ferme que celle de son prédécesseur social-démocrate. La situation est similaire en France, mais pas en Italie où la politique, à l'époque où Berlusconi était premier ministre, a été nettement plus à droite que celle de la droite française ou allemande et s'est colorée de climato-scepticisme. Au Canada, le gouvernement conservateur de la Colombie Britannique a introduit en 2008 une petite taxe carbone, aussitôt dénoncée par le New Democratic Party, plutôt à gauche, qui a entrepris une campagne « *Axe the Tax* » (« supprimer la taxe ») visant à « protéger le consommateur[45] ».

La coloration politique du débat sur le réchauffement climatique aux États-Unis permet de comprendre pourquoi le niveau de préoccupation y est plus faible, bien que le niveau d'information sur les enjeux soit élevé (il faut cependant noter qu'une enquête de 2003 a indiqué que 47 % des Américains croyaient de façon erronée que le réchauffement climatique était provoqué par la déplétion de la couche d'ozone[46]). L'étude « Six Amériques » a montré que 54 % des Américains croyaient

---

43. *Clive Hamilton*, Scorcher, op. cit., chapitre 10.
44. *Anonyme*, « Telegraph YouGov Poll : Labour Leads Conservatives », Telegraph, 12 avril 2008. Ne sont pas d'accord : 23 %.
45. *Jonathan Fowlie*, « Majority opposes B. C. Carbon Tax », Vancouver Sun, 17 juin 2008.
46. *Anthony Leiserowitz*, Public Perception, Opinion and Understanding of Climate Change, op. cit.

que le monde a été créé en six jours « ainsi que l'affirme la Bible[47] », un signe que le choix d'ignorer les preuves scientifiques lorsqu'elles contredisent des croyances plus profondes est largement répandu. Interrogés en 2006 sur le degré de gravité qu'ils attribuaient au réchauffement climatique, un peu moins de 50 % des Américains le considéraient comme « très sérieux[48] ». En Europe de l'Ouest, une tradition laïque plus répandue explique partiellement la moindre résistance aux preuves scientifiques, et 65 % des citoyens considèrent que le réchauffement est un problème « très sérieux[49] ». Plutôt que de mesurer un niveau de préoccupation des citoyens face au réchauffement climatique, il est préférable de chercher à évaluer ce qui les inquiète, car l'inquiétude révèle un état émotionnel actif[50]. Lorsque les habitants de quinze nations furent interrogés en 2006 sur leurs inquiétudes personnelles concernant le réchauffement climatique, les Américains se classèrent derniers, 18 % seulement se déclarant « très inquiets » (et 35 % plutôt inquiets)[51]. Les Japonais étaient les plus anxieux, les deux-tiers d'entre eux s'inquiétant beaucoup. Chez les Européens, cela allait de la grande inquiétude des Français et des Espagnols (environ la moitié des personnes) jusqu'au flegme des Britanniques (25 %), ce qui peut-être ne reflète pas tant les différences d'appréciation des faits que des différences de névrose nationale (les Français étant parmi les plus névrosés et les Britanniques les moins névrosés)[52].

Le scepticisme de gauche

Ceux qui se situent à la droite de l'éventail idéologique n'ont pas été les seuls à voir dans l'écologie une menace politique. À partir des années 1970, certains groupes minoritaires d'extrême gauche ont

---

47. Edward Maibach et al., Global Warming's "Six Americas" 2009, op. cit., tableau 21, p. 116.
48. Anthony Leiserowitz, Public Perception, Opinion and Understanding of Climate Change, op. cit.
49. *Les niveaux de préoccupation ont augmenté aux États-Unis jusqu'à 50 % en 2006, mais aussi dans les autres pays.*
50. Anthony Leiserowitz, Public Perception, Opinion and Understanding of Climate Change, op. cit., p. 9.
51. Ibid.
52. David Lester, « National Differences in Neuroticism and Extraversion », Journal of Personality and Individual Differences, 28 (1), janvier 2000.

tourné en dérision la montée de l'écologie, la taxant d'engouement de la classe moyenne qui déporte l'attention des véritables causes de la pauvreté et de l'exploitation. Même au sein des organisations traditionnelles luttant pour la protection sociale et au sein des partis de centre-gauche, le mouvement écologiste était souvent peu apprécié : plus chic que les luttes pour les sans-abri et que les conflits salariaux, il faisait de l'ombre aux préoccupations progressistes habituelles. Au Royaume-Uni, les ennemis de l'écologie comptaient dans leurs rangs un groupe trotskyste dissident, le Parti communiste révolutionnaire, PCR. Dans les années 1990, le PCR éditait un journal d'opposition intitulé *Living Marxism* (plus tard *LM magazine*) qui publiait fréquemment des attaques féroces contre l'écologie, la décrivant comme un petit plaisir que se faisait la classe moyenne et comme un écran de fumée néocolonial. Opposé au combat pour l'environnement que Dixie Lee Ray attribuait à un mythique « International Socialist Party », le journal marxiste publiait des articles avec des titres tels que « Le Vert et le Rouge ne se marient pas », « Les animaux n'ont pas de droits » et « L'impérialisme environnemental ». Le descendant de *LM magazine* existe dans le cyberespace sous la forme d'un site en ligne, *Spiked*, mélange d'ultra-libertarisme et d'opinion « de gauche », dont l'essentiel consiste à attaquer ce que l'éditeur appelle « l'élitisme détestable et l'obsession des écologistes concernant la fin du monde[53] » (pour les aficionados de la gauche, *Spiked* révèle ses origines trotskystes en affirmant dans sa présentation « humoristique » qu'il serait adopté par Marx mais détesté par Staline).

Derrière le PCR, on trouve l'universitaire britannique Frank Furedi qui lui donna l'impulsion intellectuelle (il écrivait auparavant sous le pseudonyme de Frank Richards). Il est aujourd'hui professeur de sociologie à l'Université du Kent et contribue souvent à *Spiked*. Furedi a écrit plusieurs ouvrages qui explorent et dénoncent l'exagération du

---

53. Brendan O'Neill, « Stupid, Feckless, Greedy : That's You, That Is », Spiked, 16 mars 2009. Dans un autre article, le rédacteur en chef O'Neill qualifie l'écologie de « projet très élitiste, aimé des politiciens, des prêtres et des prudes qui rêvent de contrôler le comportement des gens et de modérer nos modes de vie excessifs » (Spiked, 4 mars 2009). Le PCR diverge de la plupart des groupes trotskystes qui acceptent la science et font campagne contre le réchauffement climatique.

risque et du danger, dans les sociétés occidentales suggérant que les Occidentaux sont devenus trop sensibles à des risques faibles et qu'ils sont prêts à réagir exagérément à des menaces comme le réchauffement climatique, qu'il décrit comme une « croisade morale » contre l'humanité. Reprenant Dixie Lee Ray, Furedi s'accroche au premier principe du modernisme, selon lequel le devoir de l'homme est de contrôler la Terre : « Au lieu de nous incliner devant la divine autorité de la planète, nous devrions soutenir le vieux projet de l'homme de modeler la planète[54]. » En cela, il renonce au second principe du modernisme, une confiance absolue en la science[55].

Il est utile de rappeler ce contexte car des militants proches du Parti communiste révolutionnaire ont été à l'origine du documentaire réalisé en 2007, *The Great Global Warming Swindle* [*La Grande Arnaque du réchauffement climatique*]. Le titre provisoire était *Apocalypse My Arse* [*Apocalypse mon cul*], et le film qualifie l'idée d'un changement climatique dû à l'homme comme « un mensonge [...], le plus grand canular des temps modernes[56] ». Il est l'œuvre de Martin Durkin, dont les liens avec les dirigeants du PCR sont anciens. Immédiatement après sa sortie, Brendan O'Neill, rédacteur en chef de *Spiked*, défendit vigoureusement Durkin et l'« *Arnaque* », approuvant les positions anti-écologistes du film, le tout sous couvert d'en appeler au droit à la différence[57]. Quelques années plus tôt, Durkin avait réalisé un documentaire tout aussi incendiaire intitulé *Contre la nature* dans lequel, selon la bande-annonce, il caractérisait « l'idéologie écologiste comme antiscientifique, irrationnelle et

---

54. Frank Furedi, « Climate Change and the Return of Original Sin », Spiked, 25 février 2009.
55. À propos de Spiked, certains confrères de Furedi ont taxé la climatologie de « nouveau scientisme », c'est-à-dire de la science pervertie par des visées politiques, rendue irréfutable, placée sur un piédestal, puis utilisée pour empêcher tout débat (James Woudhuysen et Joe Kaplinsky, « A Man-made Morality Tale », Spiked, 5 février 2007).
56. Anonyme, « Global Warming Labeled a "Scam" », Washington Times, 6 mars 2007. Le directeur de la publication, Martin Durkin, a caractérisé le réchauffement mondial comme « une industrie planétaire qui manipule des milliards de dollars, créée par des écologistes fanatiquement opposés à l'industrie, soutenue par des scientifiques qui racontent des histoires à faire peur pour récolter des financements, et appuyée par des politiciens complaisants et par les médias ».
57. Brendan O'Neill, « Apocalypse my Arse », Spiked, 9 mars 2007.

antihumaniste[58] ». Sa diffusion à la télévision britannique avait déclenché un scandale, en particulier parce qu'il accusait l'écologie moderne de plonger ses racines dans l'Allemagne nazie (Hitler était végétarien – vous voyez ce que je veux dire ?) et dénonçait les écologistes comme responsables d'énormes souffrances dans le Tiers Monde. Il associait des images d'enfants du Tiers Monde mourant d'horribles maladies à des commentaires sur la façon dont les écologistes s'opposaient à la construction de barrages qui pourraient fournir de l'eau potable et de l'électricité, et en les présentant comme des fanatiques impitoyables.

L'« *Arnaque* » eut beau être critiqué par les instances de régulation des médias à cause de la perfidie du propos, et attaqué par des institutions comme la Royal Society à cause de ses déformations grossières des données scientifiques, le film fut cependant salué par les groupes de sceptiques tout autour du globe – après tout, comme l'avait fait *Contre la nature*, il donnait la parole à quelques-uns des climato-sceptiques les plus célèbres[59]. Ce n'était pas la première fois que les représentants des « travailleurs » et les représentants des « capitalistes » s'unissaient pour défendre leur vision commune du monde, en passant régulièrement des alliances entre syndicats et organisations patronales, par exemple, dans le but de s'opposer aux politiques de réduction des gaz à effet de serre, ou du moins de les entraver. L'accord entre éléments de l'extrême gauche et de l'extrême droite est fondé sur la priorité qu'ils donnent les uns et les autres à la consommation pour améliorer le bien-être humain, sur la défense de la mainmise de l'homme sur la nature, et sur un engagement anti-autoritaire en faveur des droits individuels. Les conservateurs voient dans la lutte pour le respect de l'environnement une menace contre le capitalisme et le mode de vie américain, et l'extrême gauche perçoit l'écologie comme une menace contre leur objectif de renverser le capitalisme, car elle détourne les énergies de l'enjeu principal. S'exprimant au nom de la

---

58. Les liens entre Furedi, Durkin, Against Nature et le RCP furent établis pour la première fois par George Monbiot dans « The Revolution Has Been Televised », Guardian, 18 décembre 1997.

59. L'organisation d'extrême droite « conspirationniste » fondée par Lyndon LaRouche a fait activement la promotion du Swindle dans les campus universitaires.

Les nombreuses formes du déni

classe ouvrière oubliée, le directeur de *Spiked*, Brendan O'Neill, décrivit l'élite écologiste comme « déconcertée et incapable de comprendre *notre* comportement quotidien, *notre* désir d'avoir une famille, *notre* résistance au harcèlement, *notre* rêve d'être en meilleure santé, de voyager davantage, *nos* espoirs de vivre pleinement notre vie[60] ». L'« *Arnaque* » fait remonter l'origine des études scientifiques sur le réchauffement climatique aux attaques de Margaret Thatcher contre la classe ouvrière, et plus précisément à sa volonté de détruire les syndicats des mineurs britanniques en promouvant l'énergie nucléaire à la place du charbon. Comme elle avait besoin d'un argumentaire pour déprécier le charbon, elle décida d'investir des fonds publics dans la science du climat, et les scientifiques obéissants trouvèrent les preuves demandées.

Comme si les recompositions politiques provoquées par le réchauffement climatique n'étaient pas déjà suffisamment bizarres, la réaction conservatrice s'est, de plus, ralliée implicitement à la remise en cause postmoderne de l'idée de vérité, remise en cause développée principalement par des intellectuels français poststructuralistes[61]. Pendant des années, les néoconservateurs ont fulminé contre l'influence du postmodernisme sur les campus universitaires et dans les écoles supérieures, et contre sa mise en avant pernicieuse du « relativisme moral ». Pendant des décennies de critique gauchiste des canons occidentaux, ils se sont pris pour les défenseurs de la vérité objective. Et voilà que dans le cas du changement climatique, la réaction conservatrice s'est prise à soutenir activement ceux qui contestaient les faits scientifiquement établis. Des commentateurs sceptiques, comme Charles Krauthammer aux États-Unis, Mélanie Phillips au Royaume-Uni[62], Mark Steyn au Canada et Michael Duffy en Australie, ne se contentent pas de nier les faits scientifiques, ils s'efforcent en

---

60. Brendan O'Neill, « *Stupid, Feckless, Greedy* », art. cité *(souligné par moi).*
61. *Pour éviter l'accusation d'auto-plagiat, je précise que ce paragraphe est semblable à un paragraphe de mon livre* Scorcher.
62. *Phillips, ardente climato-sceptique, est aussi partisane de valeurs morales absolues contre* « *l'amoralité dominante et le nihilisme mis en avant par la gauche héritière de Gramsci* ». *Elle rappelle à ses lecteurs* « *qu'[elle] s'est battue durant les deux dernières décennies contre notre société*

permanence de « déconstruire » les motivations des chercheurs[63]. Ils sont constamment à l'affût de la plus petite faille ou du moindre semblant de parti pris que pourraient dissimuler les faits scientifiques concernant le réchauffement climatique, car, pour réfuter la masse de preuves accumulées, il suffit de dénigrer les mobiles de ceux qui les établissent. La vérité scientifique est à leurs yeux malléable, contingente et contestable. À l'image des créationnistes qui, pour triompher, croient devoir démolir la théorie de l'évolution, ils encouragent une forme de fondamentalisme antiscientifique qui a encore moins de considération pour la méthode scientifique que le constructiviste le plus engagé de n'importe quel campus universitaire. Le modernisme se trouve aujourd'hui assiégé à la fois par la bande déclinante des postmodernistes universitaires et par les néoconservateurs en pleine renaissance. Les deux groupes ont en commun de rejeter les prétentions de la science à la vérité objective. Pour les premiers, la vérité présentée comme telle par le modernisme a été socialement construite et la vérité présentée comme objective est toujours contestable ; les seconds n'ont jamais accepté que les faits l'emportent sur les convictions. Pour les sceptiques et leurs mécènes, la fidélité à ses convictions est première, et tout élément de preuve qui veut la remettre en cause est une menace pour leur vision du monde, et doit donc être détruite.

C'est pour cette raison que les climato-sceptiques ne sont pas de vrais sceptiques, à savoir des personnes qui se méfient de toute croyance et soumettent les opinions communément acceptées à un questionnement rigoureux. Les climato-sceptiques ne cherchent pas à évaluer les affirmations de la climatologie pour déterminer celles qui sont fiables et celles qui ne le sont pas. Ils les rejettent toutes et cherchent des raisons pour justifier ce rejet. C'est ainsi qu'en 2009, le géologue australien « sceptique » Ian Plimer publia un livre, *Haeven*

> *"dé-moralisée", contre la façon dont la morale est devenue un gros mot, contre le refus de juger et le relativisme moral qui ont interverti le vrai et le faux, le bien et le mal, la vérité et le mensonge, et contre les dommages terribles dont les personnes et les sociétés ont été victimes en raison de l'effondrement de la responsabilité morale »* (« A Moral Revival ? », Spectator, 8 juillet 2008).
> 63. Cet argument est dû à Bruno Latour : « Why Has Critique Run out of Steam ? From Matters of Fact to Matters of Concern », Critical Inquiry, 30 (2), hiver 2004.

and Earth [*le Ciel et la Terre*], avec lequel il prétendait vouloir « démolir tout argument concernant un éventuel changement climatique[64] ». Il n'avait aucune intention de mettre en doute *certains* aspects de la science du réchauffement climatique, ni d'attirer l'attention sur les incertitudes, mais il allait mettre en pièces *tous* les éléments de preuve produits par les centaines de scientifiques au cours des vingt dernières années, ou plus, à l'appui d'un changement climatique d'origine anthropique. Il s'agit moins là de l'agnosticisme du sceptique que du zèle du fanatique croyant détenir la vérité.

Stratégies d'adaptation

J'ai écrit dans la préface que la cause première du bouleversement climatique auquel nous sommes confrontés résidait dans le pouvoir politique du lobby des combustibles fossiles. C'est lui, en effet, qui a résolu de semer le doute dans l'opinion publique et s'est opposé aux tentatives de limiter les émissions de carbone des industries qu'il représente. L'histoire de ce pouvoir et de cette influence a été racontée de nombreuses fois[65] ; ce qui laisse perplexe, c'est qu'ils aient pu rester impunis. Jusqu'ici, j'ai tenté de montrer l'absence de volonté de contrer les intérêts du lobby des énergies fossiles en mettant l'accent sur la manière dont le fétichisme de la croissance et le consumérisme font partie intégrante des valeurs qui fondent nos institutions et notre compréhension du monde. Comme le disent Tim Kasser et ses confrères, et comme je l'ai expliqué dans le chapitre 2, les institutions créent et renforcent les idéologies, et encouragent des comportements individuels qui assurent la reproduction du système[66].

---

64. Ian Plimer, Heaven and Earth : Global Warming : The Missing Science, Connor Court Publishing, 2009 ; Barry Brook, « Ian Plimer. Heaven and Earth », 23 avril 2009, *www.bravenewclimate.com*
65. Voir, par exemple, Ross Gelbspan, Boiling Point, *New York (N. Y.)*, Basic Books, 2004. L'étude la plus détaillée et la plus éclairante concernant le pouvoir du lobby pétrolier a été faite, dans le cas de l'Australie, par Guy Pearse dans High & Dry, Londres, Penguin, 2007.
66. Tim Kasser, Steve Cohn, Allen Kanner et Richard Ryan, « Some Costs of American Corporate Capitalism : A Psychological Exploration of Value and Goal Conflicts », Psychological Inquiry, 18 (1), 2007, p. 2-3.

Outre ces facteurs institutionnels, nous devons considérer la manière dont le psychisme humain a empêché ou ralenti la prise de conscience de la menace existentielle à laquelle nous sommes aujourd'hui confrontés. L'objectif de la société industrielle a été, plus que tout autre, de nous protéger contre les effets des rigueurs du temps. Or, le réchauffement climatique vient contrarier ce rêve de la révolution scientifique et technique, et nous rappeler que la Nature est indomptable et indisciplinée. Le retour d'une situation chaotique constitue un défi spécial pour ceux qui craignent l'incertain et croient que la raison peut permettre de maîtriser l'environnement. Pour les sceptiques (parmi lesquels on trouve de nombreux ingénieurs), le retour d'une nature chaotique semble nourrir une peur toute particulière. Ils sont méprisants à l'égard des modèles climatiques sous prétexte que ceux-ci ne peuvent prédire l'avenir avec certitude, et attribuent l'incertitude irréductible des systèmes climatiques aux carences personnelles des scientifiques qui cherchent à les modéliser. Ian Langford rappelle que l'une de nos meilleures armes contre l'angoisse de la mort, c'est la certitude de la spécificité que nous donne notre capacité supérieure à raisonner et à comprendre[67]. Telle est la posture héroïque qu'adoptent les climato-sceptiques.

Le déni des sceptiques a certes réussi à brouiller la compréhension de l'opinion, mais les stratégies communément utilisées par le public pour éviter ou pour sous-estimer les avertissements des scientifiques ont été un facteur plus puissant encore de la réticence des gouvernements à agir en conséquence. On en voit même des traces dans la culture populaire. Dans un épisode de la série animée *Les Simpsons*, un travail scolaire intitulé « À quoi ressemblera Springfield dans cinquante ans ? » amène Lisa à s'intéresser aux effets du réchauffement climatique sur sa ville. Sa présentation effraie tant ses camarades de classe que ses parents, Homer et Marge, l'emmènent chez un psychiatre qui prescrit un médicament infaillible contre la morosité, l'« Ignorital ». Ce dernier fait alors entrer Lisa dans un monde imaginaire où, entre autres phénomènes, elle voit la fumée toxique d'une

---

67. Ian Langford, « An Existential Approach to Risk Perception », Risk Analysis, 22 (1), 2002. *L'autre défense principale est la croyance en une forme de sauveur ultime.*

cheminée d'usine se transformer en un nuage de visages souriants (à l'image de la publicité de Shell où des fleurs s'échappent des cheminées des raffineries de pétrole de la compagnie). L'état de transe de Lisa n'est interrompu que lorsque Marge prend conscience des dangers pour sa fille de se déconnecter de la réalité.

Accepter la menace que représente le réchauffement climatique n'est pas évident, entre autres parce que toute notre histoire nous a appris à évaluer le risque et à y répondre en écoutant nos émotions immédiates plutôt que par un processus cognitif. La plupart des discussions sur la façon de réagir au changement climatique reposent sur une représentation du risque par ses conséquences : nous prenons connaissance des avertissements des scientifiques, nous nous faisons une idée des effets probables sur notre bien-être, et nous adaptons notre comportement en conséquence. Il est cependant établi aujourd'hui que les réactions instinctives immédiates (comme la peur, l'angoisse et l'appréhension) sont des mécanismes plus puissants d'évaluation du danger[68]. Selon George Lowenstein et ses co-auteurs, cela explique pourquoi nous ressentons de la peur dans des contextes que nous savons (aujourd'hui) sans danger, comme lorsque nous voyons une tarentule dans une boîte en verre ou que nous grimpons sur la terrasse d'un gratte-ciel, alors que nous n'éprouvons aucune peur en présence d'objets réellement dangereux comme des armes à feu ou des voitures[69]. Les effets du réchauffement n'étant pas pour tout de suite, une réponse adaptée requiert que nous anticipions des émotions que nous ressentirons peut-être dans de nombreuses années ; des émotions anticipées constituent un stimulus bien faible, comparé aux angoisses immédiates que déclenchent la perte d'un emploi ou l'augmentation des impôts. En d'autres termes, si l'évolution nous a conduits, pour survivre, à évaluer le danger en fonction de nos réactions viscérales immédiates, nous sommes démunis lorsque, confrontés au réchauffement climatique, nous devons nous fier entièrement à un processus cognitif. Il nous arrive parfois d'utiliser notre raison pour surmonter nos peurs, mais dans le cas du réchauffement

---

68. *L'article de fond dans ce domaine est celui de George Lowenstein, Christopher Hsee, Elke Weber et Ned Welch, « Risk as Feelings », Psychological Bulletin, 127 (2), 2001.*
69. *Ibid., p. 279.*

climatique nous devons utiliser notre raison pour stimuler nos peurs. Et même s'il nous arrive, en réponse aux messages d'alerte de la science, de réussir à mobiliser nos émotions, nous savons déployer toute une panoplie de stratégies pour nous protéger contre ces émotions. La majorité de la population semble recevoir le message des climatologues. Aux États-Unis, pays où le scepticisme est le plus fort, sur 92 % d'habitants qui ont entendu parler du réchauffement climatique, 90 % pensent que les États-Unis devraient réduire leurs émissions de gaz à effet de serre, et 76 % le souhaitent quoi que fassent les autres pays[70]. La préoccupation du changement climatique reste cependant superficielle chez la plupart des citoyens américains[71]. Elle n'est en tout cas pas suffisamment forte pour qu'ils modifient leurs comportements, et en particulier leur comportements d'électeurs. Il se peut que cela soit en train de changer, mais un sondage de 2009 a montré que les Américains ne plaçaient le réchauffement climatique qu'au vingtième rang de leurs priorités politiques[72].

Ceux qui comprennent vraiment la menace que représente le réchauffement global – les Inquiets et peut-être certains des Préoccupés répertoriés dans l'étude sur les « Six Amériques » – se sentent évidemment concernés, anxieux et stressés. Mais, compte tenu de la nature même du changement climatique, les individus en tant que tels ne peuvent rien faire pour l'empêcher et pas grand-chose pour se protéger de ses effets. Cette situation peut induire un état d'angoisse chronique, tout particulièrement chez ceux qui se posent le plus de questions sur l'avenir d'un monde qui se réchauffe. Les psychologues commencent à identifier les diverses stratégies d'adaptation destinées à gérer le malaise que l'on éprouve lorsque l'on accepte d'écouter le message de la climatologie[73], et qui peuvent s'avérer adéquates ou

---

70. Anthony Leiserowitz, « Climate Change Risk Perception and Policy Preferences : The Role of Affect, Imagery, and Values », Climate Change, 77, 2006, p. 45-72.
71. Edward Maibach et al., Global Warming's "Six Americas" 2009, op. cit.
72. Pew Research Center, « Jobs Trump All Other Policy Priorities in 2009 », 22 janvier 2009.
73. Voir en particulier Andreas Homburg, Andreas Stolberg et Ulrich Wagner, « Coping With Global Environmental Problems : Development and First Validation of Scales », Environment and Behavior, 39 (6), novembre 2007 ; Kari Marie Norgaard, « "People Want to Protect Themselves a Little Bit" : Emotions, Denial, and Social Movement Nonparticipation », Sociological Inquiry, 76 (3), août 2006. En août 2009, l'American Psychological

non[74]. Les stratégies inadéquates reposent sur l'acceptation d'une partie seulement des faits et ne permettent l'expression que de certaines émotions, et tout est donc déformé. Les stratégies adéquates conduisent à des comportements positifs fondés sur une acceptation entière des faits et un total ressenti des émotions. J'analyserai les stratégies adéquates dans le dernier chapitre et, à la fin du présent chapitre, je me consacrerai aux stratégies inadéquates. Les premiers éléments en ont été élaborés par Tom Crompton et Tim Kasser dans le cadre d'une action importante du WWF du Royaume-Uni visant à développer une campagne novatrice pour un monde « fatigué des gaz à effet de serre[75] ».

Réinterpréter la menace

Les stratégies inadéquates sont similaires aux divers « mécanismes de défense » – identifiés par Sigmund Freud et, surtout, par sa fille Anna – que nous utilisons pour nous protéger contre les événements déprimants du monde[76]. Au cours des dernières années, des psychologues ont appliqué ces idées aux façons dont nous nous adaptons émotionnellement aux menaces environnementales.

La diversion est une forme courante de déni[77]. Lorsque nous lisons un journal ou regardons les nouvelles et que le réchauffement climatique y est abordé, il nous arrive fréquemment de « débrancher » simplement parce que l'information est trop dérangeante. Nous reportons notre attention vers des sujets moins perturbants, parce que si nous encaissons l'information jusqu'au bout, il va nous falloir réfléchir à

Association a publié un rapport préliminaire qui passe en revue la littérature scientifique sur le sujet (Janet Swim et al., Psychology and Global Climate Change : Addressing a Multi-faceted Phenomenon and Set of Challenges, A Report by the American Psychological Association's Task Force on the Interface between Psychology and Global Climate Change (Draft), 2009, www.apa.org/science/).
74. *Clive Hamilton et Tim Kasser, « Psychological Adaptation to the Threats and Stresses of a Four Degree World », A paper for « The World at Four Plus Degrees » Conference, Oxford University, 28-30 septembre 2009.*
75. *Tom Crompton et Tim Kasser, Meeting Environmental Challenges : The Role of Human Identity, Godalming, WWF-UK, 2009.*
76. *Anna Freud, Le Moi et les mécanismes de défense, PUF, coll. « Bibliothèque de psychanalyse », 2001.*
77. *Ce point est discuté particulièrement par Norgaard, « People Want to Protect Themselves a Little Bit », art. cité.*

ce que cela signifie pour notre propre avenir, celui de nos enfants et, plus généralement, celui de la planète. Accepter la réalité du réchauffement climatique réclame une solidité émotionnelle pour ne pas se laisser submerger. Il m'arrive de me désintéresser volontairement d'une catastrophe que je trouve particulièrement pénible. Je me dis qu'il y a sur Terre bien trop de choses horribles à affronter, que ne pas se laisser bouleverser par toutes ces souffrances n'est pas faire preuve d'absence de cœur, et qu'il est par conséquent moralement défendable de fermer les yeux sur certaines d'entre elles. Je suis bien conscient de faire ce choix de rationalisation pour éviter de me sentir contrarié ou déprimé, mais en général ça fonctionne. Et se livrer à ce type d'occultation ne me paraît inapproprié que si cela revient à nier durablement les faits.

Une autre stratégie inadéquate mais communément utilisée pour s'adapter à la menace du réchauffement global consiste à apprécier différemment la menace, à la « dé-problématiser ». On minimise la menace en se racontant des histoires à soi-même, comme « les hommes ont déjà résolu ce genre de problème dans le passé », « les scientifiques exagèrent probablement » ou « si la menace était aussi forte, le gouvernement serait en train de s'en occuper »[78]. La prise de conscience du danger déclenche à l'évidence une angoisse, et minimiser ainsi la menace est une bonne façon de la calmer.

On peut aussi mettre l'accent sur le délai qu'il reste avant de ressentir les effets du réchauffement, autrement dit pratiquer la mise à distance : ce n'est pas pour tout de suite, nous avons le temps de trouver des solutions. C'est une façon de « prendre nos désirs pour des réalités » car en remettant le problème à plus tard, nous espérons qu'il va disparaître avant que nous n'ayons besoin d'agir. Généralement, les nations se sortent de ce genre de situation comme les individus, mais elles peuvent aussi s'y faire piéger. En 2006, après une enquête minutieuse sur les réactions du public, Anthony Leiserowitz a décrit une opinion publique américaine « prenant ses désirs pour la réalité », et donc espérant que le problème pouvait être résolu par quelqu'un

---

78. Andreas Homburg et al., « Coping With Global Environmental Problems : Development and First Validation of Scales », Environment and Behavior, 39 (6), novembre 2007, p. 754-778.

d'autre... sans avoir quoi que ce soit à changer dans ses priorités, ses prises de décision ou ses comportements[79] ».

Les responsables politiques utilisent des stratégies semblables. Pendant plusieurs années, les gouvernements de la plupart des pays de l'OCDE ont adopté comme objectif de réduire les émissions de 60 à 80 % d'ici à 2050. Il est aisé d'être vert dans un avenir lointain. En fait, des études comparatives montrent que les actions envisagées obéissent à de nobles principes lorsqu'elles sont programmées pour un futur éloigné, et qu'elles sont dominées par des considérations plus pragmatiques lorsqu'elles sont prévues pour un futur proche[80]. Des objectifs politiques prévus 40 ou 50 ans à l'avance sont, au mieux, dépourvus de signification car ils expriment seulement une intention ; au pire, ce sont des substituts à des mesures immédiates pour réduire les émissions. Ils assurent une bonne conscience aux gouvernements et à leurs électeurs parce que leurs intentions reflètent bien les valeurs qu'ils défendent sans qu'ils aient besoin de s'engager dans la tâche difficile et désagréable de mettre ces valeurs en pratique.

La recherche du plaisir

J'ai déjà fait allusion à ce que l'on pourrait qualifier de scepticisme ordinaire : une forme de déni, de la part du commun des mortels, qui se laisse convaincre par des « sceptiques » durs que les scientifiques sont incapables de se mettre d'accord. Dans sa version extrême, on pourrait le qualifier de « déni viril », et Jeremy Clarkson, qui anime l'émission de télévision britannique à succès *Top Gear [À toute vitesse]*, en est la parfaite illustration. *Top Gear*, ce sont des frissons, de l'évasion, de l'humour macho et un esprit bagarreur – en d'autres termes, l'univers fantasmé d'un adolescent. L'attitude anti-écologiste de Clarkson peut être considérée comme un refus puéril d'écouter quoi que ce soit qui puisse gâcher le plaisir. Tel les vieux activistes de gauche

---

79. Anthony Leiserowitz, « Climate Change Risk Perception and Policy Preferences », art. cité.
80. Tal Eyal, Michael Sagristano, Yaacov Trope, Nira Liberman et Shelly Chaiken, « When Values Matter : Expressing Values in Behavioural Intentions for the Near vs. Distant Future », Journal of Experimental Social Psychology, 45, 2009, p. 35-43.

de *Spiked*, Clarkson se voit comme « le champion des gens ordinaires » (bien qu'il ait été décrit par *The Economist* comme un « propagandiste habile pour le lobby automobile[81] »). Il a acquis sa notoriété en harcelant les écologistes, en dénigrant les transports publics, en promettant de renverser les cyclistes et en déclarant : « La belle affaire que le réchauffement climatique ! Nous perdrons peut-être la Hollande, mais il y a d'autres endroits pour aller passer ses vacances[82]. » Des opinions, ou plutôt des sentiments, qui séduisent instantanément la partie de la population dont les prophéties climatiques de mauvais augure gâchent le plaisir, surtout quand la surprotection des pouvoirs publics s'en mêle. De cette façon, Clarkson transforme ceux qui enfreignent les règles de protection du climat en victimes du « politiquement correct ». Certains justifient ainsi leur résistance au changement de comportement, leur répugnance à prendre le bus, à acheter des voitures plus petites ou à recycler leurs déchets.

Ridiculiser le combat écologiste est devenu une technique publicitaire en tant que telle. C'est une stratégie qui, en Occident, vise principalement des hommes mûrs d'origine européenne et qui s'appuie sur ce que l'on appelle « l'effet mâle blanc », à savoir une tendance bien établie chez ces derniers à se sentir moins préoccupés par l'environnement que ne le sont les femmes et les minorités[83]. Une publicité pour Porsche parue dans un magazine montre une élégante voiture de sport au-dessus du slogan : « Sauvez les mâles. Euh... et la planète. » Le texte ajoute que la voiture émet 15 % de CO_2 en moins. Moins que quoi ? La référence choisie, comme c'est souvent le cas, est laissée en suspens. Néanmoins, celui qui conduit la Porsche est de ce fait déclaré non coupable (comme si un escroc pouvait être déclaré innocent s'il vole 15 % de moins). Si Porsche a retenu une

---

81. Cité par Ciar Byrne, « *Scourge of the Greens : Clarkson Branded "a Bigoted Petrolhead"* », Independent, 31 mai 2006.
82. Donald MacLeod, « *Denise Morrey : Engineer Steps up a Gear* », Guardian, 20 décembre 2005.
83. Voir, par exemple, M. Finucane, P. Slovic, C. K. Mertz, J. Flynn et T. Satterfield, « *Gender, Race, and Perceived Risk : The "White Male" Effect* », Health, Risk & Society, 2 (2), 2000 ; Paul Kellstedt, Sammy Zahran et Arnold Vedlitz, « *Personal Efficacy, the Information Environment, and Attitudes Towards Global Warming and Climate Change in the United States* », Risk Analysis, 28 (1), 2008.

approche badine du réchauffement climatique, l'industrie touristique a choisi la plaisanterie pour passer sous silence l'horreur du changement climatique. Ainsi, les tour-opérateurs nous pressent aujourd'hui de faire le voyage de notre vie pour contempler les merveilles de la nature avant qu'elles ne fondent ou qu'elles ne soient englouties par la montée du niveau des mers. La sinistre vérité disparaît devant l'enthousiasme frivole d'une publicité, comme s'il allait rester quantité d'autres destinations de loisirs accessibles quand les merveilles dont elles parlent auront disparu[84].

Alors que l'on associe en général la conduite d'une voiture à toute une gamme de sensations, l'équipe de *Top Gear* n'en glorifie qu'une : le sentiment de puissance. Clarkson veut savoir pourquoi diable il n'aurait pas le droit de conduire à 160 km/h sur l'autoroute. Il n'est pas nécessaire, pour apprécier les plaisanteries de *Top Gear*, d'être un fou du volant ou de s'adonner au « pimping » de sa voiture[85]. Certains de ses spectateurs ne voient aucune incohérence à regarder, le soir à la télévision, Clarkson faire des tête-à-queue avec un poids lourd puis se rendre au travail le lendemain dans une Toyota Prius. Mais pour l'animateur, conduire un monstrueux 4x4 est en soi une forme de rébellion, une façon de rejeter les atteintes constantes à la liberté et de narguer écolos et politiciens qui veulent le faire plier. Les manifestations d'indignation à ses provocations ne font que valider le sentiment d'identité culturelle fondé sur ces réactions anti-Verts. Clarkson, en caricaturant les écologistes comme des hippies peu sains d'esprit, définit un « autre », et c'est par opposition à cet « autre » que ses adeptes vont pouvoir consolider leur propre sentiment identitaire (de la même façon, traiter de « carborexiques » ceux qui essaient de réduire leurs émissions individuelles est une manière rassurante de les « altériser » et ainsi de dévaloriser leur comportement). La recherche

---

84. Un site intitulé « 500 Places to See Before They Disappear » a été créé pour permettre aux « voyageurs passionnés et éco-conscients d'enrichir leurs connaissances de sites exceptionnels, culturels, historiques et naturels, et d'y organiser des visites avant qu'ils ne soient irrévocablement altérés ou qu'ils ne disparaissent pour toujours » (http://www.itineraryguide.com/tag/500-places-to-see-before-they-disappear/).
85. Littéralement « lui donner une allure de voiture de maquereau » en le personnalisant. *Pimp my ride* était une émission de télévision populaire sur MTV, NdT.

du plaisir peut aussi devenir un moyen de renforcer les valeurs du groupe. La technique est efficace : environ 50 000 personnes ont signé une pétition pour que Clarkson, le gamin qui n'a jamais grandi, devienne premier ministre du Royaume-Uni. La façon dont l'animateur a tourné en dérision la climatologie et ses contraintes sociales a fourni à de nombreux Britanniques un prétexte pour ignorer les signaux d'alarme et, pour certains, une incitation à les violer allègrement. À ceux qui veulent une raison de ne pas y croire, Clarkson est là pour en donner.

Mais ses sarcasmes sur le réchauffement global comportent une autre dimension, que l'on retrouve dans sa glorification des véhicules puissants lancés à pleine vitesse. La recherche du plaisir est un moyen connu d'échapper à la réalité[86] et l'effet est doublement pervers lorsque le plaisir résulte non seulement de la conduite de voitures puissantes, mais aussi de la transgression volontaire des interdits liés à des activités dommageables pour le climat. Tout se passe comme si *Top Gear* nous proposait un dernier coup de folie avant de foncer vers le mur et d'exploser.

À la recherche de boucs émissaires

En Norvège, Kari Marie Norgaard a réalisé une étude sur une petite communauté très sensible aux problèmes liés à l'environnement. Les chercheurs, note-t-elle, supposent en général que si les gens ne réagissent pas à la menace du réchauffement climatique c'est parce qu'ils sont mal informés, cupides, égoïstes ou victimes de biais cognitifs. Elle observe pourtant que ceux avec qui elle s'est entretenue « expriment des préoccupations et un intérêt profonds en même temps que des sentiments très ambivalents face à la question du réchauffement climatique [...] Les membres de la communauté décrivent la peur de perdre leur sécurité ontologique et leur impression d'impuissance, de culpabilité associée au sentiment de ne pas être quelqu'un de bien[87] ».

---

86. *Andreas Homburg* et al., « Coping With Global Environmental Problems : Development and First Validation of Scales », art. cité.
87. Kari Marie Norgaard, « People Want to Protect Themselves a Little Bit », art. cité, p. 379.

Que faire de tous ces sentiments ? Pour Norgaard, chercher des responsables s'avère une méthode efficace pour gérer des émotions dérangeantes. Les Norvégiens qu'elle a interrogés, en tant que citoyens d'une petite nation, étaient nombreux à accuser l'Amérique et l'administration Bush qui a refusé de ratifier le protocole de Kyoto. Lorsqu'on leur fit observer que la Norvège était le deuxième exportateur de pétrole mondial, l'attention se déplaça sur le terrain géopolitique, où la Norvège n'est pas considérée comme une nation importante.

Le transfert de responsabilité est une méthode utile, bien que souvent indéfendable, pour nier sa culpabilité et se désengager moralement d'un problème ou de sa solution. Au cours des dernières années, la Chine est devenue le bouc émissaire. Le fait qu'elle « construise une nouvelle centrale à charbon chaque semaine » et qu'elle « soit aujourd'hui le principal émetteur » a été utilisé par les conservateurs australiens, par exemple, pour soutenir que réduire les émissions ne servait à rien tant que la Chine ne le ferait pas elle-même. Le transfert de responsabilité a atteint un sommet inégalé en 2008, lorsque le président de la puissante American National Mining Association a défendu l'industrie américaine du charbon en ces termes : « Réduire les émissions des États-Unis n'aura pas d'effet significatif sur les concentrations de gaz à effet de serre dès lors que les émissions de la Chine et de l'Inde dépassent déjà les nôtres[88]. » Dans leur analyse des stratégies d'adaptation, Tom Crompton et Tim Kaser suggèrent que la recherche des responsabilités peut conduire à dénigrer d'autres communautés[89]. Des études montrent que cette tendance à rejeter la faute sur les autres s'accroît lorsque le sentiment de sa propre mortalité devient plus prégnant.

Une stratégie voisine consiste à déplacer la responsabilité du problème vers un pouvoir supérieur, ce qui fait de nous des instruments au service de forces qui nous dépassent. Cette stratégie est suivie aussi bien par des personnes animées de convictions religieuses que par celles qui adoptent un point de vue scientifique. Pour certains fondamentalistes chrétiens qui croient à la prédiction biblique de « l'enlèvement

---

88. Kraig R. Naasz, « Climate Change and the Energy Industry. The Role for Coal », Contribution à l'USEA, 16 janvier 2008.
89. Tom Crompton et Tim Kasser, Meeting Environmental Challenges, Godalming WWF-UK Panda House, 2009, p. 20-21.

des chrétiens vers les cieux » à la fin des temps (enlèvement se dit *rapture* en anglais, NdT), c'est Dieu et non l'humanité qui est responsable de la calamité climatique, c'est lui qui nous inflige ces « tourments » interprétés comme une punition des hommes pour leurs péchés. « L'enlèvement permet d'échapper aux terribles événements qui vont se produire après[90]. » Le retour annoncé de Jésus, « avant la colère de Dieu », pour sauver les fidèles du châtiment, rappelle les croyances de Madame Keech, convaincue qu'une inondation allait détruire la Terre en 1954 et que seuls ceux qui se soumettraient à Dieu par son intermédiaire seraient épargnés. L'enlèvement, dans la tradition millénariste, voit la punition à venir comme une purification de la Terre[91]. Le changement climatique provoqué par l'homme est réinterprété comme la volonté de Dieu, et donc comme un bienfait, ou du moins une nécessité.

Certains, qui seraient d'ailleurs stupéfaits de se voir rangés dans la même catégorie que les fondamentalistes chrétiens, privilégient une ligne de défense similaire. Il s'agit d'une sorte de mise à distance intellectuelle, qui conduit à considérer le réchauffement climatique et son impact sur le monde comme « naturels », dans une conception plus large où les hommes ne sont qu'une forme de vie parmi d'autres. Cette intellectualisation est le mécanisme d'adaptation choisi par James Lovelock pour qui Gaïa, tout comme le Dieu des fondamentalistes, est indifférente au sort des hommes – qui, après tout, ne constituent qu'une espèce parmi de nombreuses autres[92]. Par un processus de retrait mental, la méthode consiste à mettre à distance – dans le temps ou dans l'espace – la disparition de notre espèce et les souffrances incommensurables qu'elle impliquerait jusqu'à les rendre complètement abstraites. De façon analogue, le livre d'Alan Weissman, *The World without Us*[93] [*Le Monde sans nous*], paru en 2007, décrit l'inexorable récupération de la Terre par la végétation après que les hommes ont été soudainement balayés de sa surface. Les images saluent la puissance et la majesté de la Nature, et nous invitent à adopter un point de

---

90. http://www.raptureready.com/faq/faq90.html
91. http://www.raptureready.com/faq/faq403.html
92. James Lovelock, The Ages of Gaia : A Biography of our Living Earth, Oxford, Oxford University Press, 1989 *[*Les Ages de Gaïa, Paris, Robert Laffont*]*.
93. Alan Weissman, The World without Us, Godlaming, Picador, 2007.

vue dépourvu de sentimentalité sur l'extinction de l'espèce humaine, en nous focalisant sur des forces qui nous échappent.

L'espoir trompeur

Toute discussion sérieuse à propos du changement climatique est habitée par l'espoir. Dans la mythologie grecque, Pandore ignore la recommandation de Zeus de maintenir sa boîte fermée[94]. Tous les maux de l'humanité s'en échappent, sauf un, l'espoir. Les interprétations divergent ; certains voient l'espoir comme une consolation, car face à tous les maux, nous pouvons nous reposer sur lui (sauf s'il reste à l'intérieur de la boîte). Pour d'autres, ce qui reste dans la boîte de Pandore est un autre mal, le faux espoir, qui nous berce d'illusions sur une rédemption et ne fait qu'exacerber les tourments infligés par les maux qui se sont échappés[95].

Néanmoins, le besoin de garder espoir semble aller de soi. Les organisations de défense de l'environnement insistent sur le fait que les campagnes de sensibilisation doivent toujours en délivrer une part dans leur message, sous peine que nous cédions au désespoir et à l'apathie. Bien qu'elle soit le plus souvent considérée comme une absence de sentiment, la répression des émotions associée à l'apathie peut s'avérer psychologiquement utile. Renée Lertzman soutient que l'inaction n'est pas de l'indifférence, qu'elle peut même être une stratégie pour se protéger contre l'angoisse et la détresse ressenties lorsque l'on s'est laissé aller à trop d'inquiétude[96]. Si je ne m'inquiète pas, je ne souffrirai pas. La tentation de céder à l'apathie est particulièrement forte dans le cas du réchauffement climatique, le sentiment d'impuissance augmentant à mesure que l'on prend mieux conscience de la nature et de l'ampleur de la menace. Il s'agit pourtant d'une stratégie inadéquate, ne serait-ce que parce que le refoulement des sentiments peut se payer d'un coût émotionnel élevé[97].

94. *L'histoire originale mentionnait la « jarre de Pandore », mais la jarre fut traduite par erreur en « boîte » au XVIe siècle.*
95. *Dans certaines versions du mythe, Pandore, dont le nom signifie « donnant-tout », est une déesse semblable à Gaïa, qui jaillit du sol et qui est à l'origine de la fertilité.*
96. *Renée Lertzman, « The Myth of Apathy », The Ecologist, 19 juin 2008.*
97. *Joanna Macy, « Despair Work », dans World As Lover, World As Self, Berkeley (Calif.), Parallax Press, 1991, p. 15.*

Dans de nombreux pays, être optimiste constitue une norme émotionnelle puissante. Norgaard cite un enseignant norvégien qui ressentait le besoin de faire taire ses propres doutes et son sentiment d'impuissance face au réchauffement climatique afin de conserver à son enseignement une perspective d'espoir[98]. L'optimisme comme norme sociale a une importance toute particulière aux États-Unis, où règne la culture de l'auto-assistance et du développement personnel[99]. Les programmes de l'école primaire apprennent aux enfants à devenir plus optimistes. L'optimisme est intimement lié à l'individualisme, autre norme, car c'est par les efforts personnels, croit-on, que l'on réalise ses espérances[100]. On dit parfois, en forme de boutade, qu'aux États-Unis, une personne sans domicile fixe est un millionnaire qui, provisoirement, n'a pas de chance.

Bien que la volonté d'affronter la réalité soit généralement considérée comme un signe de santé mentale, il ne fait pas de doute que l'esprit humain normal interprète les événements avec une préférence pour les « fictions anodines » sur lui-même, sur le monde et sur son avenir. C'est le propos de la psychologue Shelley Taylor dans un ouvrage qui fait autorité, *Positive Illusions* (*les Illusions positives*)[101]. « La capacité de l'esprit à tirer bénéfice d'une tragédie et à empêcher qu'un individu soit submergé par le stress et les souffrances de la vie est une prouesse remarquable[102]. » Ces fictions anodines constituent une réponse adaptée à un monde souvent inamical dans lequel la confiance en soi est constamment soumise à rude épreuve ; c'est ce que découvrent nombre de jeunes gens lorsqu'ils doivent faire la preuve de leurs talents, par exemple les chercheurs qui soumettent leurs articles à publication et reçoivent des rapports d'évaluation accablants. Développer et conserver un regard généreux sur soi-même nous aide à garder la maîtrise des difficultés que nous

---

98. Kari Marie Norgaard, « *People Want to Protect Themselves a Little Bit* », art. cité.
99. Voir Christopher Peterson, « *The Future of Optimism* », American Psychologist, 55 (1), janvier 2000, p. 44-55, qui traite de la « marque d'optimisme typiquement américaine ».
100. Christopher Peterson, « *The Future of Optimism* », op. cit.
101. Shelley Taylor, Positive Illusions : Creative Self-Deception and the Healthy Mind, New York (N. Y.), Basic Books, 1989.
102. Ibid., p. 11.

traversons. Et le sentiment d'avoir le contrôle sur les événements de notre vie est essentiel, comme on l'a souvent établi, à un fonctionnement efficace. Il est à coup sûr excellent pour la santé mentale de conserver une vision positive de l'avenir, alors que le pessimisme chronique entretient l'angoisse et la dépression. Une étude a conclu que la résignation peut effectivement induire de la passivité, y compris une réticence à adopter un comportement favorable à l'environnement[103]. Selon une autre étude, les adeptes de groupes religieux fondamentalistes (comme les calvinistes stricts, certains musulmans et des juifs orthodoxes), ayant un point de vue affirmé sur le monde et sur leur propre place en son sein, sont plus optimistes que les adeptes de pratiques religieuses modérées, et ces derniers sont à leur tour plus optimistes que les membres des communautés religieuses les plus progressistes (comme les unitariens, les juifs réformés et les membres de l'Église unie)[104].

Taylor qualifie d' « optimisme irréaliste » la propension à prédire ce que nous préférons qu'il advienne plutôt que ce qui a le plus de chance d'advenir[105]. Les sondages montrent que pour la plupart des individus, la vie paraît meilleure que dans le passé, et le sera davantage encore dans l'avenir[106]. Mais une vision optimiste de son propre avenir ne préserve pas d'une perception plutôt noire de l'état du monde. Bien que cet optimisme irréaliste nous conduise à éliminer ou à minimiser les signes qui peuvent contredire nos espérances, il a été prouvé qu'il est souvent associé à « une plus forte motivation, une plus grande endurance au travail, des performances meilleures et, finalement, une bonne réussite globale[107] ». Par conséquent, si le pessimisme, en particulier quand il tourne à la dépression, peut nous conduire à rester passifs et à broyer du noir, l'optimisme a toute les chances de nous rendre actifs. L'un des traitements les plus simples et les plus efficaces de la dépression consiste à inverser la cause et

---

103. Andreas Homburg et al., « Coping With Global Environmental Problems : Development and First Validation of Scales », art. cité.
104. Sheena Sethi et Martin Seligman, « Optimism and Fundamentalism », Psychological Science, 4 (4), juillet 1993.
105. Shelley Taylor, Positive Illusions, op. cit., p. 33.
106. Ibid., p. 32.
107. Ibid., p. 64.

l'effet, de sorte que l'humeur ne détermine plus le comportement, mais l'inverse. On agit sur la dépression « de l'extérieur vers l'intérieur[108] ».

Il est cependant crucial, concernant l'optimisme irréaliste, de distinguer l'illusion du fantasme. Les illusions répondent et s'adaptent à une réalité qui s'impose à nous, alors que les fantasmes persistent en dépit des signes que nous envoie le monde extérieur. « Les fantasmes sont des croyances erronées qui persistent malgré les faits », écrit Taylor. « Les illusions s'en accommodent, bien qu'à regret. »[109] Martin Seligman, gourou de « l'optimisme acquis » et de « l'impuissance acquise », admet lui aussi que cultiver l'optimisme n'est utile que lorsqu'une réflexion positive peut changer l'avenir ; dans le cas contraire, « nous devons avoir le courage d'endurer le pessimisme »[110], bien qu'à une phase de pessimisme, il soit fréquent que succède une certaine bonne humeur fondée sur une compréhension nouvelle du monde.

Les signes qu'un changement climatique de grande ampleur est devenu inévitable sont désormais si clairs que l'illusion est en train de se changer en fantasme. C'est l'idée que je défends dans cet ouvrage. Espérer qu'une rupture majeure du climat de la Terre puisse être évitée relève du pur fantasme. Rester optimistes malgré les faits, y compris en continuant à placer des espoirs sans fondement dans le pouvoir d'action des consommateurs ou dans le secours de la technologie, revient à prendre le risque de voir nos espoirs se muer en chimères. Tôt ou tard, les efforts constants pour contrôler la situation vont se heurter à la réalité. Combien de temps s'écoulera-t-il avant que les gens de bonne volonté, qui ont entendu le message du consumérisme vert – selon lequel nous pouvons nous en sortir en modifiant notre comportement individuel –, ne commencent à se dire : « Je me suis bien comporté pendant des années, et pourtant les nouvelles concernant le réchauffement climatique continuent de s'aggraver » ? Combien de temps avant que nos dirigeants politiques ne confrontent

---

108. N. S. Jacobson, C. R. Martell et S. Dimidjian, « Behavioral Activation Treatment for Depression : Returning to Contextual Roots », Clinical Psychology : Science & Practice, 8, 2001, p. 255-270.
109. Shelley Taylor, Positive Illusions, op. cit., p. 36.
110. Martin Seligman, Learned Optimism, New York (N. Y.), Knopf, 1991, p. 292 [La Force de l'optimisme, Paris, InterÉditions, 2008].

Les nombreuses formes du déni

leur engagement très fort en faveur de la capture et du stockage du carbone au fait que, même si cette technologie se révèle techniquement et économiquement faisable, il sera déjà trop tard avant qu'on ne puisse l'utiliser ? Envisager la capacité de l'humanité à éviter le changement climatique avec un optimisme inconsidéré n'est plus de mise. Mais lorsque nous aurons accepté la réalité d'un monde qui se réchauffe, avec son cortège d'horreurs, nous pourrons peut-être nous mettre à élaborer un programme et à engager des actions en fonction de la nouvelle réalité (j'y reviendrai dans le dernier chapitre). Cela relève toutefois du cas de conscience, car maintenir la fiction qu'il n'est pas trop tard pour empêcher un dangereux réchauffement planétaire peut augmenter les chances qu'une action vigoureuse soit entreprise dans les années à venir, ce qui permettrait au moins de retarder l'inévitable. Il me semble cependant que les observations sur le changement climatique ont pris récemment un tour si alarmant, et que les actions mondiales paraissent si inappropriées, que persister dans une attitude optimiste conduit à se déconnecter de plus en plus de la réalité. C'est la seule explication plausible à cette tentative incongrue de rebaptiser la conférence de Copenhague de 2009 « conférence de Hopenhague ». Ce concept, développé par quelques-unes des plus importantes agences publicitaires mondiales, est centré sur l'idée de créer un « mouvement populaire » qui va « donner le pouvoir aux citoyens du monde », lesquels pourront, via internet, envoyer « des messages d'espoir aux délégués des Nations unies[111]. » Parmi les agences à l'origine de la campagne Hopenhague, on trouve Ogilvy & Mather qui, lorsqu'elle ne sauve pas la planète du changement climatique, nous persuade d'acheter plus de pétrole chez BP et plus de voitures chez Ford. On trouve également Colle & McVoy, qui promeut la pétrochimie pour DuPont, et Ketchum, qui veut que nous volions plus souvent sur Delta Airlines. Tel l'« Ignorital » de Lisa Simpson, « Hopenhague » fonctionne comme un tranquillisant. L'optimisme forcé devient une façon de se désengager d'une réalité qui contredit la certitude profondément ancrée que tout se terminera bien.

| 111. http://www.hopenhagen.org

Chapitre 5 / DIVORCE D'AVEC LA NATURE

Notre intérêt pour l'environnement, au même titre que nos comportements et nos valeurs, dépend fortement de l'intensité des liens que nous entretenons avec la nature[1]. Certains êtres humains ne se sentent en rien reliés à elle et sont tournés entièrement sur eux-mêmes, quand d'autres se vivent à ce point comme partie intégrante du monde naturel et de la biosphère – voire au-delà – qu'ils les englobent dans la perception de leur identité. Au terme d'une analyse typologique, Wesley Schultz et ses confrères en sont venus à la conclusion suivante : « Les réponses aux enjeux environnementaux apportées aux États-Unis et en l'Europe de l'Ouest montrent un moindre sentiment d'appartenance à la biosphère et davantage d'égoïsme, alors que celles provenant d'Amérique centrale et d'Amérique du Sud révèlent un sentiment plus fort d'appartenance à la biosphère[2]. »

En Occident, cependant, le réveil des préoccupations environnementales depuis les années 1960, stimulé par la découverte – ou la redécouverte – d'auteurs tels que Aldo Leopold, Arne Naess et Henry David Thoreau, peut être compris comme un encouragement au rétablissement de ces liens.

La conception moderne du « progrès » implique l'idée d'une séparation de l'homme et de la nature, à la fois physique et psychologique. Le processus d'urbanisation et les avancées technologiques ont eu pour but d'isoler les humains des effets de la nature, en premier lieu des conditions météorologiques. Cet éloignement ne signifie pas que nous soyons devenus hostiles à la nature ; il se peut même que la mise

---

1. P. Wesley Schultz, Chris Shriver, Jennifer Tabanico et Azar Khazian, « Implicit Connections With Nature », Journal of Environmental Psychology, 24, 2004, p. 31-42.
2. Ibid., p. 41. Voir aussi P. Wesley Schultz, « Environmental Attitudes and Behaviors Across Cultures », dans W. J. Lonner, D. L. Dinnel, S. A. Hayes et D. N. Sattler (eds), Online Readings in Psychology and Culture, Center for Cross-Cultural Research, Bellingham (Wash.), Western Washington University, 2002.

à distance de l'environnement naturel facilite l'adoption d'une vision idéalisée, voire romantique, car elle nous permet de nous y engager à notre heure et convenance. Cela explique peut-être la popularité de l'éco-tourisme, du camping, de la randonnée et les nombreuses initiatives de protection de la nature prises par les pays occidentaux au cours des dernières décennies.

Ces activités sont peut-être liées à l'attrait esthétique pour des paysages préservés, mais pour certains individus le besoin est plus profond. Les rencontres avec la nature peuvent aider à rétablir ou à renforcer un sentiment d'appartenance, et ces liens renoués nous détournent de nos préoccupations égoïstes au profit d'un intérêt pour la biosphère[3]. Mais si le contact avec la nature est susceptible de nous transformer, nos attitudes envers le monde naturel demeurent souvent complexes et contradictoires. Certaines personnes craignent la nature sauvage et font tout pour l'éviter. Une étude conduite auprès d'enfants ayant été au contact de la nature sauvage lors d'excursions scolaires a montré que bon nombre d'entre eux la trouvaient « effrayante, répugnante et inhospitalière[4] ». Les forêts leur font peur, de même que les insectes, les serpents et les autres animaux ; ce qu'ils perçoivent comme de la saleté les dégoûte, et l'exposition aux éléments naturels les met très mal à l'aise. Cette réticence peut avoir des racines dans l'évolution de l'espèce, mais elle est renforcée par l'attitude de l'entourage et des médias. Un certain type de documentaires animaliers, popularisé par exemple en Australie par le chasseur de crocodiles Steve Irwin, peut aussi y contribuer. Irwin cherche à provoquer des comportements extrêmes chez des animaux dangereux, au lieu d'encourager le respect et l'émerveillement comme le font les documentaires traditionnels d'observation de la nature comme ceux de David Attenborough.

La perte du lien avec la nature est un phénomène moderne. Avant les révolutions scientifique et industrielle, les Européens avaient une conception radicalement différente d'eux-mêmes. De fait, ces

---

3. P. Wesley Schultz et al., « *Implicit Connections With Nature* », art. cité ; Kathryn Williams et David Harvey, « *Transcendent Experience in Forest Environments* », Journal of Environmental Psychology, *21, 2001, p. 249-260.*
4. Robert Bixler et Myron Floyd, « *Nature is Scary, Disgusting and Uncomfortable* », Environment and Behavior, *29 (4), juillet 1997.*

révolutions ont été au cœur du remodelage des consciences qui a débuté à la fin du XVIIᵉ siècle avec l'apparition de ce que l'on a appelé la philosophie mécaniste, ou mécanisme. Si notre réponse au réchauffement climatique doit passer par une nouvelle transformation des consciences, l'étude de celle qui a commencé il y a trois cents ans peut nous aider à évaluer nos chances de parvenir à cette évolution. En d'autres termes, comprendre comment nous avons rompu avec la nature devrait nous aider à comprendre comment renouer avec elle. L'histoire intellectuelle et sociale de l'émergence de la philosophie mécaniste est complexe et reste discutée. Sa revue détaillée serait très longue, aussi je me bornerai ici à en effectuer un rapide survol[5].

La mort de la Nature

Avant la seconde moitié du XVIIᵉ siècle, la philosophie de la nature communément acceptée hors de l'Église était l'hermétisme, selon lequel le monde était conçu de façon organique, c'est-à-dire à l'image d'un organisme vivant. La distinction moderne entre le vivant et l'inerte n'existait pas ; les roches, les métaux et les éléments n'étaient pas considérés comme passifs, mais animés par un principe interne[6]. Les métaux, par exemple, se développaient sous terre par leur nature propre et non par l'effet d'une force extérieure. Cette conception est souvent attribuée à Platon, qui écrivit au IVᵉ siècle avant notre ère : « Nous pouvons par conséquent affirmer que le monde est un être vivant doué d'une âme et d'une intelligence [...] une entité vivante une et indivisible portant en elle-même tous les êtres vivants, qui lui sont par nature apparentés[7]. »

Séparer le spirituel et le physique fut le premier objectif de la pensée mécaniste du XVIIᵉ siècle. Les philosophes de la nature, surtout dans la seconde moitié du siècle, furent attirés par cette nouvelle vision du monde, étroitement associée à la personne de René Descartes. Pour Descartes, le monde n'est fait que de matière et de

---

5. Voir Clive Hamilton, « The Rebirth of Nature and the Climate Crisis », A Sydney Ideas Lecture, University of Sydney, 7 juillet 2009.
6. Voir Richard S. Westfall, Never At Rest : A Biography of Isaac Newton, Cambridge, Cambridge University Press, 1980, p. 184.
7. Platon, Timée.

mouvement, la matière étant elle-même définie par l'espace qu'elle occupe, à l'exclusion de toute essence ou forme intérieure. Prenant la machine comme métaphore du cosmos, il dénie au monde toute force vitale ou tout dessein propre. La philosophie mécaniste dissèque le monde matériel en particules de plus en plus petites, une conception atomiste d'où l'esprit est banni et dans laquelle la Terre est considérée comme morte. Aujourd'hui, une Terre morte est prise comme allant de soi bien que, comme le souligne Mircea Eliade, la vision d'une nature totalement désacralisée soit une invention récente[8].

Le mouvement romantique des premières décennies du XIXe siècle se posa en réaction contre le déni, opéré par la mécanique et par la pratique industrielle, de toute essence ou de toute force vitale au cœur de la matière. Francis Bacon a choqué en comparant l'expérimentation scientifique à une torture, au cours de laquelle la nature est placée sur un chevalet par l'inquisiteur scientifique qui la force à livrer ses secrets. Pour Wordsworth, la nouvelle science mettait à mort le monde qu'il aimait :

« Douce est la connaissance qu'apporte la Nature ;
Notre esprit inquisiteur
Déforme la beauté des choses :
Pour disséquer, nous tuons[9]. »

Dix ans plus tard, en Allemagne, Goethe exprimait un sentiment semblable :

« Pour décrire les organismes vivants au plus précis
Tu commences par en extraire l'esprit :
Les morceaux sont là, dans le creux de ta main,
Ce qui te manque, c'est le lien vivant que tu as supprimé[10]. »

---

8. *Mircea Eliade*, The Sacred and the Profane : The Nature of Religion, *New York (N. Y.), Harper & Row, 1961, p. 151 [*Le Sacré et le Profane, *Paris, Gallimard, coll. « Folio essais », 1988]. Eliade continue : « Pour d'autres, la nature conserve des charmes, des mystères, une majesté dans lesquels on peut déchiffrer les traces d'anciennes valeurs religieuses. Personne aujourd'hui, quel que soit son sentiment religieux, ne peut être entièrement insensible aux charmes de la nature. »*
9. *William Wordsworth,* The Tables Turned *[1798].*
10. *Johann Goethe,* Faust, *Classique Larousse (trad. Gérard de Nerval).*

Les idées de Descartes sont l'aboutissement d'une rupture philosophique apparue trois siècles plus tôt au sein de la principale école théologique[11], la scolastique. Auparavant, la conception dominante, héritée des Grecs et formalisée par Thomas d'Aquin, donnait à la réalité une dimension mystérieuse, inintelligible pour l'homme. Au cours du XIIIe siècle, certains ont commencé à arguer qu'il n'y avait rien de fondamentalement inexprimable dans la nature divine des choses ou dans leur essence profonde, et que l'on pouvait parler de Dieu comme on parle d'autres êtres vivants. Si rien n'est mystérieux par nature, alors l'esprit humain peut atteindre la vérité de toutes choses. En d'autres termes, puisque le monde réel est lisible et intelligible, l'esprit humain doit pouvoir l'appréhender. C'est ce premier changement de perspective qui permit à Descartes de réduire le monde à la matière et au mouvement. Que l'on ne puisse concevoir la vie que comme un fait lisible et intelligible va de soi pour un esprit moderne, c'est presque une banalité, mais à l'époque, l'idée que l'esprit humain puisse percer le mystère de la vie constitua un bouleversement. Alors que pour Thomas d'Aquin, l'être vivant « possède une profondeur qui échappe à toute connaissance ou analyse[12] », la réalité n'avait, désormais, plus de profondeur particulière. Le mystérieux devenait ce qui n'était pas encore connu, et la connaissance se limitait au rationnel, au conceptuel et à l'empirique. À mesure que cette idée se répandit, la Terre perdit tout pouvoir autre que ceux reconnus par la mécanique[13].

L'hypothèse de cette nouvelle science selon laquelle le monde est compréhensible paraît aujourd'hui établie – le contester passe pour de la superstition – mais elle rencontra pourtant la résistance de poètes et de philosophes comme celle des gens ordinaires. Wordsworth a parlé de « l'intuition sublime de quelque chose de très profondément

---

11. Catherine Pickstock, After Writing : On the Liturgical Consummation of Philosophy, Blackwell, Oxford, 1998 ; Catherine Pickstock, « Duns Scotus : His Historical and Contemporary Significance », Modern Theology, 21 (4), octobre 2005.
12. Catherine Pickstock, After Writing, op. cit., p. 62, 63.
13. Pickstock remarque que les philosophes expérimentateurs tels que Boyle acceptaient l'idée d'une force dans la matière, mais ils la considéraient comme la manifestation d'une causalité divine, comme si un dieu distant avait décidé d'injecter sa propre influence dans un univers mû aussi par des forces mécaniques (After Writing, op. cit., p. 80).

enfoui » – et l'attrait durable jusqu'à nos jours des poètes romantiques (peut-être celui des peintres impressionnistes) correspond à la croyance populaire que quelque chose existe au-delà des apparences superficielles de la vie quotidienne. Dans la science nouvelle, la « vie » ne cache plus rien de mystérieux, elle devient compréhensible en termes biologiques. Ainsi disparut l'idée d'une Terre vivante. Il fallut pourtant un certain temps pour que cette notion ancestrale d'une Terre vivante disparaisse de la conscience collective. En 1817, le philosophe Hegel décrivait la Terre comme « un tout vivant, un individu, car elle est la somme de tous ses propres processus chimiques...[14] » Goethe parlait aussi de la Terre comme d'un « corps vivant[15] » et, en 1851, Thoreau écrivait : « La Terre que je foule n'est pas une masse inerte et morte. Elle a un corps, et un esprit, c'est donc un organisme [...] C'est la plus vivante des créatures[16]. »

En résistant à la division cartésienne entre l'humain et le non-humain, les poètes romantiques et les philosophes firent face à une marée de l'histoire qui les balaya rapidement. C'est d'autant plus regrettable que leur conception est réhabilitée maintenant que la Nature réagit et se rappelle à nous, nous signifiant que notre distance et notre hauteur de vue n'étaient qu'arrogance et que le prétendu « maître » n'était qu'un serviteur qui usurpait le trône pendant que le monarque dormait.

Personne mieux que Robert Boyle, le père de la chimie moderne, n'a su promouvoir la distinction scientifique moderne entre le chercheur et son objet quand il établit les règles de l'expérimentation adoptées par la Royal Society au XVIIe siècle[17]. Dans son ouvrage de 1686, *A Free Enquiry into the Vulgary Received Notion of Nature* [*Une libre enquête sur la conception de la nature communément acceptée*], Boyle représenta le monde sous la forme d'une

---

14. G. W. F. Hegel, Encyclopedie des sciences philosophiques, *Librairie philosophique J. Vrin*.
15. Cité par Arthur Zajonc, « *The Wearer of Shapes : Goethe's Study of Clouds and Weather* », Orion Nature Quarterly, *3 (1), hiver 1984*.
16. D'après son journal, cité par David Skrbina, Panpsychism in the West, Cambridge (Mass.), MIT Press, 2007, p. 224.
17. Catherine Pickstock, After Writing, op. cit., p. 74 ff. Voir aussi Steven Shapin et Simon Schaffer, Leviathan and the Air-Pump : Hobbes, Boyle, and the Experimental Life, Princeton (N. J.), Princeton University Press, 1985.

marionnette animée par une force divine qui peut, à tout moment, décider de bloquer tel ou tel mécanisme interne[18]. Il voyait le monde comme une « rare horloge » qui, une fois construite, est mise en marche de sorte que « tout se passe selon la conception initiale de l'artisan », sans aucune intervention supplémentaire de l'horloger, c'est-à-dire de Dieu[19]. Selon Boyle, cette vision nouvelle s'accordait avec la position de l'Église sur le rôle décroissant de l'intervention divine dans le monde[20]. On bannit Dieu de la Terre pour le reléguer dans un domaine séparé. Si Dieu décide un jour de perturber le mécanisme de l'horloge, qui n'est que matière et mouvement, il faudra interpréter le résultat comme un miracle. Disparu le Dieu qui, tout à la fois, transcende le monde et vit en son sein, il n'est plus que le divin observateur extérieur d'un monde dénué de spiritualité. Ses gestes deviennent des interventions extérieures, en dehors desquelles c'est la science qui fixe les règles[21].

L'idée que la philosophie mécaniste a aidé à libérer les forces qui ont conduit à la crise climatique est controversée. On trouve cependant un argument précoce en sa faveur à la lecture de Boyle qui déplorait qu'une philosophie vénérant le monde naturel vivant empêche les hommes d'exercer leur pouvoir sur lui ; la dévotion envers la nature, écrit-il, est un « obstacle qui décourage les hommes d'étendre leur empire sur les créatures inférieures de Dieu[22] ». Chargé de prononcer, en 1711, le discours annuel des prestigieuses *Boyle Lectures*, William Durham l'exprime de façon plus crue : « Nous pouvons, si besoin est, mettre à sac le globe tout entier, pénétrer les entrailles de la Terre, descendre au plus profond des profondeurs, voyager

---

18. Robert Boyle, A Free Enquiry into the Vulgarly Received Notion of Nature, *édité par by Edward B. Davis et Michael Hunter, Cambridge, Cambridge University Press, 1996 [1686].*
19. Robert Boyle, A Free Enquiry, op. cit., p. 13. *En 1605, Kepler avait écrit que son objectif était « de montrer que la machine céleste devait être comparée non à un organisme divin mais à une horloge » (cité par Carolyn Merchant dans* The Death of Nature : Women, Ecology, and the Scientific Revolution, *San Francisco [Calif.], Harper & Row, 1980).*
20. William C. Placher, The Domestication of Transcendence, *Louisville (Ky.), Westminster John Knox Press, 1996.*
21. *Je remercie Scott Cowdell pour les discussions que nous avons eues ensemble sur ce point.*
22. Robert Boyle, A Free Enquiry, op. cit., p. 15.

jusqu'aux régions les plus reculées de ce monde, pour acquérir de la richesse, pour accroître notre connaissance, ou simplement pour le plaisir de nos yeux et au gré de notre fantaisie[23]. »

Science politique

Avec Descartes, Isaac Newton fut l'autre figure intellectuelle à l'origine de la transition entre l'ancienne philosophie naturelle et la nouvelle. Ses travaux, en particulier les *Principia* (1687), ont contribué plus que tout autre à la révolution de la conscience. En réalité, la philosophie mécaniste est appelée indifféremment vision cartésienne ou vision newtonienne. Au cours de ses premières années d'études à Cambridge, Newton s'imprégna de la philosophie mécaniste, faisant sienne l'idée d'une matière inerte ou inactive, à moins que, bien sûr, elle ne soit soumise à l'action d'une force extérieure. Et pourtant, de sa jeunesse à la fin de sa vie, Newton fut en même temps très engagé dans les idées et les pratiques de l'alchimie, cette discipline des plus ésotériques pratiquée par les adeptes de l'hermétisme[24]. Pendant des années, Newton réunit et étudia de près des manuscrits d'alchimistes, les transcrivant, les traduisant et s'en imprégnant. Il entreprit lui-même des expériences, construisit pour cela son propre laboratoire dans le jardin de son logement à Trinity College, maintenant parfois son four allumé pendant plusieurs jours de suite alors qu'il effectuait ses transformations chimiques. Il fut sans doute l'alchimiste le plus savant et le plus expérimenté de tous les temps.

---

23. *Cité par Carolyn Merchant,* The Death of Nature, *op. cit., p. 249.*
24. *Il existe aujourd'hui une importante littérature sur l'activité d'alchimiste de Newton. Voir en particulier Betty Jo Teeter Dobbs,* The Foundations of Newton's Alchemy, or *« The Hunting of the Greene Lyon »,* Cambridge, Cambridge University Press, 1975 ; *P. M. Rattansi, « Newton's Alchemical Studies », dans Allen G. Debus (ed.),* Science, Medicine and Society in the Renaissance, Londres, Heinemann, 1972 ; *Richard S. Westfall,* Never At Rest : A Biography of Isaac Newton, *Cambridge, Cambridge University Press, 1980 ; Richard S. Westfall, « Newton and the Hermetic Tradition », dans Allen G. Debus (ed.),* Science, Medicine and Society in the Renaissance, *Londres, Heinemann, 1972 ; et David Kubrin, « Newton's Inside Out ! Magic, Class Struggle, and the Rise of Mechanism in the West », dans Harry Woolf (ed.),* The Analytic Spirit : Essays in the History of Science, *Ithaca (N. Y.), Cornell University Press, 1981.*

Divorce d'avec la nature

Il est facile aujourd'hui de se moquer des tentatives de Newton – l'une de ses expériences commençait, de façon naïve, par la consigne : « prendre un baril d'urine[25] » – mais il s'y livra avec la démarche systématique et rigoureuse qui marqua tous ses travaux, qu'il s'agisse de la réflexion ou de l'expérimentation. Newton n'abandonna jamais, tout au long de sa carrière scientifique, l'intuition d'une Terre engagée dans une activité incessante. Par certains aspects, son idée n'était pas très éloignée de la réalité, car la géologie moderne nous enseigne que la croûte terrestre est constamment renouvelée par le processus de subduction, qui enfouit ou fait plonger les plaques tectoniques dans le manteau de la Terre. « La nature est un ouvrier perpétuel[26] », écrivait Newton et, dans les *Principia*, il n'a cessé de chercher à traduire les transformations incessantes de la Terre par l'emploi de verbes comme condenser, fermenter, coaguler, précipiter, exhaler, végéter, circuler et générer[27]. La gravité, causée par « l'action directe de Dieu », était pour lui la force divine qui anime et ordonne l'univers. Aussi contradictoires que paraissent aujourd'hui ces deux visions du monde, la conception mécaniste de Newton est, dès l'origine, pénétrée, de l'idée d'une Terre vivante. Newton introduisit dans la philosophie mécaniste des éléments nouveaux et spécifiques, qui conduisirent certains de ses contemporains à accuser les *Principia* d'occultisme[28].

L'histoire de la pensée de Newton suggère que l'intuition d'une Terre vivante, fondatrice de l'hermétisme, et que la pratique rigoureuse de la science moderne ne sont pas, au fond, incompatibles. Concevoir le monde comme vivant ou mort ne résulte pas d'une décision fondée sur des preuves scientifiques, mais d'une intuition ou d'une habitude. Il est certain que la pratique alchimiste – qui commit

---

25. Cité par Richard S. Westfall, Never At Rest, op. cit., p. 285.
26. Newton, The Correspondence of Isaac Newton, Cambridge, Cambridge University Press, 1959, vol. I, p. 366.
27. Ce point est souligné par P. M. Rattansi dans « Newton's Alchemical Studies », op. cit., p. 176. *Newton distinguait soigneusement les actions « végétales » des actions « purement mécaniques », dont les réactions de la chimie ordinaires faisaient partie. La végétation était un processus par lequel les graines des choses, interagissant avec l'éther ou l'esprit, mûrissaient. Il semble que les alchimistes combinaient les deux notions dans celle de « végétation des métaux », processus de transformation impliquant une purification qui, à son stade ultime, pouvait révéler l'esprit universel.*
28. Richard S. Westfall, Never At Rest, op. cit., p. 185-186, 194.

l'erreur d'interpréter la métaphysique en termes de physique – ne pouvait résister au désaveu cinglant de l'expérimentation scientifique. Mais le mécanisme ne fut jamais rien d'autre qu'une métaphore, bien qu'il ne fallût pas longtemps pour que la métaphore soit confondue à tort avec ce qu'elle était censée représenter, ne serait-ce que parce que cela convenait à certaines forces sociales et politiques. Pour Newton, la difficulté fut que l'hermétisme devint étroitement associé au radicalisme politique et à l'enthousiasme religieux, qui constituaient tous les deux, à la fin du XVIIe siècle, une menace pour l'ordre politique établi et pour l'autorité de l'Église[29]. Le dilemme devint aigu dans les années 1690, lorsque John Toland, militant et libre penseur, fit un lien entre ses exigences de changement social et les implications de la philosophie naturelle de Newton[30]. Si la nature subissait des transformations incessantes, il n'y avait alors pas de justification philosophique à un ordre humain stable[31].

Quelle que soit sa force intellectuelle, le mécanisme ne pouvait s'imposer uniquement par la preuve ou par la logique. L'Église, depuis le Moyen Âge, avait peu à peu renoncé à sa démarche holistique et se voyait menacée par le panthéisme et le fanatisme alors que la vision mécaniste trouvait son avocat dans une classe moyenne naissante, dépendant d'un ordre social stable pour l'accroissement de son influence financière et politique. Le développement du commerce et de l'industrie nécessitait aussi que soit surmontée la résistance à l'exploitation des ressources de la Terre. Dans la mesure où l'on attribuait aux minéraux une sorte de vie végétative, l'exploitation minière devait en être faite avec prudence, et les mineurs se livraient souvent à des rituels expiatoires[32]. Carolyn Merchant a observé que « l'image de la terre comme organisme vivant et comme mère nourricière a servi de contrainte culturelle limitant les actions des hommes. On ne tue pas facilement sa mère...[33] » Il y avait pourtant une pression

---

29. Ce qui suit s'inspire fortement de la contribution de David Kubrin, « Newton's Inside Out ! », art. cité, p. 96-121.
30. David Kubrin, « Newton's Inside Out ! », art. cité, p. 115-116. Voir aussi Margaret Candee Jacob, « John Toland and the Newtonian Ideology », Journal of the Warburg and Courtauld Institutes, 32, 1969, p. 307-331.
31. David Kubrin, « Newton's Inside Out ! », art. cité, p. 116.
32. Carolyn Merchant, The Death of Nature, op. cit., p. 29 et suivantes.
33. Ibid., p. 3.

commerciale croissante pour développer l'exploitation minière. Au cours des quatre-vingt-dix années précédant 1680, la quantité de charbon extraite du sol anglais fut multipliée par dix[34]. L'industrie du vêtement et l'agriculture à grande échelle étaient aussi des secteurs en croissance rapide selon une logique capitaliste, de sorte que « pour la première fois en Angleterre, la terre fut avant tout considérée comme une source de profits par un secteur de l'économie dont la puissance augmentait[35] ».

Max Weber, le fondateur de la sociologie, fait remarquer en introduction de son œuvre majeure, *L'Éthique protestante et l'esprit du capitalisme*, que le développement de certaines conduites rationnelles empiriques peut se heurter à une forte résistance intérieure provenant d'obstacles d'ordre spirituel. « Les puissances magiques et religieuses, sur lesquelles se fondent les idées éthiques du devoir, ont exercé dans le passé certaines des influences les plus structurantes sur le comportement[36]. » Pour se construire une éthique, le capitalisme moderne a dû commencer par surmonter ces obstacles, et c'est l'éthique protestante qui lui a apporté « le changement des repères moraux qui transformait une faiblesse naturelle [l'instinct d'acquisition] en une qualité de l'esprit, et qui baptisait vertus économiques des habitudes dénoncées comme des vices dans des temps plus anciens[37] ». Les calvinistes et les puritains croyaient que Dieu avait donné à l'homme le pouvoir de dominer la Terre, et que c'était dorénavant son devoir de l'exploiter.

S'il est possible d'ôter au monde naturel toute immanence et toute valeur intrinsèque, il ne lui reste de valeur que pour autant qu'il contribue au bien-être de l'homme. Weber parla du « désenchantement du monde » pour qualifier la façon dont l'esprit moderne se mit à concevoir la Terre comme un domaine inerte « qui se trouvait là », mûr pour être exploité. L'idée que le monde était vivant et que nous

---

34. David Kubrin, « Newton's Inside Out ! », art. cité, p. 100.
35. *Ibid.*, p. 100.
36. Max Weber, L'Éthique protestante et l'esprit du capitalisme, Paris, Plon, 1964. *Weber explique que l'égoïsme économique n'est pas le propre du capitalisme moderne, et peut être identifié à toutes les époques. Comme au temps de Jésus, qui chassa les prêteurs à gage des marches du temple.*
37. Les mots sont ceux de R. H. Tawney dans sa préface à l'ouvrage de Weber, *The Protestant Ethic and the Spirit of Capitalism*, Londres, Unwin University Books, 1930, p. 2.

en faisions intimement partie en vint à être considérée comme superstitieuse et peu respectable. L'attitude scientifique de recul dépassionné et de réflexion objective reçut le soutien de l'Église aussi bien que celui de la bourgeoisie montante, et c'est cette alliance qui vit le pouvoir industriel de l'Europe s'étendre au monde entier.

Gaïa : la renaissance de la Nature ?

Dans la tragédie grecque attribuée à Eschyle, Prométhée dérobe le feu à Zeus et le livre aux hommes pour les rendre plus forts. Zeus, furieux, punit à la fois les hommes, en envoyant Pandore et sa boîte, et Prométhée, en le faisant enchaîner à un rocher où un aigle vient lui dévorer le foie, lequel se régénère chaque nuit pour être dévoré à nouveau le lendemain. Prométhée, qui se considère comme un bienfaiteur de l'humanité, révèle qu'il a appris aux hommes à augmenter leur pouvoir grâce à l'agriculture, la métallurgie, la médecine, les mathématiques, l'architecture et l'astronomie. Plus tard, Hercule tue l'aigle et délivre Prométhée. À l'époque moderne, dans l'Europe du XVIIIe siècle[38], l'image d'un « Prométhée libéré » a illustré la puissance libérée de la technologie et de l'industrie. Mais tout comme Zeus et Prométhée demeurent désunis, les immenses pouvoirs de Prométhée ont conduit à la version moderne de la tension entre « le ciel et la terre ». Dans le mythe, ce n'est que lorsque Prométhée livre à Zeus un secret qui permet à ce dernier d'éviter la chute que tous deux, finalement, se réconcilient.

Il fallut environ deux siècles pour que les pouvoirs prométhéens de la science et la technologie, une fois lancés, conquièrent le monde, et ce n'est qu'à partir des années 1960 que les frémissements d'une contestation politique se sont fait sentir. J'ai déjà mentionné les réactions d'indignation que cela déclencha – la réaction hystérique à l'encontre de Rachel Carson, la défense agressive orchestrée par le « trio » des physiciens, la réaction conservatrice aux États-Unis – mais la marée avait déjà commencé à refluer. Il faut chercher la cause de ce retournement dans les excès de la révolution scientifique et

---

38. David Landes, The Unbound Prometheus, Cambridge, Cambridge University Press, 1969.

industrielle elle-même. L'humanité doit aujourd'hui se confronter à la question de savoir si une conscience figée dans l'idée d'une Terre inerte, asservie à ses besoins matériels, peut répondre de façon adéquate à la crise climatique, ou s'il lui faut recouvrer une conscience prête à admettre qu'une Terre peut être vivante tout en restant scientifiquement crédible. À l'évidence, le retour à un animisme préscientifique est hors de question : nous en savons trop. Le développement de l'écologie a aidé à mettre en évidence les interrelations complexes entre les systèmes naturels et notre dépendance à leur égard pour notre survie. Bien que les écologistes eux-mêmes puissent être motivés par quelque intuition plus profonde, l'écologie en tant que science ne sort pas des cadres de la philosophie mécaniste. La notion de « systèmes adaptatifs complexes » est difficile à traduire en une image de la vie que nous puissions reconnaître.

De toutes les conceptions que j'ai pu rencontrer sur ce que pourrait être, d'un point de vue écologiste, une Terre vivante, la plus défendable est issue de la source la plus inattendue. Dans un livre publié en 1926, Jan Smuts, plusieurs fois premier ministre d'Afrique du Sud et philosophe reconnu, proposa le terme « holisme » pour décrire la relation entre humains et non-humains. Rejetant toute conception mécaniste, Smuts le décrivit comme la caractéristique propre à un tout d'être plus que la somme de ses parties : « Le concept de holisme [...] dissout les concepts hétérogènes de matière, de vie et d'esprit, et les recristallise en tant que formes polymorphes d'eux-mêmes [...] Nous devons ainsi nous attendre à trouver plus de vie dans la matière, et plus d'esprit dans la vie, parce que les démarcations strictes qui les séparaient ont disparu[39]. »

Smuts développait une intuition sans disposer de la science pour l'étayer.

Plus récemment, une autre idée a émergé, qui s'efforce d'appliquer les meilleures explications scientifiques à l'idée d'une Terre vivante – il s'agit de la théorie Gaïa de James Lovelock. C'est en travaillant à

---

39. Jan Smuts, Holism and Evolution, Londres, Macmillan, 1926, p. 108-109. En 1970, le directeur du Christ's College, où Smuts fut étudiant au début des années 1890, estima qu'en 500 années d'histoire, seuls trois étudiants de son institution avaient été « vraiment exceptionnels » : John Milton, Charles Darwin et Jan Smuts.

la NASA sur les méthodes de détection de la présence de la vie sur Mars que Lovelock eut l'intuition que la Terre était un énorme organisme vivant, tirant son énergie du Soleil[40]. Le fondement de cette hypothèse est que « l'évolution des espèces et l'évolution de l'environnement sont étroitement couplées en un processus unique et indécomposable[41] ». La théorie Gaïa soutient que la Terre est un système vivant dans lequel la biosphère interagit avec ses autres composantes physiques – l'atmosphère, la cryosphère (la partie glacée de la Terre), l'hydrosphère et la lithosphère (la croûte terrestre) – pour maintenir des conditions favorables à la vie. « Nous vivons dans un monde qui a été construit par nos ancêtres, anciens et modernes, et qui est entretenu en permanence par tout ce qui vit aujourd'hui[42]. »

La vie ne fait pas que répondre et s'adapter à ce qui l'environne, elle adapte cet environnement à ses propres fins. En particulier, la composition de l'atmosphère, la température de la surface de la Terre et la salinité des océans sont maintenus par la biosphère dans un état stable propice à la vie. Dans le cas de la température, Lovelock affirme que la capacité inconsciente de la vie à réguler l'atmosphère de la Terre a permis de maintenir une température assez stable, quand bien même l'énergie envoyée par le Soleil sur la Terre a augmenté de 25 à 30 % depuis que des formes de vie sont apparues. De nombreux travaux scientifiques, dans lesquels sont identifiés et mesurés divers mécanismes de rétroactions positives, donnent désormais de la crédibilité à la théorie Gaïa.

Lovelock est-il ainsi parvenu à résoudre le casse-tête du mariage entre l'idée d'une Terre vivante et les méthodes de la science moderne ? La théorie Gaïa affirme certes que la Terre est vivante, mais cela conduit juste à se poser la question de ce que l'on entend par « vivant ». Il est, à l'évidence, impossible de donner une bonne définition de ce qu'est la vie[43]. Les définitions biochimiques sont centrées

---

40. *James Lovelock,* The Ages of Gaia : A Biography of our Living Earth, *Oxford, Oxford University Press, 1989 [*Les Âges de Gaïa, *Paris, Robert Laffont, 1990]. James Lovelock,* The Revenge of Gaia, *Londres, Penguin, 2007 [*La Revanche de Gaïa, *Paris, J'ai lu, coll. « Essais »]. James Lovelock,* The Vanishing Face of Gaia, *Camberwell, Allen Lane, 2009.*
41. *James Lovelock,* The Ages of Gaia, *op. cit., p. 12.*
42. *Ibid., p. 33.*
43. *Voir, par exemple, la rubrique « Life » du* Stanford Encyclopedia of Philosophy.

sur l'observation des entités vivantes, qui se développent, ont un métabolisme, répondent à des stimuli, possèdent un ADN, se reproduisent, meurent et évoluent au fil des générations. Et pourtant ces définitions réduisent la vie à certaines de ses propriétés et semblent passer à côté de quelque chose d'essentiel. Et elles ne militent pas non plus en faveur de l'idée d'une Terre vivante qui ne fasse pas tout ce que font les entités vivantes.

On peut trouver une autre définition de la vie en observant que les formes de vie semblent s'opposer, tant qu'elles vivent, à la seconde loi de la thermodynamique, selon laquelle l'univers évolue toujours d'un état ordonné vers un état désordonné, processus connu sous le nom d'entropie. Ainsi, lorsque le charbon est stocké dans le sol, il est dans un état très utile car il constitue une source concentrée d'énergie. Lorsqu'il est extrait du sol pour être brûlé, son énergie est utilisée et ses composants physiques sont dispersés autour du globe. Le désordre représente la dégradation de l'énergie utile après que le charbon a été brûlé. Les organismes vivants peuvent contrecarrer les effets de l'entropie au travers de processus métaboliques qui créent de l'ordre et de l'organisation au sein de leurs limites physiques ; ils créent de l'ordre à partir du désordre. La vie peut ainsi être considérée comme un processus qui s'oppose un temps à la dissipation incessante de l'énergie et de la matière dans l'univers. Cependant, tandis qu'elles absorbent les flux de matière et d'énergie pour s'opposer à leur propre décomposition, les formes de vie produisent également des déchets vers leur environnement, accélérant ainsi l'entropie de celui-ci.

Lovelock se montre séduit par cette explication lorsqu'il écrit : « Si la vie est définie comme un système auto-organisé caractérisé par une entropie durablement petite, alors, vue de l'extérieur [de l'entité ou du système vivant], ce qui se trouve à l'intérieur est vivant[44]. » Il s'agit d'une idée qui va dans son sens car elle conforte l'affirmation selon laquelle la Terre est un organisme vivant. Pourtant, en l'examinant

---

44. James Lovelock, The Ages of Gaia, op. cit., p. 27. On pourrait penser que la capacité à se reproduire fasse partie de la définition de la « vie ». Lovelock remarque que la vie à l'échelle d'une planète se régule si bien qu'elle est « presque immortelle » et n'a donc pas besoin de se reproduire (p. 63).

de plus près, la notion de la vie propre à la théorie Gaïa ne pourrait que nous lancer dans une démarche qui rendrait la Terre moins que vivante.

Dans les premières années, Lovelock fut critiqué par ses confrères scientifiques qui lui reprochèrent d'adopter implicitement une position téléologique, c'est-à-dire de penser que la Terre évoluait délibérément vers un but déterminé. Pour un esprit scientifique moderne, la téléologie est une hérésie, et Lovelock prit soin de prendre ses distances : « On ne peut atteindre à la connaissance véritable en prêtant une "intention" à un phénomène », écrivit-il[45].

Pour prouver que Gaïa n'était pas une théorie téléologique, Lovelock développa un modèle numérique très simple simulant une planète dominée par deux espèces de plantes – des pâquerettes blanches et des pâquerettes noires[46]. Les pâquerettes blanches réfléchissent beaucoup la lumière solaire, alors que les pâquerettes noires la réfléchissent peu et l'absorbent beaucoup. Si la planète devient trop chaude, les pâquerettes blanches poussent en plus grande quantité. Les surfaces blanches réfléchissent davantage la lumière et la planète se refroidit. Lorsqu'elle se refroidit trop, les pâquerettes noires prennent le dessus.

Le modèle du *Daisyworld [Le monde des pâquerettes]* peut être utilisé pour montrer qu'une planète est capable de s'autoréguler avec « l'objectif » de maintenir les conditions de la vie. C'est un système de rétroactions qui a un objectif sans avoir d'intention, exactement comme une machine pourvue d'un pilote automatique. Lovelock le décrit en termes cybernétiques comme un système autorégulateur dépourvu de conscience, qui est constamment ramené vers un point homéostatique (bien que ce point puisse sauter vers un nouvel équilibre), un système circulaire qui remplace l'habituel mode de pensée séquentiel des sciences.

On voit qu'en abandonnant toute téléologie, Lovelock est retourné à l'idée d'un monde gouverné par une philosophie mécaniste dans lequel la « Terre vivante » peut n'être rien de plus qu'une métaphore. En fin de compte, Lovelock définit Gaïa comme un « système de

---

45. Ibid., p. 214-215.
46. Ibid., p. 35-38.

Divorce d'avec la nature | 171

contrôle » qui a « la capacité de réguler la température et la composition de la surface de la Terre et de la maintenir accueillante pour les organismes vivants[47] ». Gaïa est en réalité un système mécanique dans lequel Lovelock a subrepticement introduit la vie. Il oppose l'idée d'une Terre vivante à la conception classique d'une « planète morte qui porte la vie comme un simple passager[48] » ; mais la Gaïa de Lovelock est une planète morte, avec quelques organismes vivant à sa surface qui modifient mécaniquement les composantes dépourvues de vie du système.

Lovelock finit par admettre que lorsqu'il parle de la Terre comme d'un être vivant, c'est uniquement dans un sens métaphorique, précisant que nous devrions « *imaginer* qu'elle est l'organisme vivant le plus grand du système solaire ». « Si nous n'adoptons pas l'idée que la Terre se comporte *comme si elle était vivante*, du moins en ce qui concerne la régulation de son climat et de sa chimie, nous n'aurons jamais la volonté de changer[49]. » Il est cependant difficile de croire que nous serons motivés pour changer radicalement nos modes de vie simplement en imaginant que Gaïa est vivante plutôt qu'en le ressentant profondément.

Lovelock est le fils spirituel de René Descartes et non de Thomas d'Aquin. Pour lui, Gaïa doit se présenter comme un univers clair, lisible et intelligible. Si la vie se trouvait receler quelque chose d'indéfinissable et de mystérieux, la Gaïa de Lovelock ne pourrait être vivante. Lovelock est davantage un produit de la pensée mécaniste qu'il ne le croit. Après la publication de son ouvrage, *Les Âges de Gaïa*, il avoua avoir été stupéfait du nombre de lecteurs qui avaient essentiellement perçu sa vision en termes religieux et transcendants. Quoi de surprenant à ce que bon nombre de lecteurs aient lu son livre avec une approche différente, avec un point de vue qui admet que l'existence est plus complexe qu'il n'y paraît et que la vie et le cosmos puissent avoir une origine mystérieuse ?

Bien que rejetant la téléologie d'un point de vue formel, Lovelock a une approche anthropomorphique de Gaïa. Il la présente sous les

47. Ibid., *p. 31.*
48. Ibid., *p. 79.*
49. James Lovelock, The Revenge of Gaia, op. cit., *p. 21-22.*

traits d'une déesse de l'Olympe qui oscille entre indifférence, impatience et hostilité envers les êtres humains rampant à sa surface. Pour ceux qui sont sensibles à la souffrance humaine, la tentation est grande de se protéger de la douleur en se réfugiant dans l'abstraction. Dans ses livres, Lovelock se projette dans un avenir où le million d'hommes qui a survécu par sélection naturelle a créé « une planète vraiment sensible[50] », un endroit d'où il peut déclarer que les habitants actuels de la Terre n'ont d'importance que dans la mesure où ils fournissent la matière première de l'homme du futur, qui sera « un animal bien meilleur[51] ». C'est une consolation pour l'octogénaire Lovelock, mais cela n'en sera pas une pour les futures vagues de réfugiés climatiques errant à la surface des océans à la recherche d'un nouvel abri. La poétesse australienne Judith Wright exprime avec une émotion beaucoup plus authentique son désespoir causé par la destruction de l'environnement :

« Je félicite la sécheresse extrême, la poussière qui tourbillonne,
la crique qui se dessèche, et l'animal furieux,
de s'opposer encore à nous ;
qui sommes dévastés par ce que nous tuons[52]. »

Bien que Lovelock n'ait pas réussi à prouver que sa Gaïa est une entité vivante, ses livres ont renforcé de nombreux lecteurs dans leur conviction intuitive que la Terre était vivante, en un certain sens, et qu'elle avait par conséquent des intérêts à défendre. Ses autres contributions au débat sur le réchauffement climatique ont été bien moins utiles. Il se montre méprisant à l'égard de l'écologie, mais ses motifs sont difficiles à deviner. Il s'oppose farouchement aux éoliennes, en particulier lorsqu'elles sont proches de son domicile dans l'Angleterre rurale, et considère que la protection de la beauté des paysages est plus importante que la promotion des énergies renouvelables.

---

50. *James Lovelock*, The Vanishing Face of Gaia, op. cit., *p. 162.*
51. Ibid., *p. 21.*
52. *Judith Wright*, Australia, 1970, *dans* The Collins Book of Australian Poetry, *1981.*

Le Moi et le monde

La philosophie mécaniste a établi un clivage entre humains et non-humains, ouvert une fissure entre les hommes et la nature, poussant les individus à se focaliser peu à peu sur eux-mêmes. Le processus a atteint son sommet avec le développement du consumérisme moderne, particulièrement au cours de la période allant du début des années 1990 à la crise financière de 2008. L'incitation persistante à fonder les identités individuelles sur la consommation a renforcé la prééminence du Moi extérieur. Malgré ces pressions, nombreux sont ceux qui conservent le sens d'une relation avec l'environnement, comme si trois siècles de pensée mécaniste, d'autodétermination et d'autocréation avaient certes masqué les liens primaux avec le monde naturel, mais sans les couper totalement. Au cours des dernières années, un grand nombre de recherches ont permis de mesurer les liens que l'individu moderne a conservés avec la nature[53].

La conception du Moi n'est pas fixe, elle est dynamique, réagissant au fil du temps à des influences sociales, culturelles et individuelles. Dire que l'ère du néolibéralisme et du consumérisme moderne a favorisé des comportements plus centrés sur soi, plus individualistes, revient à reconnaître implicitement ces fluctuations. En outre, la conception du Moi diffère systématiquement d'une culture à l'autre ; les pays asiatiques, par exemple, définissent l'individu moins par la façon dont il se distingue des autres que par le type de relations qu'il établit avec eux. De fait, l'observation de ces différences culturelles a poussé les psychologues à définir des formes distinctes de « construction de soi », la forme indépendante et la forme interdépendante[54]. Ceux qui mettent en avant leur singularité procèdent de la *construction de soi indépendante*. Ce modèle, caractéristique de l'individualisme occidental, valorise l'autonomie et favorise le développement

---

53. Pour ce qui suit, je me fonde particulièrement sur Steven Arnocky, Mirella Stroink et Teresa DeCicco, « Self-construal Predicts Environmental Concern, Cooperation and Conservation », Journal of Environmental Psychology, 27, 2007, p. 255-264.
54. Steven Arnocky et al., « Self-construal predicts environmental concern », art. cité. Voir aussi Teresa DeCicco et Mirella Stroink, « A Third Model of Self-Construal : The Metapersonal Self », International Journal of Transpersonal Studies, 26, 2007, p. 82-104.

de soi, la motivation personnelle, la prise de conscience de ses propres qualités et de ses objectifs personnels. À l'inverse, ceux qui envisagent un *Moi se construisant de façon interdépendante* mettent en avant les relations avec les autres ; la barrière qui sépare le soi des autres est plus poreuse, si bien que l'on fait davantage siens les intérêts et les préoccupations des autres. Il ne s'agit pas tant d'une empathie que d'une identité *définie* en lien avec les autres, de sorte que les notions de statut, d'appartenance, de devoir et de respect sont valorisées. La construction interdépendante du Moi n'est pas toujours associée à une approche altruiste ; elle peut être motivée par le désir d'une harmonie à l'intérieur du groupe au détriment de l'extérieur du groupe, ou par des objectifs altruistes qui abolissent la division entre l'intérieur et l'extérieur du groupe[55]. L'idée est voisine de celle de Robert Putnam lorsqu'il établit une distinction entre deux types de capital social : le *bonding social capital*, qui met en avant les réseaux sociaux au sein de groupes homogènes (par exemple, les bandes, les groupes ethniques et certains groupements religieux), et le *bridging social capital*, qui met l'accent sur les réseaux entre groupes sociaux hétérogènes et vise à détruire les barrières[56].

Ces deux formes de conception du Moi, bien identifiées, partagent une caractéristique vitale – elles sont anthropocentriques, elles ne se préoccupent que des seuls intérêts de l'homme. Récemment, deux chercheurs canadiens, Mirella Stroink et Teresa DeCico, ont défini un troisième modèle de construction[57]. La *construction méta-personnelle* envisage un Moi inséparable de toutes les choses vivantes ou, de façon plus large, de la Terre ou du cosmos. Cette conception d'un Moi élargi, qui étaye la pratique et la théorie bouddhistes, se retrouve dans toutes les cultures.

La plupart des êtres humains combinent des éléments des trois modèles, bien que chaque culture valorise et encourage telle orientation plus que telle autre. Il est clair que le consumérisme occidental

---
55. Je remercie Tim Kasser de m'avoir suggéré cette distinction.
56. Robert Putnam, Bowling Alone : The Collapse and Revival of American Community, *New York (N. Y.)*, Simon & Schuster, 2000.
57. Mirella Stroink et Teresa DeCicco, « A Third Self-Construal : Cultural Differences and Underlying Value Dimensions », non publié, novembre 2008 ; Steven Arnocky et al., « Self-construal Predicts Environmental Concern », art. cité.

favorise largement un Moi indépendant, et que l'écologie occidentale, dans son courant *Deep Green*[58], met en avant un Moi méta-personnel. Le consumérisme chinois émergent (que nous avons abordé dans le chapitre 3) favorise un déplacement du type interdépendant vers un Moi indépendant. Comme nous allons le voir, la façon dont nous construisons notre Moi détermine pour une large part celle dont nous réfléchissons à l'environnement naturel et dont nous envisageons d'agir dans ce domaine. En fait, les types de préoccupations concernant l'environnement et les modèles de construction se correspondent bien[59]. Plus précisément : le degré d'indépendance de la construction du Moi est corrélé à une forme égocentrique de préoccupation environnementale, autrement dit qui déplore les effets d'une dégradation de l'environnement sur notre propre bien-être ; la construction interdépendante est corrélée, pour sa part, à des valeurs altruistes, c'est-à-dire concernée par les effets de la qualité de l'environnement sur les autres ; et la construction méta-personnelle est associée à des « valeurs biosphériques », qui incluent les préoccupations à l'égard de tout l'environnement et de tous les organismes vivants.

Il est intéressant de penser ces trois formes de construction en termes de degrés d'expansion et de contraction du Moi. Le Moi interdépendant comprend une extension qui englobe les autres humains, alors que le Moi méta-personnel comprend une extension qui englobe tous les organismes vivants et l'environnement comme un tout. La biosphère acquiert de la valeur parce qu'elle est incluse dans la conception du Moi[60]. De la même façon que ceux qui ont un Moi fortement interdépendant ressentent la mort d'un proche comme une désintégration de l'individu, ceux qui ont un Moi fortement méta-personnel ressentent la destruction d'un objet naturel valorisé comme la mort d'une partie d'eux-mêmes.

Le Moi interdépendant est plus limité que le méta-personnel, mais un Moi élargi pour tout englober ne s'accompagne pas toujours

---

58. *Courant écologique radical*, NdT.
59. Steven Arnocky et al., « *Self-construal Predicts Environmental Concern* », art. cité, p. 256.
60. P. Wesley Schultz, « *The Structure of Environmental Concern : Concern for Self, Other People, and the Biosphere* », Journal of Environmental Psychology, *21, 2001, p. 327-339.*

d'autant de sentiments altruistes qu'un Moi interdépendant. Nous avons tous rencontré des personnes qui portaient une attention intense au bien-être des autres mais peu à l'environnement, et d'autres qui se sentaient profondément inquiets de l'état de l'environnement, mais peu du sort des autres, sauf de façon abstraite. Mais le premier groupe est probablement beaucoup plus nombreux que le second : ceux qui défendent des valeurs biosphériques sont plus portés à l'altruisme que les personnes altruistes ne le sont aux préoccupations biosphériques[61]. Cela se comprend, car la biosphère englobe les hommes, mais l'humanité n'inclut pas la biosphère.

Lorsque les politiques gouvernementales et les campagnes des ONG font appel à l'intérêt des gens, elles présupposent un modèle de construction indépendant, cohérent avec les valeurs du marché. Cependant, ceux qui portent des valeurs égoïstes peuvent ne pas être convaincus que les comportements qu'on leur demande d'adopter leur apporteront un quelconque bénéfice, mêmes s'ils vont dans l'intérêt des autres ou de la biosphère : ils ne bougeront donc pas. Dans le passé, l'appel aux valeurs égoïstes pour des causes environnementales a pu être efficace parce qu'en agissant pour nous protéger nous-mêmes, nous défendions aussi les intérêts des autres. Dans le cas du réchauffement climatique, les actions individuelles ne permettent pas de se protéger de ses conséquences ni de réduire la menace de façon importante. Pourtant, les politiques publiques et les diverses campagnes peuvent renforcer les préoccupations égoïstes, et faire ainsi plus de mal que de bien. Tel est le fondement de la critique du consumérisme vert formulée dans le chapitre 3.

Beaucoup d'études sont venues conforter cette thèse. Au cours de l'une d'elles, des sentiments de solidarité étaient suggérés à des participants à qui l'on faisait déchiffrer des phrases contenant des mots comme « groupe », « amitié » et « ensemble »[62]. Puis ces participants étaient soumis à un dilemme social dans lequel deux parties tiraient

---

61. Steven Arnocky et al., « Self-construal Predicts Environmental Concern », art. cité, p. 258 ; P. Wesley Schultz, « The Structure of Environmental Concern », art. cité, p. 336.
62. Sonja Utz, « Self-Construal and Cooperation : Is the Interdependent Self More Cooperative than the Independent Self ? », Self and Identity, 3, 2004, p. 177-190.

bénéfice d'une action altruiste. Ceux qui étaient enclins à penser d'une manière interdépendante soulignèrent les bénéfices pour les autres. En revanche, lorsque des sentiments d'indépendance leur furent insufflés à l'aide de mots comme « individu », « autonome » et « indépendant », ils se comportèrent de manière plus égoïste. En montrant que des comportements altruistes et égoïstes pouvaient être activés, l'étude suggère que nous possédons tous un mélange d'indépendance et d'interdépendance, et que l'une ou l'autre de ces tendances peut s'exprimer, de façon temporaire ou chronique, en réaction à l'environnement social.

Certains signes attestent que la mise en condition fonctionne lorsqu'elle s'oppose à la norme culturelle. Quand des sentiments d'interdépendance, par exemple, sont activés chez des Américains, pour qui la norme culturelle est l'indépendance, les sujets observés manifestent davantage de valeurs collectives, mais lorsque des sentiments d'indépendance sont activés, les valeurs individualistes ne sont pas renforcées[63]. On remarque le contraire à Hong-Kong où, malgré quarante ans de capitalisme, le Moi interdépendant reste plus fort qu'aux États-Unis. Il est probable que dans un pays hautement individualiste comme les États-Unis, le Moi indépendant est activé en permanence dans la vie quotidienne, de sorte qu'une mise en condition supplémentaire n'a pas d'effet. On a pu montrer que les personnes présentant une tendance consumériste – dont le « système de valeurs insiste sur l'importance de la possession matérielle et la poursuite de l'enrichissement personnel » – sont plus attentives au développement de soi et moins sensibles aux intérêts de la communauté, et que celles qui ont, en revanche, des valeurs biosphériques – pour qui l'élargissement du concept de Moi inclut les intérêts de l'environnement naturel – sont plus sensibles à ce qui transcende l'individu qu'au développement personnel, et adoptent un comportement plus responsable à l'égard à l'environnement[64]. En outre, la conception du Moi montre

---

63. Wendi Gardner, Shira Gabriel et Angela Lee, « "I" Value Freedom, But "We" Value relationship : Self-construal Priming Mirrors Cultural Difference in Judgment », Psychological Science, 10 (4), juillet 1999.
64. Jacob Hirsch et Dan Dolderman, « Personality Predictors of Consumerism and Environmentalism : A preliminary study », Personality and Individual Differences, 43, 2007, p. 1583-1593.

une bonne corrélation avec certains traits de caractère personnels. L'affabilité, en particulier, mélange d'empathie, de compassion et d'attention aux autres, est un bon indicateur du degré de consumérisme et de préoccupation environnementale. Les personnes dont le système de valeurs est de type consumériste sont moins « affables » que ceux dont le système de valeurs inclut l'intérêt pour l'environnement[65]. Pour résumer, les écologistes sont plus sympathiques que les consommateurs.

Ce que prouvent ces études, c'est que si l'objectif est de motiver les individus pour agir sur le changement climatique, il ne faut pas renforcer leur Moi indépendant, mais en appeler à leur sens social et coopératif. Parmi les trois aspects du Moi que nous avons distingués, indépendant, interdépendant et méta-dépendant, l'interdépendant et le méta-dépendant sont plus enclins à la solidarité et au partage des ressources, le premier avec les autres et le second avec l'ensemble de la biosphère[66]. Cela ne signifie pas que ceux qui ont une conception indépendante du Moi ne se soucient pas de l'environnement, mais qu'ils se préoccupent des effets de la dégradation de l'environnement sur leurs intérêts propres et sur ceux de leurs enfants. Pour eux, le Moi est individuel. Il est préférable d'éviter les messages dirigés vers les intérêts personnels, comme le soulignent Tom Crompton et Tim Kasser, pour qui brandir le spectre du réchauffement climatique nous ramène à notre condition de mortels et peut nous inciter à consolider notre sens du Moi de manière contre-productive : « Compte tenu du climat économique et culturel qui juge souvent la valeur d'un individu à son statut financier ou à l'aune de ce qu'il ou elle possède, il est probable que, quand [...] on leur rappellera qu'ils sont mortels, cela déclenchera des réflexes matérialistes d'enrichissement[67]. »

Le changement climatique n'est pas seulement la conséquence des pouvoirs de transformation de la révolution scientifique et

---

65. Ibid.
66. Steven Arnocky et al., « *Self-construal Predicts Environmental Concern* », art. cité.
67. Tom Crompton et Tim Kasser, Meeting Environmental Challenges : The Role of Human Identity, op. cit., *p. 19. Ce résultat est associé à de brefs rappels de notre mortalité ; lorsque nous intégrons profondément l'idée de notre mort, nous sommes enclins à adopter des valeurs moins égocentrées ; je reviendrai sur ce sujet dans le chapitre 8.*

industrielle, ni même des forces politiques et culturelles du fétichisme de la croissance et du consumérisme ; il découle aussi d'un remodelage de la conscience humaine. Le divorce d'avec la nature a inexorablement conduit à renforcer le repli sur un Moi individuel. Le changement n'a pas été total, il a rencontré une certaine résistance en cours de route, mais il a été suffisamment important pour qu'une réponse adéquate à la rupture climatique soit beaucoup plus difficile à mettre en œuvre. Car si nous sommes englués dans une crise existentielle parce que Prométhée a été libéré, notre salut exigera qu'il soit à nouveau enchaîné. La tâche n'incombera pas à Zeus, mais aux hommes, auxquels Prométhée a permis de s'épanouir. Les tendances actuelles laissent penser qu'à un problème prométhéen sera recherchée une solution prométhéenne. Et, comme l'a dit quelqu'un[68], si ces tendances persistent, nous n'y parviendrons pas.

---

68. Daniel McGuire, « More People : Less Earth, the Shadow of Mankind », dans Daniel McGuire et Larry Rasmussen, Ethics for a Small Planet, Albany (N. Y.), State University of New York Press, 1998, p. 48.

Chapitre 6 / Y A-T-IL UNE ISSUE ?

Laissons provisoirement de côté le grand dessein de forger une nouvelle conscience et demandons-nous s'il n'existe pas une façon plus prosaïque et plus immédiate d'éviter le désordre climatique. Ne pouvons-nous déployer toutes les ressources de la révolution scientifique, de la technologie et du savoir-faire ? La technologie nous offre trois solides motifs d'espérer – la capture et le stockage du carbone, les énergies renouvelables et l'énergie nucléaire – et une stratégie de secours audacieuse si tout le reste échoue – la géo-ingénierie. Passons-les en revue.

La capture du carbone

Lorsque nous extrayons et brûlons du charbon, le dioxyde de carbone s'échappe dans l'atmosphère et perturbe le climat. Ne serait-il pas possible d'extraire le dioxyde de carbone de la fumée des centrales thermiques et de l'enfouir dans le sol pour qu'il y reste indéfiniment ? Nous pourrions alors continuer à brûler du charbon tout notre soûl. Après tout, les réserves connues de cette manne noire, au rythme actuel d'utilisation, garantissent encore deux ou trois cents ans de consommation[1]. Capturer le carbone et s'en débarrasser proprement, c'est le rêve de l'industrie du charbon. Elle a mis sur pied des instituts, mobilisé des experts, fait agir des lobbyistes auprès des gouvernements et conduit une campagne publicitaire habile pour redorer le blason de la forme d'énergie la plus sale du monde. Pour décrire le processus de capture et de stockage du dioxyde de carbone, les

---

1. Le World Energy Council évalue les réserves économiquement récupérables de charbon, sans compter les sources non conventionnelles, à 850 milliards de tonnes. Au taux actuel d'extraction, cela représente 150 ans. En ajoutant les réserves connues potentiellement exploitables, on double cette estimation. Les États-Unis détiennent les réserves les plus importantes, suivis par la Russie, la Chine et l'Australie (Judy Trinnaman et Alan Clarke [eds], Survey of Energy Resources 2007 : Coal, Londres, World Energy Council, 2007).

publicitaires ont inventé le bel euphémisme de « charbon propre », une expression qui « mobilise le formidable pouvoir du mot propre »[2]. Les dirigeants politiques se sont convertis en masse au « charbon propre », c'est-à-dire à la capture et au stockage du carbone (CSC). Au Royaume-Uni, Gordon Brown, quand il était Premier ministre, a affirmé qu'il fallait s'y mettre « si nous voulions avoir la moindre chance de remplir nos objectifs mondiaux[3] ». Le ralliement public du président des États-Unis, Barack Obama, au « charbon propre » apparaît maintenant dans les vidéos destinées aux responsables des relations publiques réalisées par un lobby industriel, l'American Coalition for Clean Coal Electricity[4]. Les conseillers les plus importants du président, Steven Chu et John Holdren, en sont des promoteurs convaincus. La chancelière allemande, Angela Merkel, soutient les projets de construire des dizaines de nouvelles centrales à charbon, dans l'espoir qu'il sera possible, un jour, de capturer le dioxyde de carbone et de l'envoyer vers des sites de stockage souterrains[5]. En Australie, le plus gros exportateur de charbon du monde et le pays qui dépend le plus du charbon pour son électricité, le Premier ministre, Kevin Rudd, a déclaré que la CSC était une technologie « essentielle » pour créer des emplois et pour diminuer les émissions de gaz à effet de serre[6].

Le rapport Stern qualifie la CSC de « cruciale[7] ». Jeffrey Sachs, directeur de l'Institut de la Terre, reprend l'opinion communément répandue selon laquelle, dès lors qu'il n'est pas envisageable que la Chine arrête de construire des centrales à charbon, la technologie « a intérêt à fonctionner, sinon nous serons dans un tel pétrin que nous ne pourrons pas nous en sortir[8] ». Le rapport Garnaut déclare d'emblée

---

2. http://www.onedigitallife.com/2009/02/26/the-awesome-power-of-the-word-clean
3. Anonyme, « Trouble in Store », The Economist, 5 mars 2009.
4. Groupement américain pour une électricité à base de charbon propre, NdT. http://www.youtube.com/watch?v=GehK7Q_QxPc
5. Roland Nelles, « Germany Plans Boom in Coal-Fired Power Plants Despite High Emissions », Der Spiegel Online, 21 mars 2007.
6. Matthew Franklin, « Obama Supports Rudd on Clean Coal », Australian, 26 mars 2009.
7. Nicholas Stern, The Economics of Climate Change, Cambridge, Cambridge University Press, 2007, p. 251.
8. Jeffrey Sachs, « Living with Coal : Addressing Climate Change », Discours à la Asia Society, New York, 1er juin 2009. Mike Stephenson, directeur scientifique à la British Geological Survey, déclare : « Peu importe ce que

que l'avenir du charbon dépend de la réussite de cette technologie. Ross Garnaut, totalement confiant dans sa faisabilité et sa commercialisation rapide, prédit qu'un monde menacé par le carbone assurera à l'industrie charbonnière australienne de nombreuses décennies de croissance[9]. Flattant les responsables politiques, il écrit que grâce au succès du « charbon propre », les impacts négatifs des émissions de gaz à effet de serre dans les régions dépendant du charbon ne se feront pas sentir « avant longtemps ».

Les dirigeants ont tenu leurs promesses avec l'argent du contribuable, et déversé des flots de financement public dans la recherche. Le projet de loi présenté au début de 2009 par l'administration Obama pour relancer l'économie allouait ainsi 3,4 milliards de dollars pour la CSC et, en mai 2009, le département de l'énergie des États-Unis annonçait qu'il engageait 2,4 milliards de dollars pour « développer et accélérer le déploiement industriel de la capture et du stockage du carbone », technique que le secrétaire d'État à l'Énergie, Steven Chu, décrivait comme essentielle à la stratégie du gouvernement[10]. Le même mois, en Australie, le gouvernement Rudd annonçait sa décision d'investir 2,4 milliards de dollars australiens (environ 1,7 milliards d'euros) pour la réalisation d'un projet expérimental à échelle industrielle[11].

La tentation est humaine de se raccrocher à n'importe quel semblant d'espoir et, de ce point de vue, le « charbon propre » est une aubaine. Quel gouvernement pourrait repousser la promesse de lutter à la fois contre le réchauffement climatique et pour la préservation de l'industrie du charbon ? Selon *The Economist*, « l'idée que le charbon propre [...] sauvera le monde du réchauffement climatique est devenue une sorte d'acte de foi pour les décideurs politiques[12] ».

> nous, Occidentaux, leur disons, ils voudront tout de même exploiter leur charbon [...] La seule solution est de rendre l'utilisation du charbon sûre et inoffensive pour l'environnement » (Robin McKie, « Coal at the Centre of Fierce New Climate Battle », Observer, 15 février 2009).
> 9. Ross Garnaut, The Garnaut Climate Change Review, op. cit., p. 392.
> 10. Anonyme, « Trouble in Store », art. cité ; http://www.themoneytimes.com/20090518/carbon-capture-storage-projects-funded-id-1068423.html
> 11. Christian Kerr, « Carbon Capture to Save Industry », Australian, 13 mai 2009.
> 12. Anonyme, « Trouble in Store », art. cité.

Les gouvernements ont été si réticents à restructurer leurs économies pour réduire les émissions de gaz à effet de serre que nous sommes parvenus à un point où l'avenir du monde dépend dorénavant du déploiement généralisé et rapide d'une technologie qui n'existe que sur le papier.

La capture et le stockage du carbone peuvent-ils nous sauver ? Il n'existe aujourd'hui aucune centrale à charbon qui capture son carbone, mais seulement une poignée de projets expérimentaux et de nombreuses recherches, financées pour l'essentiel par des fonds publics. Malgré le battage médiatique autour de cette technologie, le secteur privé, rebuté par les risques que comporte une technologie très coûteuse à l'efficacité encore non démontrée, ne se presse pas pour y investir. En Australie, de toutes les nations riches celle qui a le plus à perdre de la fermeture des mines de charbon, la part investie par l'industrie dans la recherche sur la CSC représente un pour mille de ses revenus. Par comparaison, les producteurs de laine investissent 2 % de leurs ventes pour financer l'innovation[13]. Les grands charbonniers pensent qu'il est moins coûteux de faire pression sur les gouvernements pour obtenir des subventions d'aide à la recherche sur le « charbon propre », tout en finançant pour leur part des lobbyistes et des campagnes publiques pour maintenir le financement public et écarter toute idée d'abandon du charbon.

D'emblée, on est frappé par l'écart considérable entre les dates butoir indiquées par les climatologues et le temps nécessaire à la mise au point de cette technologie. Alors que les climatologues affirment que les pays riches doivent commencer à réduire drastiquement leurs émissions au cours des dix ans à venir, les estimations les plus favorables pour le « charbon propre » n'envisagent pas un déploiement général avant au moins deux décennies. Une analyse indépendante suggère même que le développement commercial généralisé de la capture et du stockage du carbone n'aura pas lieu avant 2030[14].

---

13. *Pour le charbon, voir Guy Pearse,* Quarry Vision : Coal, Climate Change and the End of the Resources Boom, *Quarterly Essay, no. 23, Melbourne, Black Inc., 2009, p. 84. Pour la laine, voir Australian Wool Innovation,* Annual Report 2008, *AWI, 2008, p. 4.*
14. *World Business Council for Sustainable Development, « Facts and Trends : Carbon Capture and Storage », WBCSD, 2006.*

En Australie, un modèle économique réalisé par le ministère des Finances s'appuie sur l'hypothèse que la technologie du « charbon propre » ne commencera pas à réduire les émissions des centrales à charbon avant 2026 et, plus probablement, pas avant 2033[15]. Pourtant, l'Agence internationale de l'énergie (AIE), longtemps considérée comme captive des industries traditionnelles de l'énergie, estime que pour limiter le réchauffement climatique à 3 °C, le monde devrait disposer d'ici à 2030 de plus de 200 centrales équipées en CSC[16]. Trois degrés ! Le GIEC prévoit qu'en 2050, seulement 30 à 60 % des centrales pourront techniquement être équipées pour la capture et le stockage du carbone, et les projections de l'AIE montrent que la CSC ne permettra pas plus de 20 % des réductions d'émissions nécessaires au maintien des concentrations autour de 450 ppm[17].

Le projet de capture du carbone est d'une ampleur immense. Quelque 6 000 sites souterrains de stockage du carbone, chacun recevant un million de tonnes de dioxyde de carbone par an, devront être opérationnels en 2050. Les promoteurs de la CSC font souvent référence au projet Sleipner pour montrer que la technologie fonctionne. Situé en mer du Nord, au-dessus d'un forage gazier et pétrolier, il consiste à séparer le dioxyde de carbone du gaz naturel produit par le réservoir de gaz Sleipner-Ouest et à l'injecter dans de grandes formations salines enfouies à environ 800 mètres sous le fond marin[18] (cela n'élimine évidemment pas le dioxyde de carbone relâché dans l'atmosphère lorsque le gaz extrait est brûlé pour produire de l'énergie). Comme l'écrit Jeffrey Goodell, « il s'agit d'un gigantesque projet d'ingénierie mis en œuvre sur l'une des plus grandes plateformes maritimes du monde. Mais ce n'est rien comparé à l'effort technique qu'il faudrait engager pour stabiliser le climat et qui

---

15. Treasury, Australia's Low Pollution Future : The Economics of Climate Change Mitigation, *Canberra, Commonwealth of Australia, 2008, p. 179.*
16. Anonyme, « Trouble in Store », art. cité.
17. International Energy Agency, Energy Technology Perspectives 2008, *International Energy Agency, Paris, 2008,* http://www.iea.org/Textbase/subjectqueries/ccs/what_is_ccs.asp
18. Cooperative Research Centre for Greenhouse Gas Technologies (Australie), « Sleipner Project Overview », http://www.co2crc.com.au/demo/sleipner.html

nécessiterait dix projets comme celui de Sleipner pour compenser les émissions annuelles d'une seule grande centrale à charbon[19] ».

Une information encore plus frappante concernant l'échelle du projet est fournie par l'expert en énergie Vaclav Smil. Pour capturer seulement un quart des émissions de toutes les centrales à charbon du monde, il faudrait, selon ses calculs, disposer d'un système de pipelines d'une capacité de transport de fluides égale à deux fois celle de l'industrie mondiale du pétrole[20].

L'entreprise consistant à essayer de réparer les dégâts causés par un monstre technologique en développant un autre projet pharaonique est typique de l'arrogance technique du capitalisme industriel. La capture du carbone relève bien plus de la testostérone et des vœux pieux que de la raison. Il est vrai que le remplacement de l'industrie du charbon par des formes alternatives d'énergie va aussi nécessiter des travaux gigantesques, comme la construction d'un grand nombre de fermes éoliennes, de générateurs de biomasse, de capteurs solaires etc. Mais, au moins, nous savons qu'ils sont en état de fonctionner, qu'ils seront largement répartis et qu'ils peuvent être construits dès aujourd'hui.

S'ils s'avèrent possibles, la capture et le stockage du carbone des centrales à charbon vont coûter très cher. L'installation de filtres sur les centrales et le transfert du carbone capturé par pipe-line vers les sites de stockage nécessiteront de grands travaux d'ingénierie. Pour des raisons de coûts, la centrale doit se trouver à moins de 100 kilomètres de la mine souterraine ou de l'aquifère salin[21], ce qui disqualifie beaucoup de sites de stockage potentiels. Le processus de capture, de compression, de transport et d'injection du dioxyde de carbone est lui-même très consommateur d'énergie, de sorte que pour produire la même quantité d'énergie, une centrale devra être environ un tiers plus grande et utiliser un tiers de charbon en plus[22]. *Augmenter* ainsi

---

19. Jeff Goodell, « *Coal's New Technology : Panacea or Risky Gamble ?* », Yale Environment 360, *14 juillet 2008*.
20. Cité par Jeff Goodell, « *Coal's New Technology* », op. cit.
21. CSIRO, Submission to the House of Representatives Inquiry into Geo-sequestration Technology, *CSIRO, Australie, août 2006*.
22. GIEC, Résumé à l'intention des décideurs, Rapport spécial : piégeage et stockage du dioxyde de carbone, *GIEC, 2005, p. 4 et RID2* ; Anonyme, « *Trouble in Store* », art. cité.

Y a-t-il une issue ?

l'exploitation du charbon mondial pour limiter les effets de sa combustion peut sembler pervers. Personne ne sait vraiment de combien la capture et le stockage du carbone accroîtront le prix de l'électricité produite par les centrales à charbon, mais ce surcoût est estimé entre 40 à 90 dollars US par tonne de dioxyde de carbone évitée[23]. C'est bien au-dessus du prix de la tonne de dioxyde de carbone envisagé pour les prochaines années à partir des systèmes d'échange de permis d'émission existants ou à venir. À mesure que les plafonds d'émission se resserreront, les prix des droits d'émission augmenteront, ce qui pourrait rendre la capture et le stockage du carbone commercialement viables, mais d'ici là d'autres options moins coûteuse seront apparues sur le marché, en plus de celles déjà disponibles.

À l'évidence, le dioxyde de carbone doit demeurer enfoui pendant des milliers d'années et les fuites envisageables pendant le transport et le stockage rendent cette technologie risquée. Si des fuites de carbone se produisent, toute l'entreprise est anéantie. Nous ne connaissons pas les conséquences géologiques du stockage de millions de tonnes de gaz comprimé pendant des milliers d'années. Le projet de stockage de Sleipner n'est opérationnel que depuis 1996. Mis à part les dommages climatiques éventuels, les effets d'une fuite sur les populations proches des sites de stockage pourraient être mortels. Le dioxyde de carbone étant une fois et demie plus dense que l'air, il se stabiliserait dans une vallée. En août 1986, il s'est produit un accident géologique dans le lac Nyos, au Cameroun. Ce lac, situé dans un cratère volcanique, a la particularité d'être saturé en dioxyde de carbone provenant du magma sous-jacent. Une nuit, une bouffée de dioxyde de carbone s'en est échappée et s'est répandue dans les vallées voisines, asphyxiant 1 700 personnes et 3 500 têtes de bétail. Tous les animaux, y compris les oiseaux, moururent dans un rayon de 25 kilomètres[24].

Laisser libre cours à la construction de nouvelles centrales à charbon dans l'espoir que leurs émissions seront neutralisées pour

---

23. Greenpeace, *False Hope : Why Carbon Capture et Storage Won't Save the Climate*, Amsterdam, Greenpeace International, 2008, p. 35 ; Anonyme, « Trouble in Store », art. cité.
24. http://www.geology.sdsu.edu/how_volcanoes_work/Nyos.html

toujours par le développement d'une technologie hautement spéculative relève de la mégalomanie. L'industrie refuse de supporter les risques de cette entreprise et voudrait que le gouvernement, c'est-à-dire le public, les garantisse et prenne possession des sites où le dioxyde de carbone est stocké[25]. Toujours plus de subventions pour cette folie !

Il n'est donc pas étonnant que le rapport Stern conclue : « L'opinion publique reste à conquérir[26]. » Et lorsque d'éminents défenseurs de la protection du climat déclarent qu'aucune nouvelle centrale à charbon ne devrait être construite « à moins qu'elle ne soit munie d'un système de capture et de stockage du carbone », voilà qui n'arrange rien ! L'industrie du charbon et les politiciens laissent entendre que l'on peut rendre propre le charbon, ce qui leur permet de déclarer : « C'est justement ce que nous sommes en train de faire ; nous aurons bientôt la technologie pour le rendre propre. »

Chaque année, une centaine de nouvelles grandes centrales à charbon sont construites dans le monde, et cette tendance devrait se poursuivre. Dans tous les rapports et commentaires des dirigeants politiques, ce fait est considéré comme acquis, comme s'il s'agissait d'une force irrésistible. Sachant qu'une centrale à charbon est construite pour fonctionner pendant quarante à cinquante ans et que la technologie de capture et du stockage du carbone ne commencera pas à en réduire les émissions de façon significative avant vingt ans, la catastrophe climatique ne peut être évitée que si nous cessons d'en construire.

Loin d'être une solution au changement climatique, la mise en avant de la capture et du stockage du carbone retarde la prise de décisions efficaces. On calme ainsi les craintes légitimes du public face à la construction de nouvelles centrales à charbon qui expédieront du carbone dans l'atmosphère pour les décennies à venir. L'illusion de la CSC maintient le monde sur la piste du charbon au moment même où nous devrions nous en écarter. Greenpeace résume parfaitement la situation : « Il y a urgence : le réchauffement climatique exige le déploiement massif de solutions à court terme. Et la CSC n'est pas dans les temps. Il s'agit d'une technologie hautement spéculative, risquée, et qui ne sera probablement pas techniquement

---

25. Greenpeace, False Hope, op. cit., p. 31.
26. Nicholas Stern, The Economics of Climate Change, op. cit., p. 251.

réalisable avant au moins vingt ans. Utiliser la CSC comme écran de fumée pour construire des nouvelles centrales à charbon est inacceptable et irresponsable[27]. »

C'est du magazine d'affaires le plus réaliste et le plus respecté, *The Economist*, qu'émane le verdict le plus accablant sur les possibilités de capture et de stockage du carbone : « Les dirigeants du monde comptent sur un remède au changement climatique qui est au mieux incertain et au pire inapplicable [...] La CSC n'est pas seulement un gaspillage potentiel d'argent. Elle peut également créer un faux sentiment de sécurité concernant le changement climatique, tout en détournant les méthodes de réduction des émissions potentiellement moins chères de l'attention et du financement qu'elles méritent – tout cela dans le seul but de rassurer le lobby du charbon[28]. »

Si l'industrie du charbon est capable, grâce à ses efforts de recherche et de développement, de mettre au point et d'appliquer une technologie sûre, efficace et disponible pour un large déploiement dans un monde contraint à utiliser le charbon, qui y verra la moindre objection ? Mais le temps qu'elle y parvienne, et ce sera au plus tôt vers 2025 – ce qu'elle sait parfaitement –, des formes d'énergie bien plus sûres seront disponibles à moindre coût. Paul Golby, le patron de la plus grande entreprise de construction de centrales à charbon du Royaume-Uni, E.ON, veut que le gouvernement paie pour la capture et le stockage du carbone émis par la nouvelle centrale géante prévue à Kingsnorth[29]. « S'ils la financent, nous la ferons. » Dégager des subsides publics massifs pour la forme d'énergie la plus sale, c'est, pour Monsieur Golby, « un jeu équitable » : belle création langagière !

Les promoteurs de la CSC, sachant qu'ils ne peuvent s'engager à construire des centrales à charbon équipées de dispositifs de capture du carbone, se contentent de promettre de construire des centrales « prêtes pour la capture ». Les gouvernements réalisent à quel point il est facile de bomber le torse et de déclarer qu'aucune nouvelle centrale à charbon ne pourra désormais être construite si elle n'est pas préparée pour

---

27. Greenpeace, False Hope, op. cit.
28. Anonyme « Trouble in Store », art. cité ; Anonyme, « The Illusion of Clean Coal », The Economist, 5 mars 2009.
29. Mark Milner, « "Without Commercial Carbon Capture, it's Game Over", E.ON Boss Tells Government », Guardian, 17 mars 2009.

accepter, dans le futur, un équipement de capture du carbone[30]. Si, en anglais, l'expression « *rapture ready* » paraît si proche de « *capture ready* »[31], c'est peut-être parce que le résultat final n'est pas très différent. Et si le monde persiste à vouloir construire une nouvelle génération de centrales à charbon qui ne soient que « prêtes pour la capture », alors nous devons tous nous préparer pour la fin des temps.

Le vent, le soleil, l'atome

Ce n'est pas parce que la capture et le stockage du carbone ne pourront pas régler la crise climatique qu'il n'y a pas d'autre solution. Nous avons les moyens technologiques de réduire massivement nos émissions, tout de suite, et à des coûts modérés. Il faudrait pour cela investir sérieusement dans l'efficacité énergétique, dans les énergies renouvelables et, à moyen terme, dans le gaz naturel (dont les émissions sont moitié moindres que celles du charbon et qui peut même permettre d'économiser davantage si la chaleur perdue est récupérée). Il n'est pas nécessaire d'examiner ces arguments dans le détail ; d'autres l'ont fait[32]. Je me limiterai à quelques remarques importantes.

La situation est extrêmement urgente. Les dix à quinze prochaines années seront décisives, à la fois parce qu'il faut que les émissions mondiales se stabilisent rapidement et parce que, si les pays industrialisés s'engagent sérieusement à réduire leurs émissions annuelles de 40 % en 2020, un immense élan de créativité permettra de mettre au jour des solutions inconnues aujourd'hui ou ne demandant qu'à mûrir. Ce sursaut créatif fournirait le savoir-faire capable de guider le monde vers une nouvelle phase de réduction d'émissions – des sources d'énergie peu chères, efficaces, susceptibles de réduire les émissions mondiales de 80 % ou plus d'ici à 2050. Paradoxalement, dans le débat sur les politiques climatiques, les écologistes paraissent bien plus confiants dans la capacité du marché à trouver les réponses

---

30. Anonyme, « K-no new coal without CCS », Carbon Capture Journal, mai-juin 2009, http://www.carboncapturejournal.com/issues/CCJ9web.pdf
31. Rapture signifie enlèvement en anglais, NdT.
32. Voir en particulier European Renewable Energy Council and Greenpeace International, Energy [R]evolution : A Sustainable Global Energy Outlook, *2008.*

que ne le sont les bureaucrates, les politiciens, les patrons de presse et autres conseillers d'affaires, tous convaincus que le changement est trop difficile pour être entrepris.

Les tenants du charbon se plaisent à critiquer l'électricité fournie par les éoliennes et par le solaire parce qu'elle est intermittente, et que, par conséquent, ces énergies renouvelables ne peuvent fournir la puissance « de base ». Lorsque Google fit la promotion d'un plan qui permettrait aux États-Unis de se passer du charbon à l'horizon 2050, plan basé en partie sur un développement volontariste des énergies renouvelables, le PDG de American Electric Power déclara que c'était impossible et tourna le projet en dérision : « Si vous pouvez faire souffler le vent vingt-quatre heures sur vingt-quatre et sept jours sur sept, alors, ça marchera. Google a peut-être un plan pour y parvenir[33]. »

Dans les systèmes électriques modernes, la puissance produite ne descend jamais au-dessous de 40 % de la demande maximale[34]. Ce minimum est ce qu'on appelle la demande de base. Mais tirer de ce fait incontestable la conclusion que les énergies renouvelables sont incapables de fournir cette puissance de base repose sur une série d'idées fausses et d'erreurs. À commencer par le fait que les centrales à charbon ne fonctionnent pas en continu. Elles sont toutes sujettes à des coupures non prévues. Pour fournir une électricité constante, il faut disposer d'un grand nombre de centrales et d'une marge de réserve permanente afin de pouvoir mettre en service, rapidement et à tout moment, la capacité inutilisée en cas de besoin.

Aucune source d'électricité n'est absolument sûre. L'arrêt inopiné d'une grande centrale à charbon, une brusque chute de la vitesse du vent dans la zone d'une ferme éolienne et l'apparition de nuages audessus d'une centrale solaire sont des avanies du même ordre. De plus, l'arrêt d'une grande centrale à charbon a des conséquences bien plus graves que celui d'une ferme éolienne, car la quantité d'énergie

---

33. Cité par Melanie Warner, « Is America ready to Quit Coal ? », New York Times, *15 février 2009.*

34. *Concernant les paragraphes suivants, je voudrais remercier George Wilkenfeld et Hugh Saddler de m'avoir autorisé à utiliser le texte* Clean Coal' and Other Greenhouse Myths, *de George Wilkenfeld, Clive Hamilton et Hugh Saddler, Research Paper No. 49, Canberra, The Australia Institute, août 2007.*

produite est beaucoup plus importante. Dans les pays de vaste superficie, les centrales solaires et éoliennes peuvent être disséminées sur des espaces présentant des conditions météorologiques variées, ce qui assure une fourniture d'électricité plus continue[35]. L'utilisation de l'énergie marémotrice permet une diversification accrue. Des modélisations ont certes montré que lorsque la contribution de l'énergie éolienne à l'énergie électrique totale dépasse 15 %, la fiabilité du réseau se met à décroître, mais les opérateurs de réseau ont appris à mieux gérer les sources intermittentes. Le Danemark tire 21 % de son électricité du vent, ce pourcentage est de 30 % dans trois États du nord de l'Allemagne, et la plupart des autres pays pourraient bien, eux aussi, augmenter considérablement la proportion de leur énergie d'origine éolienne[36]. On estime que des fermes éoliennes off-shore pourraient fournir un quart des besoins en électricité du Royaume-Uni[37]. Un système électrique reposant sur une fourniture diversifiée d'énergies renouvelables pourrait être plus sûr qu'un système reposant sur quelques très grandes centrales à charbon ou nucléaires[38].

Aujourd'hui, certaines nations répondent aux pics de consommation à l'aide de centrales au gaz, mobilisables rapidement. Elles peuvent aussi être utilisées pour pallier un manque de puissance des renouvelables. L'intermittence peut donc être compensée à un coût relativement modéré, soit en construisant un nombre limité de centrales au gaz, soit en utilisant davantage la technique du stockage par pompage. Les surplus d'énergie produits par les autres centrales sur le

---

35. « *L'enjeu n'est pas la disponibilité technique d'une génératrice unique : les turbines éoliennes modernes sont disponibles à 98-99 %, bien plus que n'importe quelle centrale thermique. L'enjeu concerne davantage l'effet agrégé de la variabilité de certaines sources renouvelables* » (Amory Lovins et Imran Sheikh, « The Nuclear Illusion », Rocky Mountains Institute, *27 mai 2008, p. 22).*
36. Amory Lovins et Imran Sheikh, « The Nuclear Illusion », art. cité, p. 22, n. 88.
37. Anonyme, « *Offshore Wind Farms Could Meet a Quarter of the UK's Electricity Needs* », Guardian, *25 juin 2009*.
38. « *La recherche montre que si nous diversifions suffisamment les énergies renouvelables et les lieux où elles sont produites, si nous tenons compte des prévisions météorologiques (comme le font aujourd'hui les opérateurs des centrales hydroélectriques et éoliennes) et si nous intégrons les énergies renouvelables à la demande et à l'offre sur le réseau, les ressources électriques renouvelables seront plus sûres que celles que nous utilisons aujourd'hui* » (Amory Lovins et Imran Sheikh, « The Nuclear Illusion », art. cité, p. 24).

réseau sont utilisés pour pomper de l'eau et la stocker derrière un barrage, de façon à délivrer de l'électricité à la demande. Le « stockage hydraulique » est la plus réactive de toutes les formes de production d'électricité – de grands générateurs sont capables d'atteindre leur puissance maximale en quelques minutes, ce qui permet de les déclencher lorsque la demande d'électricité est particulièrement forte.

Le mythe de la nécessité d'une puissance de base est aussi utilisé pour attaquer l'électricité d'origine solaire qui, évidemment, ne peut être produite que pendant la journée. L'électricité solaire thermique produit de la vapeur qui actionne une turbine et un générateur. Mais la chaleur peut être stockée dans un fluide et utilisée la nuit pour générer de l'électricité. Un vaste réseau de centrales solaires thermiques est prévu dans le désert du Sahara et pourrait fournir à l'Europe un sixième de son approvisionnement en énergie[39]. En Californie, d'ici à 2020, les fournisseurs devront produire 33 % de leur électricité à partir d'énergies renouvelables, majoritairement de l'énergie solaire[40]. De plus, les centrales électriques solaires thermiques et photovoltaïques peuvent être facilement associées à des chaudières à gaz naturel fournissant en alternance de la vapeur pendant la nuit. L'énergie solaire est aussi stockable dans des batteries. Il y a bon espoir de voir commercialiser, dans les prochaines années, plusieurs technologies de stockage électrochimique, en particulier les batteries redox au vanadium et au zinc-brome. Les progrès dans la technologie des batteries apportent une réponse bien plus prometteuse et bien moins coûteuse à la question de la réduction d'émissions de carbone que la construction d'énormes infrastructures pour capturer et stocker le dioxyde de carbone.

Quant à la prétendue incapacité d'autres sources renouvelables à fournir une énergie de base, elle relève d'une erreur pure et simple. La biomasse, provenant par exemple des déchets forestiers et de ceux de la canne à sucre, peut être stockée pour couvrir les fluctuations de la demande. L'électricité obtenue à partir de sources géothermiques sera probablement commercialisée bien avant que la capture et le

---

39. Voir, par exemple, James Kanter, « European Solar Power from African Deserts ? », New York Times, 18 juin 2009.
40. http://www.energy.ca.gov/siting/solar/index.html

stockage du carbone ne soient mis au point, et sera disponible à tout moment. En résumé, un système électrique qui combine un ensemble de sources renouvelables et de centrales à combustibles fossiles peu émettrices (gaz), avec des capacités de stockage de l'énergie et une répartition géographique d'éolien et de solaire photovoltaïque, s'avérera tout aussi capable de fournir une puissance de base fiable que le système actuel fondé sur le charbon.

Pourtant, le développement rapide et généralisé de sources d'énergie peu émettrices ne pourra satisfaire la demande si celle-ci continue de croître rapidement. Leur déploiement doit être accompagné de campagnes résolues pour améliorer l'efficacité énergétique dans les habitations, les bureaux, les usines et le transport – ces campagnes doivent même en être le fondement. Selon un rapport demandé par le Conseil européen pour l'énergie renouvelable et par Greenpeace International, la croissance de la demande d'énergie, au lieu de doubler d'ici 2050, pourrait être limitée à 30 % grâce au déploiement de mesures sur l'efficacité énergétique[41]. On peut économiser davantage encore en changeant les modes de consommation. Dans les pays riches, nous pouvons réaliser d'importantes économies d'énergie en nous déplaçant moins ou différemment, en mangeant moins de viande (particulièrement de l'agneau et du bœuf) et en achetant moins d'appareils électriques[42]. Si ces pistes pour économiser l'énergie ne sont pas suivies, l'objectif de satisfaire une demande croissante par l'utilisation de sources peu ou pas émettrices ne pourra être atteint.

Le débat sur la contribution de l'énergie nucléaire à la lutte contre le réchauffement climatique est compliqué et semé d'embûches, et je ne ferai ici que quelques remarques rapides. Je n'ai pas d'opposition de principe à l'énergie nucléaire. Plus on prend la mesure de la menace terrible que représente le bouleversement climatique, plus on est prêt à accepter des alternatives aux centrales à charbon, même lorsqu'elles posent leurs propres problèmes environnementaux. Si nous n'avions le choix qu'entre une nouvelle vague de centrales nucléaires et une

---

41. *European Renewable Energy Council and Greenpeace International*, Energy [R]evolution : A Sustainable Global Energy Outlook, *p. 144.*
42. *Voir, par exemple,* Greenpeace International, « Changing Lifestyles and Consumption Patterns », The Greenpeace Climate Vision, *Background Note,* 8, mai 2009.

nouvelle vague de centrales à charbon, à mon avis, les centrales nucléaires devraient l'emporter haut la main. Tout simplement parce que, en dépit de ses défauts et de sa dangerosité (stockage des déchets, prolifération nucléaire et terrorisme nucléaire), il s'agit d'une technologie mature dont les dangers peuvent être circonscrits, sinon supprimés. Comparés à la menace d'une dérive du réchauffement climatique, les dommages potentiels sur l'environnement et sur la santé humaine causés par des accidents nucléaires sont faibles.

La question se ramène donc, pour moi, aux coûts et à l'horizon temporel de l'énergie nucléaire, comparés à ceux des solutions alternatives. Le nucléaire souffre, à cet égard, de certains des inconvénients de la capture et du stockage du carbone. Dans les pays qui possèdent déjà de l'énergie nucléaire, y compris des procédures bien établies sur la régulation et la gestion des déchets, il faut au moins dix ans pour qu'une nouvelle centrale soit planifiée, approuvée, construite et accréditée. Le temps de construction proprement dit est de six ans en moyenne[43]. L'Agence internationale de l'énergie envisage un quadruplement de l'électricité d'origine nucléaire d'ici à 2050. Cela nécessiterait la construction de trente-deux centrales nucléaires par an, un énorme investissement qui réduirait de seulement 6 % les émissions de dioxyde de carbone du secteur de l'énergie. Des fermes éoliennes pourraient fournir la même puissance pour un coût de construction de 40 % inférieur, sans avoir à supporter la dépense associée au combustible et à la gestion des déchets, et avec des réductions d'émissions plus importantes[44]. Ainsi que le remarquent Amory Lovins et Imran Sheikh, « plus l'urgence à protéger le climat se fait pressante, plus il est vital que chaque dollar soit dépensé de façon à réduire le plus possible d'émissions de carbone dans le moins de temps possible[45] ». Investir dans l'efficacité énergétique et dans diverses formes d'énergie renouvelable, y compris les technologies de stockage, présente, en outre, l'avantage sur l'énergie nucléaire de ne pas générer de déchets dangereux à long terme ni de fournir des matériaux

---

43. Amory Lovins et Imran Sheikh, « The Nuclear Illusion », art. cité, p. 8, n. 39.
44. Greenpeace International, « Nuclear Power : An Expensive Waste of Time », Amsterdam, Greenpeace, 2009.
45. Amory Lovins et Imran Sheikh, « The Nuclear Illusion », art. cité, p. 20.

pouvant être utilisés pour l'armement, même si ces risques peuvent être grandement réduits par le développement satisfaisant des centrales nucléaires dites de quatrième génération[46].

Il est tout à fait envisageable sur le plan technique de mettre en œuvre, au cours de l'actuelle décennie, une politique d'urgence fondée sur un important effort en faveur de l'efficacité énergétique, des énergies renouvelables et du gaz naturel. Elle pourrait être développée à un coût économique raisonnable. Cela ne veut pas dire qu'elle ne serait pas douloureuse. Un grand nombre de travailleurs des vieilles industries de l'énergie perdraient leur emploi, mais les industries nouvelles créeraient des postes plus nombreux et plus intéressants. Les personnes licenciées auraient besoin d'aide, en particulier sous la forme de vastes programmes de formation. Mais, même accompagné, un changement structurel d'une telle ampleur produirait inévitablement des bouleversements dans la vie des plus touchés. Pour transformer les systèmes énergétiques, il faudra une ou deux décennies, au cours desquelles des ruptures dans l'approvisionnement d'électricité pourront survenir, éventualité que les politiques agitent pour nous effrayer lorsqu'ils parlent de « la lumière qui s'éteint ». Mais, compte tenu de la possibilité d'un bouleversement climatique catastrophique, est-ce vraiment une charge trop importante ? Il semble que oui. Ces coûts paraissent en effet si lourds dans les calculs politiques qu'aucun gouvernement ne semble prêt à faire le nécessaire, à parler à ses citoyens comme à des adultes, à leur expliquer que nous sommes face à une urgence et que nous ne pouvons y répondre sans coût ni désagrément. Malheureusement, les institutions politiques nationales et internationales qui devraient conduire les changements sont trop lentes, trop compromises et trop soumises aux vieux schémas de pensée pour lancer la révolution énergétique nécessaire à notre survie.

---

46. *Les centrales nucléaires de quatrième génération sont conçues pour être plus sûres et pour produire beaucoup moins de déchets radioactifs que les centrales conventionnelles. Ces technologies ne devraient pas être commercialisables avant 2030, bien qu'une centrale de ce type doive être opérationnelle en 2021.*

L'ingénierie climatique ou géo-ingénierie

Dans l'histoire de la politique environnementale, on considère depuis longtemps qu'il vaut mieux supprimer la pollution en amont que d'imaginer en aval des solutions visant à limiter les dégâts après qu'ils ont été commis. Pourtant, dans le cas de la pollution due aux gaz à effet de serre, certains sont prêts à oublier cette leçon de façon sidérante. La meilleure définition de « l'ingénierie climatique » est « la manipulation délibérée de l'environnement de la planète pour contrecarrer le changement climatique d'origine anthropique[47]. » Les méthodes se rangent en deux catégories : l'extraction du dioxyde de carbone de l'atmosphère, et l'action sur le rayonnement solaire afin de réduire le flux incident ou d'en réfléchir une plus grande part[48]. Divers scénarios ont été avancés pour extraire le dioxyde de carbone de l'atmosphère. La fertilisation des océans avec de la limaille de fer est censée favoriser la croissance de minuscules plantes marines appelées phytoplancton, lesquelles absorbent le dioxyde de carbone lors de leur croissance et l'emportent dans les profondeurs océaniques lorsqu'elles meurent. Les essais n'ont pas été concluants, et l'on craint que cette technique ne crée des « zones mortes » dans les océans. Une autre idée visant à accélérer l'extraction du dioxyde de carbone de l'atmosphère consiste à installer dans l'océan un grand nombre d'entonnoirs flottants pour faire remonter des fonds marins les eaux froides riches en nutriments et favoriser ainsi le développement d'algues qui aspirent le dioxyde de carbone de l'air et l'entraînent ensuite vers les profondeurs. Ce projet n'a pas déclenché beaucoup d'enthousiasme[49]. Une troisième idée propose de construire des milliers de dispositifs, appelés arbres à sodium (« sodium trees »), qui extrairaient directement le dioxyde de carbone de l'atmosphère et le transformeraient en bicarbonate de sodium ; le dioxyde de carbone pourrait alors en être extrait, à l'aide d'une méthode que les inventeurs gardent secrète, et stocké dans des conditions de sécurité satisfaisantes[50].

---

47. *Royal Society*, Geoengineering the Climate : Science, Governance and Uncertainty, *Londres, Royal Society, 2009, p. 1.*
48. Ibid., *p. 1.*
49. James Lovelock, The Vanishing Face of Gaia, op. cit., *p. 98.*
50. Robert Kunzig et Wallace Broecker, Fixing Climate, *Londres, Green Profile, 2008, p. 234-245.*

Cela aussi reste très spéculatif, et il est difficile d'imaginer comment il pourrait s'avérer moins cher d'extraire le dioxyde de carbone de l'air, où sa concentration est de 0,04 %, que de l'extraire des fumées d'une centrale à charbon.

Plutôt que d'extraire de l'atmosphère le dioxyde de carbone en excédent, la plupart des scénarios de géo-ingénierie cherchent à refroidir la planète en augmentant son albédo, c'est-à-dire sa capacité à réfléchir le rayonnement solaire incident. Certains paraîtraient fantaisistes même dans un roman de science-fiction, comme celui d'envoyer dix mille milliards de disques réfléchissants de soixante centimètres de diamètre, en paquets d'un million par minute pendant trente ans, vers un point de l'espace connu sous la dénomination L.1, qui se trouve à 1,5 million de kilomètres de la Terre en direction du Soleil[51]. Une autre élucubration consisterait à lancer des vaisseaux automatiques, spécialement conçus pour labourer les océans et pour envoyer des panaches de vapeur d'eau qui augmenteraient la couverture nuageuse. Il faudrait jusqu'à mille cinq cents vaisseaux, mais cela ne réglerait pas le problème de l'acidification des océans. Certains ont suggéré de remplacer le vert foncé des forêts par des prairies vert clair. Nous pourrions aussi rendre obligatoire le blanchiment du toit des maisons et des routes, ce qui se fait déjà parfois en Californie, mais la création de villes brillantes ne compenserait le réchauffement que marginalement[52].

L'option considérée comme la plus sérieuse est d'une conception et d'une échelle beaucoup plus ambitieuses. Elle n'envisage pas moins que la transformation de la composition chimique de l'atmosphère de la Terre de sorte que les hommes puissent réguler la température de la planète selon leurs souhaits. Il s'agirait d'injecter dans la stratosphère du dioxyde de soufre sous forme gazeuse, à une altitude comprise entre dix et cinquante kilomètres, de façon à former des aérosols de sulfate – des particules qui réfléchissent le rayonnement solaire. Normalement, l'atmosphère réfléchit environ 23 % du rayonnement solaire incident, et l'on estime que l'injection d'aérosols en quantité suffisante pour réfléchir 2 % supplémentaires compenserait l'effet sur le réchauffement d'un doublement de la concentration en

---

51. *Royal Society*, Geoengineering the Climate, op. cit., *p. 32.*
52. Ibid., *p. 25* ; David Adam, « *Paint it White* », Guardian, *16 janvier 2009.*

dioxyde de carbone de l'atmosphère[53]. Dans la stratosphère, les particules de sulfate se maintiennent pendant un ou deux ans, alors que dans la basse atmosphère les aérosols ne restent qu'une semaine[54]. L'effet serait semblable à une éruption volcanique, comme celle du Mont Pinatubo en 1991, dont les spécialistes affirment que les cendres de silicate et de soufre ont refroidi la Terre d'environ un demi degré l'année qui a suivi, et un peu moins pendant deux autres années[55]. Semblable aussi à celui du smog brunâtre, dû principalement à l'utilisation de combustibles fossiles, qui enveloppe la basse stratosphère au-dessus de l'Asie du Sud et de la Chine. En réduisant l'intensité du rayonnement solaire incident, le smog maintient une température de la Terre plus fraîche par un processus d'« obscurcissement mondial » qui masque les effets du réchauffement climatique mondial[56]. La législation sur la pollution de l'air dans les pays riches a permis de le diminuer, ce qui a eu pour conséquence d'augmenter le rayonnement solaire parvenant jusqu'à la surface de la Terre[57]. La réduction de la pollution ainsi obtenue est en partie annihilée par la pollution qui résulte du développement de l'aviation. Après l'attaque du 11 Septembre sur les États-Unis, lorsque tous les avions furent cloués au sol pendant trois jours, on a estimé que les températures diurnes du pays avaient augmenté tandis que le ciel s'était éclairci[58].

Toute tentative de réguler le climat de la Terre par un effet d'obscurcissement nous expose à de nombreux dangers. Nous avons vu dans le chapitre 1 que l'absorption de dioxyde de carbone par les océans est une composante essentielle du cycle du carbone. Les océans absorbent environ un tiers de l'excédent de dioxyde de carbone de l'atmosphère provenant principalement de l'utilisation des combustibles fossiles. L'acidité des océans augmente lentement, avec pour

---

53. *Royal Society*, Geoengineering the Climate, op. cit., *p. 2, 24*.
54. Paul Crutzen, « *Albedo Enhancement by Stratospheric Sulfur Injections : A Contribution to Resolve a Policy Dilemma ?* », Climatic Change, *77 (3-4), p. 211-220*.
55. Scott Barrett, « *The Incredible Economics of Geoengineering* », Environmental and Resource Economics, *39, 2008, p. 45-54*.
56. *Bien que les particules de suie puissent aussi amplifier le réchauffement*.
57. Paul Crutzen, « *Albedo Enhancement by Stratospheric Sulfur Injections* », art. cité.
58. David J. Travis, Andrew M. Carleton et Ryan G. Lauritsen, « *Contrails Reduce Daily Temperature Range* », Nature, *418, 8 août 2002, p. 601*.

effet de dissoudre les massifs coralliens et d'empêcher la formation d'organismes marins[59]. Injecter du dioxyde de soufre dans la stratosphère (de même que suivre les autres scénarios visant à augmenter l'albédo de la Terre) ne changerait rien quant à l'acidification des océans. Autrement dit, si l'on répond au réchauffement climatique en réduisant la quantité de rayonnement solaire qui parvient à la surface de la Terre, on sous-estime la complexité du changement climatique ; ce n'est pas seulement l'atmosphère mais tout le cycle du carbone qui gouverne la vie sur Terre.

Dans leur ouvrage, Fixing Climate [Régler le climat], Robert Kunzig et Wallace Broecker racontent l'histoire de l'éminent géo-scientifique Harrison Brown qui, en 1954, écrivit un livre dans lequel il proposait de résoudre le problème de la faim dans le monde en augmentant la concentration de dioxyde de carbone de l'atmosphère de façon à stimuler la croissance des plantes[60]. Brown imaginait la construction « d'énormes générateurs de dioxyde de carbone envoyant le gaz dans l'atmosphère », et calculait que, pour doubler sa concentration dans l'atmosphère, il faudrait brûler au moins 500 milliards de tonnes de charbon. La thèse de Brown fut soutenue par Albert Einstein. Son souhait s'est réalisé : nous disposons aujourd'hui d'énormes générateurs de dioxyde de carbone qui envoient du gaz dans l'atmosphère. Cela s'appelle des centrales à charbon. Curieusement, une décennie plus tard, c'est l'un des étudiants de Brown, Charles David Keeling, qui, depuis une station de mesure installée sur le Mauna Loa à Hawaï, attira l'attention sur l'augmentation de la teneur de l'atmosphère en dioxyde de carbone avec pour conséquence le réchauffement de la planète.

Harrison Brown voulait envoyer de l'oxyde de carbone dans l'atmosphère pour améliorer le sort de l'humanité. Aujourd'hui, certains voudraient envoyer du dioxyde de soufre dans l'atmosphère pour pallier les conséquences d'une trop forte concentration de dioxyde de carbone[61]. Notre compréhension des effets de l'ingénierie climatique est

---

59. H. D. Matthews, L. Cao et K. Caldeira, « Sensitivity of Ocean Acidification to Geoengineered Climate Stabilization », Geophysical Research Letters, 36, 2009.
60. Robert Kunzig et Wallace Broecker, Fixing Climate, op. cit., p. 262.
61. Cf. Jeremy Holmes, Il était une fois une vieille dame qui avait avalé une mouche, Paris, Minedition, 2010, NdT.

pour le moins rudimentaire, mais on estime que l'un d'eux pourrait être d'accroître la faim dans le monde. Une étude publiée en 2008 dans le *Journal of Geophysical Research* utilisa un modèle complet de circulation océan-atmosphère pour simuler les conséquences de l'injection de dioxyde de soufre dans la stratosphère. Les auteurs découvrirent que cela bouleverserait les moussons d'été en Asie et en Afrique, provoquant une réduction de l'approvisionnement en nourriture pour des milliards d'individus[62].

Bien que l'ingénierie climatique ait suscité des idées depuis au moins vingt ans, il n'y a pas eu de véritable débat public au sein de la communauté scientifique jusque récemment. Les écologistes et les gouvernements ont également été réticents à s'exprimer sur la question. La raison en est simple. Si l'on mettait à part ses effets secondaires inconnus, la géo-ingénierie pourrait devenir un substitut aux réductions d'émissions. Ce substitut serait très séduisant sur le plan économique en raison de son coût ridicule comparé à ceux d'une réduction de la pollution au carbone – à tel point qu'une seule nation pourrait compenser les émissions du monde entier[63].

Or, la plupart des scientifiques qui pilotent la recherche climatique craignent qu'aborder le sujet n'affaiblisse les efforts pour réduire les émissions. Quant aux gouvernements, ils redoutent d'être accusés de vouloir échapper à leurs responsabilités en courant après des solutions relevant de la science-fiction. Le sujet n'est pas mentionné dans le rapport Stern et n'occupe qu'une page dans le rapport Garnaut. Signe d'une sensibilité politique constante, lorsqu'en avril 2009 furent publiés les propos du nouveau conseiller scientifique du président Obama, John Holdren, selon qui la géo-ingénierie était activement discutée comme une option de secours, le conseiller se sentit obligé de faire une « mise au point », déclarant qu'il ne s'agissait que de son opinion personnelle[64]. Holdren, l'un des esprits les plus aiguisés sur

---

62. Alan Robock, Luke Oman et Georgiy Stenchikov, « Regional Climate Responses to Geoengineering with Tropical and Arctic SO_2 Injection », Journal of Geophysical Research, 13, 2008.
63. Scott Barrett, « The Incredible Economics of Geoengineering », art. cité.
64. « *Obama's Science Chief Eyes Drastic Climate Steps* », Associated Press, 8 avril 2009, http://www.thebreakthrough.org/blog/2009/04/john_holdrens_minor_geoenginee.shtml

le sujet, ne s'intéresserait pas à un « Plan B » de géo-ingénierie pour parer à un réchauffement catastrophique s'il n'était convaincu que le « Plan A » allait échouer.

Néanmoins, les scientifiques sont tellement inquiets de l'augmentation des émissions et du manque de réponse adéquate que certains estiment aujourd'hui nécessaire d'envisager des mesures d'urgence. Une digue s'est rompue en 2006 quand l'éminent chimiste néerlandais de l'atmosphère Paul Crutzen, lauréat du prix Nobel en 1995 pour ses travaux sur le trou dans la couche d'ozone, affirma dans un éditorial que réduire les émissions était « de loin la meilleure méthode » pour répondre au réchauffement climatique, mais qu'en l'absence d'action vigoureuse il était temps d'explorer « la possibilité, pour refroidir le climat, d'augmenter artificiellement l'albédo de la Terre en ajoutant dans la stratosphère des aérosols réfléchissant la lumière du soleil[65] ».

Il mettait l'accent sur le fait que les plans de modification de la composition chimique de l'atmosphère devaient être vus comme une issue de secours dans le cas où le réchauffement climatique échapperait à tout contrôle. Le mieux, et de loin, serait en effet d'éviter d'avoir à accroître l'albédo de la Terre – encore que cela semblât « un vœu pieu ». Crutzen est l'un des scientifiques qui pensent qu'il est temps de considérer le Plan B. Les principales institutions scientifiques partagent aujourd'hui cet avis, la National Academy of Sciences, aux États-Unis, a organisé une conférence sur le sujet et la Royal Society a publié un rapport en septembre 2009[66].

Comme nous allons le voir, les défenseurs les plus influents de la géo-ingénierie n'abordent pas tous le sujet avec prudence ; certains sont des enthousiastes naïfs. Lorsqu'on leur signale les effets potentiellement dangereux de la géo-ingénierie, les ingénieurs du climat les plus désinvoltes affirment qu'ils peuvent aussi utiliser d'autres techniques, comme celle qui consiste à répandre de la chaux dans les

---

65. Paul Crutzen, « *Albedo Enhancement by Stratospheric Sulfur Injections* », art. cité.
66. *Royal Society*, Geoengineering the Climate, op. cit. *Comme nous l'avons vu dans le chapitre 5, à la fin du XVIIe siècle, la Royal Society a contribué de façon décisive à la libération des pouvoirs de Prométhée ; il y a une certaine ironie à la voir, au XXIe siècle, se préoccuper des conséquences de ce déchaînement.*

océans pour contrer l'acidification[67]. Ils concèdent que le fait de chauler les océans ne peut constituer une réponse globale, mais que cela pourrait tout de même être utilisé pour protéger certaines zones importantes[68]. L'une des idées pour stopper l'acidification consiste à installer un réseau de pipe-lines sous-marins et à injecter des métaux alcalins autour de sites comme la Grande Barrière de Corail[69]. S'il vous paraît complètement insensé que, pour ne pas renoncer au charbon, nous transformions la planète en un musée d'artefacts de la nature tandis que le reste tomberait en ruines, c'est qu'à l'évidence, vous n'êtes pas un scientifique poursuivant le rêve de Robert Boyle de faire de la nature « l'empire de l'homme », ni un économiste néoclassique qui pense que l'on peut choisir les écosystèmes ayant suffisamment de valeur pour être sauvés, ni le dirigeant d'une compagnie de charbon qui a vendu son âme.

Dans l'Athènes classique, l'*hubris*[70] était considérée comme un crime. Comme celle, inoubliable, qu'Achille manifeste lorsque, après avoir tué Hector, il attache son cadavre à son char et le traîne à sa suite. La profanation d'un cadavre, acte d'une brutalité inouïe, témoigne du même orgueil démesuré que celui d'Agamemnon qui désacralisa une tapisserie divine en la foulant aux pieds. L'outrance des militaires américains prenant en photo, dans la prison d'Abu Ghraib en Irak, des prisonniers à qui ils avaient infligé des postures humiliantes en offre l'équivalent moderne[71]. Dans la Grèce antique, Hubris était associée à Némésis, déesse du châtiment divin, dont la « lame de la vengeance [...] récoltait une moisson de douleurs[72] » pour ceux qui se croyaient hors de portée des dieux ou qui se plaçaient

---

67. *Comme la vieille dame qui avait avalé une mouche et qui avale ensuite une araignée pour se débarrasser de la mouche.* Cf. Jemery Holmes, Il était une fois un vieille dame qui avait avalé une mouche, op. cit., NdT.
68. David Victor, « *On the Regulation of Geoengineering* », Oxford Review of Economic Policy, *24 (2), 2008, p. 327.*
69. Kurt House, Christopher House, Daniel Schrag et Michael Aziz, « *Electrochemical Acceleration of Chemical Weathering as an Energetically Feasible Approach to Mitigating Anthropogenic Climate Change* », Environmental Science and Technology, *41 (24), 2007, p. 8467.*
70. *Démesure dans l'orgueil*, NdT.
71. Philip Gourevitch et Errol Morris, Standard Operating Procedure, Londres, Penguin, 2008.
72. Eschyle, Les Perses.

eux-mêmes au-dessus de la loi des hommes. Aujourd'hui, nous considérons que l'*hubris* est accompagnée de déraison, du dédain délibéré de celui qui refuse obstinément les conséquences de ses actes. Notre manque total de respect envers Gaïa fournira peut-être matière aux légendes du XXIIe siècle.

La technologie nous semble aujourd'hui à même de résoudre n'importe quel problème, car notre compréhension du monde est mécaniste et parce que la croissance fondée sur le progrès technologique a été le moyen commode de résoudre les conflits sociaux. Faire évoluer les technologies a toujours paru plus facile que faire évoluer les mentalités ou défier le pouvoir en place. En 1959, le philosophe Karl Jaspers écrivit, à propos de la menace que représentait la bombe atomique pour l'existence humaine : « Nous cherchons le salut dans une conquête technologique de la technologie – comme si l'utilisation humaine de la technologie pouvait être elle-même l'objet d'un pilotage technologique[73]. »

J'ai déjà parlé dans d'autres livres de ce riche Texan qui aime à s'asseoir devant un feu de bois[74]. Mais il fait chaud au Texas et, pour que cela reste agréable, il faut allumer l'air conditionné. La géoingénierie rappelle ce type de comportement. Pendant des millions d'années, la température de la Terre et la concentration en dioxyde de carbone dans l'atmosphère sont allées plus ou moins de pair, alternant périodes glaciaires et périodes chaudes. Cette relation est gouvernée par des facteurs primaires (appelés forçages) – notamment des pics de radiation solaire, des événements volcaniques, des émissions de méthane et, aujourd'hui, l'émission anthropique de carbone fossile – et par des effets de rétroaction secondaires – en particulier la fonte des glaces qui change l'albédo de la Terre et les émissions de dioxyde de carbone des terres et des océans[75]. Des recherches récentes indiquent que l'interaction est influencée par certains organismes vivants,

---

73. Karl Jaspers, *The Future of Mankind*, Chicago (Ill.), *The University of Chicago Press*, 1961, p. 8 *[La Bombe et l'avenir de l'homme*, Paris, Buchet-Chastel, 1963].
74. Clive Hamilton, « Building on Kyoto », *New Left Review*, 45, mai-juin 2007.
75. *Au cours des successions de périodes glaciaire/interglaciaire des 34 derniers millions d'années, les variations de concentrations en dioxyde de*

qui ont intérêt à ce que la température se maintienne à l'intérieur d'une fourchette favorable[76]. Recourir à l'ingénierie climatique pour parer au réchauffement d'origine anthropique est une tentative inconsciente de l'une des espèces terrestres de rompre le processus qui relie la composition de l'atmosphère à la température de la planète et aux systèmes biologiques terrestres et océaniques. Au lieu de briser le couple croissance de l'économie/augmentation des émissions de carbone, les ingénieurs du climat préfèrent découpler le réchauffement climatique et l'augmentation des émissions de carbone.

Les conséquences donnent à réfléchir. En août 1883, le peintre Edward Munch fut témoin d'un coucher de soleil rouge-sang au-dessus d'Oslo. Cela le bouleversa. Il « entendit comme un cri infini déchirer la nature », raconta-t-il. L'incident lui inspira son œuvre la plus fameuse, Le Cri[77]. Le coucher de soleil qu'il vit ce soir-là faisait suite à l'éruption du Krakatoa, au large des côtes de Java. Cette explosion, l'une des plus violentes recensées dans l'histoire, envoya un énorme panache de cendres dans l'atmosphère, lequel provoqua un refroidissement de la Terre de plus d'un degré et bouleversa les données climatiques pendant plusieurs années. L'utilisation d'aérosols pour piloter le climat aurait comme conséquence des couchers de soleil plus saisissants ; mais, autre conséquence et cette fois plus ennuyeuse, le ciel diurne blanchirait de façon permanente[78]. Un ciel délavé deviendrait notre décor normal. Si les nations s'en remettaient à l'ingénierie climatique pour répondre au réchauffement et relâchaient

> carbone ont été principalement dues à l'intensité du rayonnement solaire, lequel contrôle les interactions entre la glace fondante et la mer, provoquant un réchauffement des océans et une libération du dioxyde de carbone. Les climato-sceptiques n'ont pas craint d'affirmer que les données paléo-climatiques montrant que l'augmentation de la concentration en dioxyde de carbone est postérieure au réchauffement « prouvent » que le réchauffement actuel est la cause de l'augmentation de la concentration en dioxyde de carbone plutôt que le contraire.
> 76. Timothy Lenton et Werner von Bloh, « Biotic Feedback Extends the Life Span of the Biosphere », Geophysical Research Letters, 28, 2001 ; James Lovelock, The Revenge of Gaia, op. cit., p. 40.
> 77. Donald Olson, Russell Doescher et Marilynn Olson, « When the Sky Ran Red : The Story Behind "The Scream" », Sky & Telescope, février 2004, p. 29-35.
> 78. Paul Crutzen, « Albedo Enhancement by Stratospheric Sulfur Injections », art. cité.

la pression pour réduire les émissions de carbone, la concentration de dioxyde de carbone dans l'atmosphère continuerait de croître, ainsi que le réchauffement latent qu'il faut absolument bloquer. Il deviendrait impossible de cesser d'injecter des sulfates dans la stratosphère, même pour une année ou deux, sans qu'il en résulte un saut immédiat de température. On estime que si nous cessions ces injections, la quantité de gaz à effet de serre accumulée aurait un effet rebond sur le réchauffement 10 à 20 fois plus rapide que dans le passé récent[79], phénomène appelé, apparemment sans plaisanter, « le problème terminal[80] ». Si nous nous lançons dans la manipulation de l'atmosphère, nous pourrions être piégés et dépendre pour toujours d'injections de sulfates dans la stratosphère. Il se pourrait bien, dans ce cas, que les êtres humains ne voient plus jamais un ciel bleu.

Géopolitique

La communauté internationale n'a pas réussi à se mettre d'accord ni à adopter des mesures collectives radicales pour réduire les émissions. Les conditions des pays sont diverses et les résultats incertains. En revanche, l'ingénierie climatique est bon marché, ses conséquences sont immédiates et, ce qui est très important, elle peut être mise en place par une seule nation. Parmi les candidats possibles à une intervention unilatérale, David Victor voit la Chine, les États-Unis, l'Europe, la Russie, l'Inde, le Japon et l'Australie[81]. C'est là que la politique d'utilisation de la géo-ingénierie peut devenir préoccupante. Comme si sept personnes vivaient ensemble dans une maison disposant d'un chauffage central, chacune ayant son propre thermostat et sa propre idée de la température idéale. La Chine sera profondément affectée par le réchauffement, mais la Russie pourra très bien préférer une planète plus chaude de deux degrés. S'il n'y a pas d'accord international, une nation souffrant trop des effets du bouleversement

---

79. H. Damon Matthews et Ken Caldeira, « Transient Climate-carbon Simulations of Planetary Geoengineering », Proceedings of the National Academy of Science, 104 (24), 12 juin 2007.
80. Royal Society, Geoengineering the Climate, op. cit., p. 24.
81. David Victor, « On the Regulation of Geoengineering », art. cité, p. 331, n. 14.

climatique pour attendre pourra décider d'agir seule. Il n'est pas impossible que dans trois décennies, le devenir du climat de la Terre soit décidé à Pékin par une poignée d'officiels du Parti communiste chinois. Ou encore, dans une Australie accablée par des sécheresses à répétition ruinant son agriculture et déclenchant de violents incendies de brousse, le gouvernement pourrait s'engager dans un projet de contrôle du climat et se mettre ainsi à dos le reste du monde.

Edward Teller et Lowell Wood furent tous deux parmi les premiers et les plus ardents défenseurs de la géo-ingénierie. Teller fut le cofondateur et le directeur du Lawrence Livermore National Laboratory à San Francisco, et l'on disait de lui qu'il « était de façon quasi mythique le cœur obscur de la recherche en armement[82] ». Il est souvent présenté comme le « père de la bombe à hydrogène », et il inspira à Stanley Kubrick le personnage du Dr. Folamour, le savant fou en chaise roulante, sujet à des réflexes de saluts nazis, pour son film éponyme de 1964[83]. En 1979, Teller accusa Jane Fonda d'être responsable de sa crise cardiaque, expliquant sur une pleine page de publicité dans le *New York Times* que cette crise fut déclenchée par les efforts épuisants qu'il déploya pour contrer la propagande antinucléaire, dont l'actrice américaine était l'une des figures de proue, après l'accident de Three Mile Island.

Lowell Wood fut recruté par Edward Teller au Lawrence Livermore Laboratory, où il devint son protégé. Pendant des décennies, Lowell avait été l'un des « faucons » les plus en vue du Pentagone, ce qui le fit surnommer « Dr. Evil » par ses détracteurs. Il dirigea le groupe chargé par Ronald Reagan de développer la technologie du projet avorté de bouclier antimissiles surnommé « guerre des étoiles » dont les plans incluaient la mise en orbite d'un réseau de lasers à rayons X alimentés par des réacteurs nucléaires. Depuis 1998, Wood et Teller ont défendu l'idée de répandre des aérosols dans la stratosphère pour contrer le réchauffement climatique de façon simple et peu onéreuse. Une flotte

---

82. Jeff Goodell, « Can Dr. Evil Save The World ? », Rolling Stone, 3 novembre 2006.
83. Bien que Teller fût juif et quittât l'Europe en 1935. Teller avait une prothèse de la jambe alors que le docteur Folamour a une prothèse de la main. Concernant Teller et le docteur Folamour (Dr Strangelove), voir Wikipedia.

de Boeing 747 pourrait s'en occuper. Ou encore, suggérèrent-ils, la surface de la Terre pourrait être reliée à la stratosphère par un tube de Kevlar d'environ 25 kilomètres, pas plus large qu'un tuyau de jardin, et maintenu en haute altitude par un ballon dirigeable[84]. La pollution au soufre serait préparée au sol et envoyée au sommet du tube.

Teller et Wood sont de parfaits exemples de cette école de physiciens déjà rencontrée dans le chapitre 4 et incarnée par le trio qui créa l'Institut Marshall pour s'opposer aux mouvements pacifistes et écologistes. Tout comme leurs confrères de cette élite scientifique qui a fourni des cerveaux au complexe militaro-industriel durant les décennies d'après-guerre, Teller et Wood croient que le devoir de l'homme est d'exercer une suprématie sur la nature. De fait, Wood est répertorié comme expert de l'Institut Marshall ; la première campagne de cet établissement fut de soutenir l'initiative de la « guerre des étoiles », dont Teller et Wood furent peut-être les plus fervents défenseurs scientifiques. Wood est plus connu pour son statut de membre invité au très conservateur Institut Hoover, haut lieu du climato-scepticisme financé en partie par ExxonMobil, et qui héberge Thomas Gale Moore, auteur de *Climate of Fear : Why we Shouldn't Worry about Global Warming* [*Climat de peur : pourquoi nous ne devrions pas craindre le réchauffement climatique*][85]. Edward Teller, qui mourut en 2003, était également membre de l'Institut Hoover. L'Institut Marshall et l'Institut Hoover, qui ne partageaient pas que des membres, publièrent conjointement un livre intitulé *Politizing Science : the Alchemy of Policymaking* [*La politisation de la science : l'alchimie de la politique*], qui reprenait les regrets de deux climato-sceptiques bien connus, Patrick Michaels et Fred Singer, sur la disparition de la « bonne science[86] ».

La géo-ingénierie est défendue avec enthousiasme par plusieurs *think tanks* conservateurs actifs dans le déni climatique. Outre l'Institut Marshall et l'Institut Hoover, le Competitive Enterprise Institute,

---

84. Edward Teller, Lowell Wood et Roderick Hyde, « Global Warming and Ice Ages : I. Prospects for Physics-Based Modulation of Global Change », 22nd International Seminar on Planetary Emergencies, Italy, 20-23 août 1997 ; Jeff Goodell, « Can Dr. Evil Save The World ? », art. cité.
85. Alex Steffen, « Geoengineering and the New Climate Denialism », Worldchanging, 29 avril 2009, http://www.worldchanging.com/archives/009784.html
86. http://media.hoover.org/documents/0817939326_283.pdf

l'American Enterprise Institute et le Heartland Institute sont également favorables à la géo-ingénierie. C'est étrange. Pourquoi ces instituts, très actifs quand il s'agit de nier la réalité du réchauffement et de s'opposer à toutes les mesures pour réduire les émissions, soutiennent-ils une technologie qui cherche à riposter au réchauffement mondial ? Bien sûr, la géo-ingénierie protège ses supporteurs et l'industrie des ressources fossiles qui la finance, parce qu'elle peut être un substitut à des réductions d'émissions et un argument pour temporiser[87] ; mais je vois une explication plus profonde à leurs opinions sur les liens entre l'homme et la nature. S'engager dans des réductions d'émissions, ce serait admettre que la société industrielle a blessé la nature, alors que l'ingénierie du climat de la Terre atteste notre maîtrise sur elle, prouve de façon définitive que, quelles que soient les erreurs mineures que nous commettons en chemin, l'ingéniosité humaine triomphera toujours et justifiera notre confiance en nos capacités. La géo-ingénierie offre la perspective de transformer un échec en succès.

Dans son rapport de 2009, la Royal Society soutient que les preuves sont insuffisantes pour savoir si la géo-ingénierie représente un « risque moral », c'est-à-dire si elle nuit aux efforts faits pour réduire les émissions[88]. Cela amène à se demander si elle est, ou serait, considérée comme un substitut ou comme un complément aux réductions des émissions. Wood et Teller, et les *think tanks* conservateurs favorables à la manipulation climatique, sont formels. Non seulement, selon eux, elle doit se substituer aux politiques de réduction des émissions, mais, si l'on ajoute l'utilisation de la géo-ingénierie à l'augmentation de la concentration en dioxyde de carbone, on se trouve finalement dans une bien meilleure situation que s'il n'y avait pas de réchauffement climatique à craindre[89]. Ils reprennent l'argument de Harrison Brown et affirment que la production de nourriture sera

---

87. Alex Steffen, « *Geoengineering and the New Climate Denialism* », art. cité.
88. *Royal Society*, Geoengineering the Climate, op. cit., p. 45.
89. Edward Teller, Roderick Hyde et Lowell Wood, « *Active Climate Stabilization : Practical Physics-Based Approaches to Prevention of Climate Change* », article soumis au symposium de la National Academy of Engineering, Lawrence Livermore National Laboratory, avril 2002.

stimulée grâce à l'action fertilisante du dioxyde de carbone ; Brown, lui, peut être absous parce que, dans les années 1950, on n'avait pas encore mesuré les conséquences de l'augmentation des gaz à effet de serre. Les industries de combustibles fossiles ne sont pas prêtes à défendre publiquement la géo-ingénierie, de peur d'être accusées de fuir leurs responsabilités, mais lorsque la possibilité de cette stratégie arrivera dans le débat public et attirera l'intérêt politique, on peut s'attendre à voir partir en fumée leur engagement à réduire les émissions de gaz à effet de serre. La perspective de la géo-ingénierie est une excuse parfaite pour repousser les échéances pour des décennies. Si, comme l'affirme le rapport Stern, le changement climatique est le plus grand échec du marché auquel nous ayons à faire face, la géo-ingénierie représente le plus grand risque moral auquel nous ayons jamais été confrontés.

Lowell Wood croit que la géo-ingénierie est inévitable car les « élites politiques » finiront par se persuader qu'elle est bon marché et efficace, ce n'est qu'une affaire de temps. « Nous avons transformé tous les milieux dans lesquels nous vivons, a-t-il déclaré, pourquoi pas la planète ?[90] » Voilà qui pourrait servir d'épitaphe à la Terre. Wood a affirmé dans un article écrit avec Teller que l'injection de soufre pour stopper le réchauffement climatique représenterait seulement 1 % du coût de réduction des émissions. Et, si besoin était, la technique pourrait être inversée pour empêcher une nouvelle période glaciaire[91]. Dans cet article, les auteurs présentent le réchauffement climatique comme un simple problème de physique, sans lien avec la biosphère et ne prenant pas en compte les complexités du cycle du carbone ni les effets de rétroaction. Le terme de « destinée manifeste » fut utilisé pour justifier la conquête de l'Ouest américain au XIXe siècle ; au XXe siècle, les conservateurs y recoururent pour qualifier la mission des États-Unis envers le monde entier. Wood se demande pourquoi il faudrait s'arrêter à la Terre. Pourquoi ne pas « terraformer[92] » d'autres planètes ? « C'est le destin manifeste de la race humaine » a-t-il déclaré lors d'une réunion de la Mars Society.

---

90. Jeff Goodell, « Can Dr. Evil Save the World ? », art. cité.
91. Edward Teller et al., « Global Warming and Ice Ages », art. cité.
92. Les faire ressembler à la Terre, NdT.

« Nous sommes des bâtisseurs de mondes nouveaux. Nous avons trouvé ce pays à l'état sauvage, et nous en avons fait cette cité resplendissante sur la colline du monde[93]. »

Wood se montre méprisant à l'égard des dirigeants mondiaux quant à leur capacité à réduire les émissions – ce qu'il surnomme « la suppression bureaucratique du CO_2[94] » – et à trouver un consensus sur des essais de géo-ingénierie. Selon Jeff Goodell, il anticipe une résistance populaire à l'idée de « jouer avec l'intégrité du climat de la Terre juste pour que les Américains n'aient pas à se passer de leurs 4×4[95]. » Il caresse donc l'idée d'obtenir le financement privé d'un milliardaire pour pouvoir faire une expérience. « Pour autant que je sache, aucune loi ne l'interdit[96]. » Wood a raison : aucune loi n'interdit à un particulier de jouer avec le climat de la Terre. Pour autant qu'il ne le fasse pas avec l'intention de nuire. Les chefs militaires ont longtemps rêvé de se servir du climat comme d'une arme. Pendant la guerre froide, d'importants efforts ont été déployés pour contrôler le climat avec des objectifs aussi bien agressifs que pacifiques. Cela n'a pas eu beaucoup de succès, bien que les militaires américains prétendent avoir utilisé des techniques de modification du climat pour empêcher l'arrivée de soldats et de matériels le long de la piste Ho Chi Minh pendant la guerre du Vietnam.

En 1976, l'ONU a mis hors la loi la manipulation militaire du climat en adoptant la Convention sur l'interdiction d'utiliser des techniques de modification de l'environnement à des fins militaires ou à toutes autres fins hostiles (ENMOD) ; cette convention a été ratifiée par les grandes puissances, y compris par la Chine. Mais elle ne couvre pas l'ingénierie unilatérale du climat à des fins « pacifiques » de protection contre le chaos climatique. L'histoire des traités internationaux montre qu'il est beaucoup plus facile d'arriver à un accord lorsque les enjeux sont faibles. Par exemple, il est fort peu probable, compte tenu des

---

93. Cité par David Grinspoon dans « Is Mars Ours ? The Logistics and Ethics of Colonizing the Red Planet », Slate, 7 janvier 2004, http://www.slate.com/id/2093579/
94. Cité par James R. Fleming dans « The Climate Engineers : Playing God to Save the Planet », Wilson Quarterly, 31 (2), 2007, p. 48.
95. Jeff Goodell, « Can Dr. Evil Save The World ? », art. cité. La citation est légèrement modifiée.
96. Ibid.

contraintes commerciales, que l'on puisse de nos jours signer un traité semblable à celui de l'Antarctique, qui spécifiait, en 1959, que « dans l'intérêt de l'humanité entière, l'Antarctique sera pour toujours utilisé exclusivement à des fins pacifiques et ne deviendra pas le cadre ou l'objet de discorde internationale ». Le traité international sur la Lune (1979), codifiant l'utilisation de la Lune par l'homme, voulait conférer une compétence juridique à la communauté mondiale, de sorte que toute annexion soit impossible et toute occupation limitée. Il fut cependant abrogé après des campagnes très vigoureuses de lobbies américains, déterminés à maintenir ouverte l'option d'une privatisation et d'une exploitation commerciale. Cela devrait inciter la communauté mondiale à rechercher de façon urgente un accord empêchant le déploiement unilatéral de toute technique de géo-ingénierie, peut-être par une extension des termes d'ENMOD.

Pour Teller et Wood, la réponse à la course aux armements nucléaires n'était pas une réduction négociée de la menace, mais le développement d'une technologie supérieure pour prévaloir, pour avoir « le truc qui tue ». Avec leurs acolytes climato-sceptiques des *think tanks* conservateurs, ils voulaient répondre au péril climatique par une gigantesque intervention technologique, rien moins que de prendre le contrôle du climat de la Terre. C'est époustouflant d'audace et d'arrogance. L'attitude de ces ingénieurs de la planète est tellement déconnectée de la science contemporaine du climat et contraire aux comportements modernes à l'égard de la nature qu'ils semblent venus d'une autre époque, celle peut-être où Arthur Conan Doyle imaginait le personnage du professeur George Edward Challenger – un scientifique fou et pugnace doté d'une confiance absolue dans ses capacités intellectuelles. Dans une nouvelle publiée en 1928, Conan Doyle décrit un Challenger illuminé par une intuition digne de Lovelock : « Le monde dans lequel nous vivons est un organisme vivant, pourvu [...] d'une circulation sanguine, d'une respiration et d'un système nerveux propre[97]. » Devinant cette Terre sensible inconsciente de la présence des créatures lilliputiennes qui rampent sur sa croûte, le professeur se résout à « faire savoir à la Terre qu'il existe au moins une personne,

---

97. Arthur Conan Doyle, « When the World Screamed », dans The Lost World & Other Stories, Hertfordshire, Wordsworth Editions, 1995.

Y a-t-il une issue ?

George Edward Challenger, qui soit digne d'attention – qui mérite vraiment son attention ». Dans la campagne du Sussex, il fait creuser à cet effet un puits de 12 kilomètres de profondeur. Lorsque le fond atteint la chair vivante et douce de la géante créature, il ordonne qu'un foret de 30 mètres de long soit suspendu juste au-dessus. Quand tout est prêt, y compris un groupe de dignitaires et la foule des curieux, la pointe d'acier est « propulsée dans le ganglion nerveux de notre vieille mère la Terre ». Avec quel effet ? « Ce fut un hurlement par lequel la douleur, la colère, la menace et la majesté outragée de la Nature s'exprimèrent tout à la fois en un seul cri hideux. » La Terre trembla et l'énorme puits se referma à la manière d'une plaie. Tandis que le tumulte se calmait et que la foule retrouvait ses esprits, tous les regards se tournèrent vers Challenger, et « tous saisirent d'un coup la puissance de l'œuvre, la grandeur de la conception, le génie et l'éblouissement de l'exécution ». Le professeur triomphant salua les acclamations. « Challenger le super scientifique, Challenger le génial pionnier, Challenger le premier homme dont Mère Nature avait été forcée de reconnaître l'existence. »

Chapitre 7 / **QUATRE DEGRÉS DE PLUS**

Quelles seront les conséquences du changement climatique, et quand les ressentirons-nous ? Évidemment, on en voit déjà un peu partout les effets. Sécheresses en Afrique et en Australie, décalage des saisons en Angleterre, vagues de chaleur en France, ouragans dans les Caraïbes ou submersion des atolls du Pacifique : tous sont liés au réchauffement. Mais pour la plupart des habitants des pays riches, le changement climatique demeure une abstraction, dont parlent les médias et discutent les politiques, mais qui leur paraît bien éloignée de la vie quotidienne. Et cela risque de durer quelque temps encore. Pourtant, si l'analyse présentée dans le premier chapitre est correcte, nos vies seront transformées de façon radicale. Bien qu'il soit impossible de faire des prédictions précises, des ouvrages récents ont décrit de façon édifiante à quoi ressemblera un monde qui, au cours du XXIe siècle, va se réchauffer. Marl Lynas, dans un livre qui a reçu un large accueil, *Six Degrés*, présente une synthèse complète et très convaincante des meilleures estimations des climatologues sur les impacts à travers le monde d'un réchauffement graduel de la planète. Dans la première partie de leur livre, *Climate Code Red* [*Climat : alerte rouge*], David Spratt et Philip Surton dressent un bilan plus bref mais tout aussi percutant. Dans *Climate wars* [*Les guerres climatiques*], le géopoliticien reconnu Gwynne Dyer élabore une série de scénarios dans lesquels sécheresses, inondations, cyclones, épidémies, famines et mouvements de population importants causés par le réchauffement déclenchent des conflits politiques et militaires. Dans l'un de ces scénarios, la fonte des glaciers de l'Himalaya situés en Inde assèche les rivières du Pakistan, provoquant un effondrement de la production de céréales ; les tensions pour l'accès à l'eau s'accentuent jusqu'à déclencher une guerre nucléaire. Le livre de Dyer, fondé sur des interviews d'analystes stratégiques et militaires qui le rendent plausible, est le plus effrayant que j'aie jamais lu.

Indépendamment des incertitudes, il n'est pas possible de fournir une description précise de ce qui nous attend, mais on peut entrevoir l'avenir d'une autre façon – en écoutant les échanges entre les scientifiques du climat. Fin septembre 2009, une centaine de climatologues se sont réunis à Oxford pour discuter de la fin du monde tel que nous le connaissons aujourd'hui. Inquiets de l'accélération des émissions mondiales de gaz à effet de serre et de la lenteur des réactions nationales et internationales, les organisateurs de la réunion – intitulée « Quatre degrés et plus : conséquences pour les populations, les écosystèmes et le système Terre » – placèrent d'emblée une alternative au cœur de leurs discussions : « Soit engager un renversement radical et immédiat des tendances actuelles des émissions, soit accepter une augmentation de la température mondiale allant bien au-delà de 4 $^{\circ}$C[1]. » Les réactions aux avertissements des climatologues ont été si dilatoires, pensaient-ils, que seul nous restait le choix entre une réduction « extrême » des taux d'émission ou les conséquences « extrêmes » d'un monde plus chaud. Il me sembla qu'il n'existait pas de meilleur moyen de me faire une image du monde qui nous attend que de prendre connaissances des réflexions émises par quelques-uns des scientifiques les plus en pointe du monde. Je me rendis donc à la rencontre.

Mark New, de l'Université d'Oxford, ouvrit la conférence en racontant aux participants que lorsque l'idée de la conférence avait été discutée douze à dix-huit mois plus tôt, l'objectif avait été d'explorer « l'extrémité de la courbe de distribution des probabilités, celle sur laquelle nous n'aimons pas réfléchir ». Mais le temps passant, dit-il, la connaissance scientifique s'était développée au point que la probabilité que le monde se réchauffe de quatre degrés ou plus était passée de l'extrémité au centre de la courbe des probabilités. Tous les indicateurs montraient désormais que le scénario jusqu'alors jugé extrême était devenu le plus probable. Lynas ajouta qu'initialement, les organisateurs, craignant d'être accusés d'alarmisme en convoquant une conférence intitulée « Quatre degrés et plus », avaient envisagé de ne pas autoriser la presse à y assister. Ils avaient finalement décidé d'ajouter une session intitulée « Un changement climatique de quatre degrés : alarmisme ou réalisme ? »

> 1. Voir http://www.eci.ox.ac.uk/4degrees. Les résumés, les présentations PowerPoint, les enregistrements et, dans certains cas, les contributions complètes sont accessibles sur le site.

Au début de cette session, Mark Lynas posa la question suivante à l'auditoire : l'hypothèse d'un monde plus chaud de 4 °C vous paraît-elle alarmiste ou réaliste ? La réponse fut sans ambiguïté : à main levée, l'auditoire vota pour le réalisme. Résumant l'opinion des climatologues les plus en vue, l'orateur qualifia d'optimiste, voire irréaliste, l'objectif officiel de 2 °C au-dessus de la température que connaissait la planète à l'ère préindustrielle. Aujourd'hui, la perspective de 3 ou 4 °C de plus est considérée comme réaliste, celle de 5 à 6 °C comme pessimiste, et celle de 7 à 8 °C comme alarmiste. Par ailleurs, nous sommes confrontés à la difficulté suivante : pour la plupart d'entre nous, y compris pour les dirigeants politiques, 3 °C, c'est un peu moins bien que 2 °C, et 4 °C, c'est un peu moins bien que 3 °C. Cette façon de penser, selon Lynas, est basée sur une « fausse linéarité », car, en réalité, les différences entre ces paliers sont énormes. Avec 4 °C de plus, la planète serait plus chaude qu'elle a jamais été depuis le Miocène, il y a environ 25 millions d'années[2]. Il n'y avait alors pratiquement pas de glace sur la Terre. Pour Lynas, nous sommes au bord d'un abîme, d'autant plus qu'un réchauffement moyen de 4 °C signifierait 5 à 6 °C sur les continents, et même 7 à 8 °C aux latitudes septentrionales. Comme le résuma ensuite Kevin Anderson, directeur très respecté du Tyndall Center for Climate Change Research : « L'avenir semble impossible. »

Au fur et à mesure que la conférence progressait et que l'ambiance se détendait, les participants se mirent à exprimer leurs sentiments profonds sur les recherches présentées. Dans les sessions formelles aussi bien que pendant les interruptions, ils se disaient émotionnellement emportés comme sur des montagnes russes, et avouaient ressentir des accès de désespoir et avoir du mal à dormir. Les présidents ouvraient les séances en exprimant le vœu que l'un des orateurs ait de bonnes nouvelles à annoncer, mais cela n'arriva pas souvent.

---

2. Bien que, il y a 15 millions d'années, la température globale de l'océan profond ait été de 4 °C plus chaude qu'aujourd'hui. Voir James Hansen et al., « Target Atmospheric CO_2 : Where Should Humanity Aim ? », The Open Atmospheric Science Journal, 2, 2008, p. 217-231, figure 3b.

Plus chaud, mais de combien et quand ?

Dans son discours inaugural, le professeur Hans Shellnhuber, directeur de l'Institut de Potsdam pour la recherche sur l'impact climatique, écouté avec une certaine admiration par l'auditoire, rappela que lors de la réunion de juillet 2009 à L'Aquila, le G-8 des nations les plus riches s'était finalement accordé sur un objectif de 2 °C. Deux ou trois années auparavant, cet engagement aurait été considéré comme une avancée, mais, au milieu de l'année 2009, il était clair pour la commuauté scientifique que viser 2 °C ne permettrait pas d'atteindre l'objectif de la Convention cadre des Nations unies sur les changements climatiques, à savoir « d'éviter un changement climatique dangereux ». Schellnhuber indiqua qu'avec 2 °C de réchauffement, nous perdrions tous les récifs de corail. Puis il ajouta : « Mais qui a besoin des récifs de corail ? » avec l'humour noir qui semble désormais de rigueur dans toute réflexion sur la science du climat. Il montra un diagramme illustrant la relation historique entre la température moyenne et le niveau des mers. Une hausse de température de 2,5 °C signifie que la plupart des glaces finiront par fondre, ce qui augmentera de 50 mètres le niveau des mers. L'Arctique est déjà en train de fondre, de même que les glaciers himalayens, parfois appelés « troisième pôle » et qui alimentent les fleuves du Sud-Est asiatique. Sans les fontes estivales, un milliard de personnes seront privées d'eau. Le « vrai géant », ajouta Schellnhuber, c'est le méthane piégé dans le pergélisol de la Sibérie et du nord du Canada, équivalant à deux fois la totalité du dioxyde de carbone de l'atmosphère. De son doux accent germanique, il prévint : « Si jamais ce méthane s'échappe, nous sommes grillés. »

Kevin Anderson reprit ce thème par la suite. Jusque récemment, c'était une hérésie que de mettre en cause l'objectif des 2 °C : après tout, il s'agissait de la politique officielle de l'Union européenne. Mais 2 °C de réchauffement, « cela va tuer des quantités de pauvres gens », annonça-t-il, même si, dans l'hémisphère Nord, nous pensons que nous pourrons nous en sortir. La communauté internationale est fixée sur des objectifs de réduction des émissions annuelles de 80 % d'ici à 2050, mais la compréhension scientifique a évolué. (J'avoue ressentir une pointe de sympathie pour les décideurs, car le processus politique est forcément plus lent que celui de la science et ce, dans un domaine évoluant aussi rapidement que le changement climatique). Se contenter de réduire les émissions jusqu'à un certain point n'est pas suffisant ; ce sont les émissions cumulées qui comptent. Au cours des prochaines décennies, c'est le total des émissions d'origine anthropique dans l'atmosphère qui décidera de notre sort. Cette approche dite *par budget d'émissions* a émergé au cours des deux dernières années. Elle a été adoptée par Myles Allen, physicien à Oxford, et ses collègues dans une analyse montrant que le total des émissions anthropiques ne devait pas excéder mille milliards de tonnes pour que le réchauffement demeure limité à 2 °C. La première moitié de ce milliard a déjà été émise, et au rythme actuel d'émissions, le budget total admissible sera épuisé entre 2030 et 2050.

Selon Anderson, l'approche par budget de CO_2 réécrit la chronologie des efforts de réduction, en ce qu'elle interdit tout report ; une tonne de dioxyde de carbone émise aujourd'hui compte autant qu'une tonne émise en 2050, de sorte que fixer un objectif de taux d'émission pour 2050 est une aberration si c'est utilisé par les gouvernements comme un prétexte pour repousser les réductions d'émission. Plusieurs orateurs citèrent l'article percutant de l'équipe de Susan Solomon (auquel j'ai fait référence, avec celui de Allen et de ses co-auteurs, dans le chapitre 1). Il montre qu'à la différence des autres gaz à effet de serre, l'essentiel du dioxyde de carbone restera dans l'atmosphère pendant plus d'un millier d'années, si bien que le réchauffement nous accompagnera pendant des siècles. Les stratégies de dépassement du budget comme celles proposée dans le rapport Stern sont fondées sur une science erronée car matériellement impossibles à mettre en œuvre, à moins que ne soient découvertes des méthodes d'extraction de grandes quantités de carbone de l'atmosphère, à la fois bon marché, continues et rapides. Malheureusement, l'attrait des stratégies de dépassement est tel qu'elles se sont infiltrées dans les négociations politiques, avec des conséquences qui se montreront désastreuses.

Les présentations de Schellnhuber, d'Anderson et d'Allen ont convaincu les participants que l'avenir de l'humanité dépendait de deux nombres – l'année du pic des émissions mondiales et le rythme auquel ces émissions doivent diminuer par la suite. Les courbes que l'on peut tracer pour montrer les différentes combinaisons possibles de ces deux nombres illustrent ce que Schellnhuber appelle les « intégrales vicieuses », car elles délimitent des surfaces représentant les budgets carbone dont nous disposons. Plus le pic sera tardif et plus les émissions devront chuter rapidement pour que le budget alloué ne soit pas dépassé. Par conséquent, l'année du pic revêt une importance considérable ; pour avoir une petite chance de limiter le réchauffement à 2 °C, le pic des émissions mondiales doit être atteint en 2015, les pays riches commençant à diminuer leurs émissions immédiatement et les faisant passer en 2020 de 25 à 40 % en dessous des valeurs de 1990. C'est la proximité de 2015 – et la nécessité de transformer d'ici là la manière dont nous produisons et utilisons l'énergie – qui a inspiré aux lauréats du prix Nobel la tenue d'une réunion en mai 2009, avec l'objectif d'inciter le monde à prendre conscience de « la terrible urgence de l'aujourd'hui[3]« .

Anderson résuma la tâche avec une simplicité dévastatrice. Supposons que le pic d'émission des pays émergents ait lieu en 2030 et que les émissions diminuent ensuite à un rythme de 3 % par an (3 % est probablement le rythme maximum compatible avec une croissance économique continue) ; supposons également que le pic des pays riches se situe en 2015 et que les émissions diminuent ensuite au rythme de 3 % par an. Alors le monde aura 50 % de chance de limiter le réchauffement à 4 °C. Vous avez bien lu : 4 °C. Pour Anderson, nous limiterons le réchauffement à 4 °C « si nous avons de la chance ». Comme cela a dû transparaître dans le premier chapitre, Kevin Anderson est, selon moi, l'être le plus effrayant au monde. Nous devons cependant lui être reconnaissants de son honnêteté et de sa compassion inébranlables.

Le rythme du changement climatique dépendra donc de la trajectoire des émissions mondiales au cours des deux prochaines décennies. Les facteurs les plus importants seront le taux de croissance de l'économie mondiale, tirée de façon inégale par les taux de croissance de la Chine, de l'Inde et du Brésil, et la réalité des efforts accrus des gouvernements des économies dominantes pour restreindre les émissions.

---

3. Dans le St. James's Palace Memorandum de mai 2009.

Les climatologues ne sont pas des analystes politiques, mais les plus avertis d'entre eux savent bien qu'il est impossible d'atteindre un pic en 2015, avec une réduction des émissions des pays riches de 25 à 40 % d'ici à 2020. Un pic des émissions mondiales en 2020 paraît tout aussi irréaliste. Sauf coup de chance imprévisible, un réchauffement de 4 °C ou plus paraît très probable. L'estimation la plus sérieuse indique que nous atteindrons ce niveau dans les années 2070 ou 2080, ou, si les choses tournaient mal, dès les années 2060. En d'autres termes, les enfants d'aujourd'hui peuvent s'attendre à vivre dans un monde plus chaud de 4 °C en moyenne. Dans la mesure où les océans se réchauffent plus lentement, cela implique des continents de 5 à 6 °C plus chauds.

Tout se ramène à la politique. Schellnhuber raconta qu'il avait eu plusieurs fois l'occasion de « dire l'indicible » à la chancelière allemande Angela Merkel – qui a reçu une formation de physicienne et semble comprendre les enjeux – mais il pense qu'il faudra encore une décennie pour que les dirigeants comprennent collectivement de quoi il retourne et se décident à agir. Nous dépasserons donc, à coup sûr, les 2 °C et nous irons peut-être jusqu'à 5 °C, conclut-il, avouant sa profonde inquiétude que les politiques ne réagissent en disant : « Bon, laissons aller [le climat], et nous nous adapterons. » La seule conduite à tenir, selon lui, est de « bombarder quotidiennement les politiques d'information scientifique ».

——— Quelques conséquences

Les moyennes mondiales cachent l'énorme variabilité des conséquences climatiques à travers la planète. Comme le dit Schellnhuber, « si vous avez la tête dans un four et les pieds dans un congélateur, votre température moyenne est inchangée mais vous n'êtes pas vraiment dans une situation confortable ». La plus grande partie de la conférence d'Oxford fut consacrée aux contributions traitant des conditions de vie dans un monde plus chaud de 4 °C, l'accent étant mis sur l'élévation du niveau des mers, la disponibilité en eau et l'évolution des forêts. Les données sur les paléo-climats montrent que de petites différences de température correspondent à de grandes variations du niveau des mers. Comme nous l'avons vu, dans un monde plus chaud de 2 à 2,5 °C, le niveau des mers s'élèvera de 25 mètres, même si ce niveau d'équilibre mettra longtemps à s'établir. Pier Vellinga, de l'Université Wageningen aux Pays-Bas – un pays qui a plus que sa part d'experts en variation du niveau des mers – rappela que durant la dernière période interglaciaire, ou période chaude, il y a 120 000 ans, le niveau des mers était de 10 mètres plus haut qu'aujourd'hui. Mais il ne faisait que 1,5 à 2 degrés de plus. À l'époque, et c'est inquiétant, l'eau pouvait monter de 2,5 centimètres par an, soit 2,5 mètres par siècle, ce qui laisse penser qu'une telle variation est possible à l'échelle du XXIe siècle.

Le niveau des mers augmente à la fois en raison de la dilatation thermique des océans et de la fonte des glaces (il est intéressant de noter que ce niveau est de 3 centimètres plus bas qu'il ne serait si l'homme n'avait pas stocké une grande quantité d'eau dans les barrages au cours des cinquante dernières années). Les données passées indiquent que lorsque la fonte des glaces commence, il est impossible de l'arrêter ; comme l'explique Vellinga, elle devient « indépendante de la température ». « J'hésite à le dire, confia-t-il, mais il s'agit d'un élément du passé d'une grande importance pour l'époque actuelle. » Il estime qu'au-delà de 2 °C de réchauffement, la probabilité que les glaces du Groenland fondent est d'au moins 50 %, ce qui implique une montée des eaux de 7 mètres au cours des 300 à 1 000 prochaines années. Selon lui, au-dessus de 2 à 3 °C, il est probable que la calotte de glace de l'Antarctique Ouest se désintégrera également, ce qui rajoutera 5 mètres supplémentaires. En raison des effets de la gravité terrestre, la montée du niveau des mers sera inférieure à la moyenne dans l'hémisphère Sud, et supérieure dans l'hémisphère Nord. Bien que la montée progressive du niveau des mers soit en elle-même déjà une menace pour les basses terres, celles-ci auront bien davantage à souffrir de fortes tempêtes déferlant sur des flots plus élevés.

Stefan Rahmstorf, professeur d'océanographie à l'Université de Potsdam, indiqua que selon la meilleure estimation récente, le niveau des mers serait vers la fin du siècle de 75 à 190 centimètres au-dessus du niveau de 1990 (avec un minimum quatre fois plus élevé que les

18 à 59 centimètres du *Quatrième Rapport d'évaluation* du GIEC de 2007), bien que dans un scénario à 4 °C, l'estimation se trouve dans la fourchette de 98 à 130 centimètres. Bien sûr, il s'agit là du niveau par lequel les mers vont passer tout en continuant à évoluer vers des valeurs plus élevées, car même si nous parvenions à stabiliser la température, les mers poursuivraient leur montée pendant des centaines d'années. Même un arrêt total des émissions ne les empêcherait pas de continuer à monter.

De façon surprenante, 7 à 10 % de la population mondiale seulement vit à moins de 10 mètres au-dessus du niveau de la mer – bien que ce pourcentage soit bien plus élevé en Asie du Sud et de l'Est. Robert Nicholls, de l'Université de Southampton, estime que cela concerne 136 cités portuaires ayant une population d'au moins un million d'habitants (Rahmstorf remarque que de nombreuses centrales nucléaires sont implantées sur les côtes parce qu'elles utilisent l'eau de mer pour le refroidissement). Nicholls délivra la seule contribution réconfortante de la conférence, expliquant avec optimisme comment les hommes pourraient s'adapter à la montée du niveau des mers si, à la fin du siècle, « le monde entier se trouvait dans la situation des Pays-Bas aujourd'hui ». « Est-il fou, demanda-t-il, de penser que nous pouvons élever des digues autour de toutes les côtes du monde ? » Certains peuvent le penser. Nicholls pense, pour sa part, que cela coûterait cher mais que ce serait « faisable ». Bien sûr, la plupart des zones côtières humides seraient perdues, ainsi que d'innombrables espèces avec elles.

La capacité des nations à se protéger contre la montée du niveau des mers dépend de leurs ressources. Vellinga nous apprit que la protection côtière des Pays-Bas revenait à environ 0,2 % de son PIB et qu'une montée d'un mètre du niveau des mers doublerait ce pourcentage. Mais je ne pus m'empêcher de penser qu'il était difficile d'imaginer des chiffres ayant une quelconque pertinence pour le Bangladesh. La réflexion sur les ripostes à la montée du niveau de la mer est, comme on pourrait s'y attendre, très avancée aux Pays-Bas, où l'on parle aujourd'hui de construire des villes au-dessus de digues surélevées ainsi que des villes flottantes, et même des serres flottantes pour les cultures, perspective qui réveille les souvenirs dérangeants du film post-apocalyptique *Waterworld*. Selon Vellinga, une autre option, controversée, consiste à surélever tout le pays en prélevant d'énormes quantités de sable de la mer du Nord, mais cette suggestion a été accueillie avec un certain scepticisme. Stefan Rahmstorf rappela aux participants que les digues ne sauveraient pas de l'inondation les petites îles basses. Il est en effet difficile d'imaginer les habitants de l'archipel du Tuvalu, dans le Pacifique, vivant sur un atoll entouré d'un mur de béton de deux à trois mètres de hauteur.

En dernier recours, en nous y prenant à l'avance et avec suffisamment de ressources, nous pourrons soit nous protéger contre la montée du niveau des mers, soit évacuer les zones menacées. Mais dans un monde plus chaud de 4 °C, l'accès à l'eau douce sera un facteur de survie beaucoup plus critique. Globalement, on s'attend à ce qu'un monde plus chaud soit plus humide, avec un régime de pluie augmenté peut-être de 25 %. Mais Nigel Arnell, professeur à l'Université de Reading, avertit que les changements de précipitations seront très variables selon les régions : des pluies plus abondantes aux hautes latitudes, et, près des tropiques, de grandes parties du monde souffrant de manques d'eau sévères. Sur les cartes qu'il montra, les parties jaune sombre (comprenant l'Australie, l'Europe du Sud, l'Ouest et la partie centrale du Sud des États-Unis) indiquaient, dans un monde plus chaud de 4 °C, une baisse des précipitations allant de 10 à 30 %. Les parties rouges évoquaient des zones où il ne fait pas bon vivre, avec des précipitations en recul de 40 à 50 % en Afrique du Nord, en Afrique du Sud et sur de grandes bandes de terre traversant le Nord de l'Amérique latine, y compris l'Amazonie. Le débit des cours d'eau devrait se dégrader plus que les précipitations, à cause de taux d'évaporation plus élevés avant que l'eau n'atteigne les fleuves et les rivières. Arnell estime que dans un monde de 4 °C plus chaud, environ un milliard d'individus (un sixième de la population actuelle) seront exposés à des difficultés d'approvisionnement en eau plus grandes qu'aujourd'hui, alors que, cruellement, la moitié des habitants des zones déjà inondables devront faire face à des risques d'inondation accrus.

Le modèle indique que 15 % des terres actuellement propres à l'agriculture cesseront de l'être, tandis que dans les régions froides la superficie cultivable augmentera de 20 %. C'est peut-être rassurant pour la Sibérie et le Canada, mais c'est un désastre pour l'Afrique de l'Est et du Sud, où les superficies cultivables vont diminuer de 30 %. Comme le fit froidement remarquer Schellnhuber, « deux cents millions de personnes ne vont pas se déplacer d'un Sahel sec à une Sibérie humide ». La logique impitoyable des modèles montre encore et encore que les pauvres et les plus vulnérables seront les plus touchés par le changement climatique, bien qu'ils n'en soient en rien responsables et qu'ils soient les plus démunis pour s'en protéger. Phillip Thornton, expert agricole de Nairobi, estime que le pronostic concernant l'approvisionnement en nourriture dans l'Afrique Sub-saharienne est « effrayant », car l'agriculture dépendant des pluies devrait, dans de nombreuses régions, cesser d'être viable d'ici à la fin du siècle. Bien que les effets attendus aillent bien au-delà des capacités d'adaptation, nous devons néanmoins faire tout ce qui est en notre pouvoir, y compris augmenter les investissements et renforcer les institutions.

Au cours d'une interruption de séance, une scientifique sibérienne me dit que les habitants de sa région voyaient d'un œil favorable le réchauffement climatique. Arnell produisit une carte montrant les estimations des modifications des besoins de chauffage et de climatisation. Dans un monde plus chaud de 4 °C, les besoins en chauffage des régions froides diminueront de 50 % ; mais dans les régions tempérées et chaudes, la demande de climatisation doublera. Lorsqu'on se souvient qu'en France, en août 2003, près de 15 000 personnes, pour la plupart âgées, sont mortes à la suite d'une vague de chaleur, la climatisation ne semble plus être un luxe.

Yadvinder Malhi, professeur à l'université d'Oxford, est un expert en forêts tropicales. Lors d'une présentation fascinante, il nous apprit que les organismes ayant évolué dans les régions tropicales sont beaucoup moins adaptés à des variations de température que ceux des régions tempérées où les températures ont des variations journalières et saisonnières bien plus grandes. Les espèces vivant sous des latitudes plus septentrionales ont une tolérance thermique très supérieure. Et pourtant, pour s'adapter à une augmentation de 1 °C, les organismes tropicaux doivent se déplacer horizontalement trois fois plus que s'ils vivaient dans les régions tempérées. Sous les Tropiques, cela signifie s'éloigner de l'équateur de 380 kilomètres. À l'heure actuelle, les arbres poussant dans les Andes se déplacent au rythme de 25 à 35 kilomètres par décennie. Au lieu de migrer horizontalement, ils peuvent trouver des climats plus frais en le faisant verticalement. Monter de seulement 180 mètres d'altitude équivaut, pour obtenir une variation de la température de 1 °C, à un déplacement horizontal de 380 kilomètres. Le problème est que les montagnes qui servent de refuge se transforment en pièges lorsque les températures continuent de croître et que les espèces migrant verticalement finissent par découvrir que les montagnes ont des sommets.

Malhi posa le problème du réchauffement climatique de façon saisissante. En se référant aux formes complexes d'interdépendance de tous les organismes vivants et des systèmes dans lesquels ils vivent, il expliqua que nous sommes en train de « retisser la toile du vivant ». La façon dont les organismes répondront au changement climatique dépendra de la flexibilité de leurs seuils physiologiques (plus faibles pour les espèces tropicales), de leur capacité d'adaptation évolutive rapide, des changements de comportements et des possibilités de migration. Les organismes ont toujours été obligés de s'adapter à des changements climatiques ou de disparaître, comme ils l'ont fait dans le passé à la fin de la période glaciaire. Ce qui est spécifiquement inquiétant dans la situation actuelle, c'est que le rythme du changement climatique est trop rapide pour de nombreuses espèces, et qu'il ne leur permettra pas de s'adapter aux conditions nouvelles.

La perspective d'un nombre accru d'incendies en Amazonie fait l'objet d'importantes études scientifiques. Un réchauffement mondial de 4 °C en moyenne à travers la planète se traduira par 5 ou 6 °C en Amazonie. Les surfaces déboisées, exposées au soleil, deviendront beaucoup plus chaudes, torrides, avec 5 °C, soit 10 °C supplémentaires au total. Ces chiffres soulignent à nouveau l'importance d'arrêter la déforestation. Mais les forêts tropicales ne seront pas les seules touchées par le réchauffement. David Karoly, professeur à l'Université de Melbourne, décrivit les effets des incendies effrayants qui ont ravagé une partie de la province de Victoria en février 2009 et dont les conditions avaient été créées par une sécheresse prolongée et par une vague de chaleur extrême. Le 7 février, Melbourne enregistra un maximum absolu jamais atteint de 46,4 °C. Des opossums tombèrent des arbres, morts. Des renards volants, incapables de maintenir leur température normale, mouraient en plein vol. Les niveaux de vigilance face aux risques d'incendie sont traditionnellement placardés sur des grands panneaux dans tout le pays : les risques vont de « faible » à « extrême ». Les incendies de 2009 excédèrent les niveaux traditionnels et obligèrent à en créer d'autres. Aujourd'hui, au-dessus de l'ancien « extrême » se trouvent deux nouvelles catégories, « catastrophique » et « alerte rouge ». À ces deux niveaux, les autorités responsables ne recommandent plus qu'une seule attitude en cas d'incendie : la fuite. Si ce type d'incendies dévastateurs peut se déclencher sur une Terre qui n'est que de 0,8 °C plus chaude qu'il y a un siècle, imaginez, demanda Karoly, ce qu'il adviendra avec 4 °C de plus. « Nous sommes en train d'installer l'enfer sur Terre », conclut-il.

On ne s'attend pas, dans un monde plus chaud de 4 °C, à ce que la Grande-Bretagne devienne chaude et sèche comme l'Australie, mais elle sera sans aucun doute plus chaude et les ressources en eau pourraient venir à manquer dans le sud et l'est du pays. Les feux de forêt sont aujourd'hui pratiquement inconnus en Grande-Bretagne, mais Andy Moffat pense qu'il serait bon d'envisager leur éventualité. Il fit remarquer que le changement des conditions climatiques pourrait augmenter l'intérêt pour la plantation d'eucalyptus, mais que cela pourrait être considéré comme un crime : les eucalyptus sont connus pour leur tendance à s'enflammer spontanément.

S'adapter à l'inconnu

À cette étape de la conférence, de nombreux participants constatèrent que leurs montagnes russes émotionnelles avaient plus de creux que de sommets. Une jeune femme d'une trentaine d'années déclara à l'auditoire sa satisfaction de ne pas avoir d'enfant et de ce que beaucoup de ses amis ne veuillent pas en avoir. Je laisse au lecteur le soin d'apprécier la signification d'une telle déclaration. Un des participants raconta que pour sa fille de treize ans il n'y avait rien d'autre à faire que d'accepter la réalité du changement climatique et de le gérer, ce qui témoigne d'une maturité que la plupart des adultes sont loin d'avoir.

D'une façon ou d'une autre, l'humanité va devoir s'adapter à un monde plus chaud. De nombreux scénarios, tous plausibles, prévoient une forte diminution du nombre de gens qui, à long terme, seront capables de survivre. Certains suggèrent qu'il ne restera qu'un milliard ou quelques centaines de millions de survivants d'ici un siècle ou deux – un chiffre en vaut un autre. Un fait est sûr : la transition vers un nouvel état stable sera longue et brutale, particulièrement pour les plus pauvres et les plus vulnérable dont la survie sera menacée par le manque de nourriture, les événements climatiques extrêmes et les maladies. Cependant, dans un monde aussi interconnecté qu'aujourd'hui, chacun sera profondément touché. Des systèmes financiers plus autonomes devraient pouvoir se mettre en place sans trop de difficulté, mais déconnecter les réseaux commerciaux pour revenir à un monde plus autarcique semble aujourd'hui inconcevable. Et pourtant le manque de ressources et des transports plus chers nous l'imposeront.

Pour beaucoup, émigrer deviendra une question de survie. Quelques-uns y parviendront peut-être, mais l'expérience montre que les individus meurent en grand nombre sans avoir l'énergie ou les moyens de fuir. Pourtant, la masse d'émigrants se dirigeant vers l'Europe et les États-Unis – sans parler des Européens du Sud qui chercheront à s'installer sous les climats plus hospitaliers du nord du continent – pourraient rapidement dépasser les capacités des États à endiguer et à gérer les flux. François Gemenne, expert des questions migratoires, indiqua aux participants que jusqu'à présent la plupart des migrations liées à des facteurs climatiques s'étaient produites à l'intérieur des frontières. Et il ne sera pas facile de distinguer les migrants climatiques de ceux qui migreront pour d'autres raisons ; en fait, les effets du climat aggraveront probablement les problèmes existants, ce qui rendra le chiffrage difficile. La plupart des migrants sont aujourd'hui volontaires, mais les extrêmes climatiques pousseront de plus en plus à des départs forcés. Gemenne fit remarquer que les flux migratoires ne correspondaient pas toujours au pic d'une crise environnementale car une réimplantation permanente nécessite des ressources qui, en période de sécheresse par exemple, doivent être affectées à la survie immédiate. Les plus pauvres et les plus vulnérables manquent souvent de moyens de partir, de sorte que les migrants sont généralement les plus aisés d'entre eux. Gemenne pense que les gouvernements devront encourager et faciliter le départ des plus vulnérables. Un seul typhon violent pourrait anéantir la population de Tuvalu, mais les habitants résistent, de façon compréhensible, à l'idée de quitter leur île. Dans les pays riches aussi, les victimes d'inondations, d'ouragans ou d'incendies de forêt hésitent à partir même lorsque les experts les avertissent que ces événements catastrophiques deviendront de plus en plus fréquents. Certaines îles qui affleurent à peine disparaîtront d'ici à la fin du siècle. Le nombre de membres du Commonwealth des nations (l'ancien Commonwealth britannique) passera probablement de 54 à 50 ou à 51[4]. Gemenne expliqua que cette situation exigera d'innover en matière de législation internationale, de sorte qu'il soit possible de demeurer citoyen d'une nation qui n'existe plus. Les Tuvaléens vivant en Nouvelle-Zélande, en Australie ou dans les îles Fidji pourront détenir des passeports d'un « État virtuel » situé sous l'océan Pacifique (nous pourrons peut-être les appeler les « Néo-Atlantidiens »). Une nation fantôme de ce type peut-elle demeurer membre des Nations unies et protéger les intérêts de ses citoyens ?

Les hommes sont en général conservateurs ; ils trouvent plus facile d'espérer le meilleur que de se préparer au pire. Nous sommes encore peu nombreux à avoir accepté l'idée que les impacts climatiques seront importants. Nous croyons pour la plupart que nous serons capables de nous adapter à un certain changement, et que le risque climatique n'est qu'un parmi d'autres. Mais en cas de changement incontrôlé du climat, une telle attitude n'est pas tenable. Comme l'a soutenu Lisa Horrocks, consultante environnementale, lors de la conférence, nous devrons abandonner notre conception habituelle de l'adaptation pour adopter une stratégie de transformation permanente qui nous permettra de gérer les impacts les plus sévères, de planifier à long terme et d'avoir une approche systémique. Le langage que nous utilisons aujourd'hui – « gestion du risque », « adaptation », « résilience », « pas de regret », « gagnant-gagnant » – illustre combien nous sommes persuadés que pour nous accommoder d'un monde plus chaud il nous suffira de gérer les extrêmes. Mais c'est devenu une

---

4. Clive Hamilton, « The Commonwealth and Sea-Level Rise », The Roundtable, septembre 2003.

illusion dangereuse, car les efforts d'adaptation à un changement climatique limité peuvent se révéler inappropriés à un monde plus chaud de 4 °C ou plus. Si nous modifions notre habitat, nos infrastructures, notre agriculture et notre gestion des forêts pour nous adapter à un monde plus chaud de 2 °C, nous risquons de nous trouver dans une situation plus délicate pour une nouvelle adaptation, à 4 °C cette fois. Les ressources investies pour construire des digues plus hautes d'un mètre auront été gaspillées si la mer monte encore davantage et les submerge.

Nous savons que la capacité des individus à s'adapter est limitée, et que cette limite se réduit encore quand l'ordre social s'effondre. Si elles veulent gérer et alléger les conséquences d'un monde plus chaud d'au moins 4 °C, les sociétés doivent se transformer collectivement. Bien que la conférence d'Oxford ait été dominée par des biophysiciens, des mentions furent faites des « seuils de basculement sociaux ». Jusqu'à présent, le terme a surtout été utilisé par des publicistes et des commentateurs à la mode pour discuter de ce qui lance une tendance et de ce qui fait changer l'opinion publique. À mesure que les sociétés devront affronter un monde plus chaud de 4 °C, nous pouvons nous attendre à des stress sociaux beaucoup plus profonds, ce que j'aborderai dans le prochain chapitre.

Lors de la conférence, un sociologue français, Bertrand Guillaume, esquissa quelques futurs possibles. Il fit remarquer qu'une bonne connaissance des dangers du réchauffement climatique ne se traduit pas nécessairement en actions pour l'arrêter, et qu'une catastrophe peut être « à la fois inévitable et impossible ». Cela me fit penser au dernier « f » des réponses au danger que l'évolution a imaginées – faire front, fuir ou se figer. Néanmoins, poursuivit Guillaume, éviter une catastrophe exige des mesures radicales comme un rationnement drastique des produits dont la fabrication cause des émissions de gaz à effet de serre importantes, tels la viande, le lait et l'essence. La question est de savoir si des mesures semblables pourraient être prises de façon volontaire, comme en cas de guerre où les sociétés s'unissent pour résister à une menace commune. Dans le cas contraire, et si une grande partie de la population refuse de s'y plier, réduire les émissions de gaz peut exiger l'établissement d'une « tyrannie bienveillante ».

Guillaume posa la question qui avait commencé à tarauder certains : pouvons-nous continuer de « jouer avec la démocratie » ? Et pourtant, ceux qui jugent le système démocratique trop complexe pour répondre à une crise existentielle, me suis-je souvent dit, n'expliquent pas la méthode pour faire passer une société d'un système démocratique à une forme d'état d'urgence. Qui prendrait les rênes du pouvoir ? Une intelligentsia éclairée ? Une avant-garde de citoyens motivés ? Les services secrets, alliés peut-être à des intérêts privés progressistes ? Quelle serait la source du pouvoir ? Comment les forces militaires, chargées de protéger un gouvernement élu, réagiraient-elles ? Comment la nouvelle administration obtiendrait-elle sa légitimité ou exercerait-elle son autorité ? Les tyrannies, quel que soit leur but initial, sont rarement bienveillantes. La solution n'est pas d'abandonner la démocratie mais de la radicaliser.

En dressant le bilan de ces trois journées, Diana Liverman, organisatrice de la conférence et directrice de Environnemental Change Institute de l'Université d'Oxford, mentionna des personnes de son entourage qui, ayant eu des échos de la conférence, lui dirent que l'on n'avait fait qu'y débattre de vieilles lunes. « Ils n'ont pas compris que nous disions quelque chose de nouveau », ajouta-t-elle, quelque peu désespérée. Adopter une attitude blasée est une parade qui permet de se voiler la face, et bien des scientifiques aimeraient ardemment trouver eux aussi les moyens de s'évader de la réalité. Liverman avoua qu'elle ne cherchait parfois qu'à « s'immerger dans son travail académique » pour prendre du recul par rapport aux implications de ses recherches, tout en sachant que les climatologues ont le devoir d'informer le monde de leurs découvertes afin d'empêcher les dirigeants politiques de prétendre que les choses se passeront autrement. Elle incita vivement les participants à faire entendre leur voix lors de la préparation de la conférence de Copenhague et lors de la conférence elle-même. Hélas, trois mois plus tard, dans la capitale danoise, ceux qui connaissaient les faits furent submergés par des lobbies industriels et ignorés par des politiciens timorés.

Chapitre 8 / RECONSTRUIRE L'AVENIR

Dans quelques décennies, les historiens caractériseront la période couvrant les trois derniers siècles comme celle d'une lutte entre diverses philosophies politiques, chacune offrant une vision utopique du futur. Au cours des 150 ans qui ont précédé 1989, l'histoire du monde a essentiellement tourné autour de l'affrontement entre les forces du capitalisme et celles du socialisme, avec, au XXᵉ siècle, une interruption de deux décennies marquées par le fascisme. Au XXIᵉ siècle, la rupture climatique reléguera au second plan les conflits idéologiques. Elle nous obligera à renoncer aux utopies, y compris à la plus récente d'entre elles, celle d'une croissance illimitée, tout en évitant de créer une « contre-utopie ». Le triomphe du capitalisme libéral, annoncé de façon prématurée comme la « fin de l'histoire », a coïncidé avec le début d'une prise de conscience : la transformation de notre environnement opérée par le progrès industriel est telle qu'elle menace d'effondrement le monde promis par le capitalisme libéral. Nous nous gargarisions de « la fin de l'histoire », mais c'est la fin du progrès qui nous a rattrapés. Maintenant, il va falloir faire face à un siècle de régression, voire davantage ; nous allons assister au dénouement d'une révolution entamée il y a trois siècles avec la libération des forces de la science, de la technologie et de la croissance économique. Comme un adolescent qui se découvre soudain la force d'un adulte, nous devons admettre que nous n'avons pas la maturité nécessaire pour gérer la puissance que nous avons libérée.

Désespérer

La perspective du bouleversement climatique nous perturbe et nous contraint à renoncer à la plupart des convictions confortables qui nous ont fait percevoir le monde comme stable et porteur de civilisation. Nous sommes aujourd'hui conduits à douter de notre foi dans le progrès humain – foi que nous avons régulièrement utilisée pour relier le passé à l'avenir – et à perdre la sécurité psychologique qu'elle nous a procurée. Nous allons devoir nous faire à l'idée que nos propres actions ont poussé la Nature à se retourner contre nous, et que nous ne pouvons plus compter sur elle pour nous fournir les conditions propices à l'épanouissement de la vie. Les piliers des temps modernes – certitude de la portée illimitée des réalisations humaines et de leur capacité à contrôler le monde autour de nous, confiance dans le pouvoir de la connaissance pour régler ce qui nous gêne – vont s'effondrer. Notre époque a vu la science et la technologie comme des preuves éclatantes de la supériorité de l'homme, justifiant nos prétentions de démiurges ; objets d'un culte célébrant le pouvoir qu'elles ne cessent de nous donner, la science et la technologie ne seront bientôt plus qu'un moyen de nous sauver des ravages provoqués par notre orgueil insensé. Si les forces gigantesques de la nature se retournent contre nous sur notre propre planète, comment ne pas nous sentir abandonnés et seuls dans le cosmos ?

Renoncer à la perspective d'un avenir en rose, stable et agréable, représente une tâche plus difficile qu'il n'y paraît, tant cette vision nous est consubstantielle. C'est ce que chacun peut observer à sa propre échelle. Il nous est arrivé à tous d'imaginer une vie meilleure, fondée sur l'espoir d'un nouveau travail, de démarrer de nouvelles affaires ou de faire le mariage idéal. Pendant des semaines et des mois, nous construisons mentalement cet avenir, au point qu'il se met à faire partie de notre identité. Lorsque l'événement attendu n'arrive pas, il nous arrive de nous effondrer. Car même si notre vie n'a pas empiré, nos rêves sont brisés. Psychologiquement, la perte n'est pas moins réelle que si elle avait vraiment eu lieu, si bien que le travail à faire pour remettre notre moi nouvellement construit en conformité avec une réalité inchangée peut être traumatisant. Les espoirs que nous entretenons pour nos vies, pour celles de nos enfants et de nos petits-enfants reposent sur l'idée sous-jacente que le monde évoluera dans un certain sens, deviendra meilleur qu'aujourd'hui. Mais si nous entrevoyons qu'en réalité la vie risque d'être moins belle demain qu'aujourd'hui – qu'elle sera plus rude et plus imprévisible parce que les conditions météorologiques quotidiennes ne seront plus fiables –, notre conception de l'avenir et les espoirs que nous plaçons en lui ne seront plus qu'illusions. Lorsque l'on s'aperçoit que ses rêves sont construits sur du sable, la réaction naturelle est le désespoir.

Face à l'évidence du bouleversement climatique, continuer d'espérer revient à refuser la vérité. Tôt ou tard, nous devrons l'affronter, ce qui impliquera de passer par une phase de désolation et de désespoir, bref, de souffrir[1]. Ce bouleversement exigera que nous changions non seulement notre façon de vivre, mais aussi l'image que nous avons de nous-mêmes ; nous prendrons conscience du gouffre qui sépare nos modes de vie actuels – et ceux que nous anticipons pour l'avenir – de la réalité radicalement différente que révèle la climatologie. Le processus d'adaptation personnelle à cette nouvelle réalité extérieure sera, pour nombre d'entre nous, un cheminement émotionnel long et douloureux. De quoi donc sera fait ce deuil d'un avenir perdu ?

Le deuil ne passe pas par des étapes bien définies ; il se manifeste à la fois par des accès émotifs violents et par la sensation persistante d'un environnement perturbé[2]. Lorsque nous apprenons qu'un de nos proches est atteint d'une maladie incurable, nous entamons généralement un processus d'anticipation du deuil ; dans le cas des faits relatifs au changement climatique et de leur signification émotionnelle, le « mort » dont on doit faire le deuil est l'avenir. La première phase de la douleur est souvent marquée par le choc et le déni, suivis d'un mélange de colère, d'anxiété, de regret, de dépression et de sensation de vide[3]. Les hommes déploient toute une gamme de stratégies pour éviter ou amortir ces sensations pénibles parmi lesquelles, selon John Archer, l'apathie, le refus de reconnaître que la perte a bien eu lieu, l'agression envers ceux qui sont tenus pour responsables ou encore la culpabilité. Ce sont toutes des méthodes semblables à celles que nous utilisons pour nier ou pour atténuer le message de la climatologie. Tout porte à croire, en effet, que les attitudes généralisées de déni et d'évitement face à ce message sont

---

1. Joanna Macy, « Working Through Environmental Despair », dans Theodore Roszak, Mary Gomes et Allen Kanner (eds), Ecopsychology, San Francisco (Calif.), Sierra Club, 1995.
2. John Archer, The Nature of Grief : The Evolution and Psychology of Reactions to Loss, Londres, Routledge, 1999, p. 67. Voir aussi George Bonnano et Stacey Kaltman, « Toward an Integrative Perspective on Bereavement », Psychological Bulletin, 125 (6), 1999, p. 760-776.
3. John Archer, The Nature of Grief, op. cit., p. 66 et suiv.

en réalité des réactions de défense contre le désespoir qu'il provoque. Selon des études menées sur la douleur, accepter la perte d'un être cher est plus difficile lorsque subsiste un doute sur la mort de la personne, ou lorsque quelqu'un peut en être tenu pour responsable[4]. Les deux hypothèses peuvent s'appliquer à la perte de l'avenir due au changement climatique.

On s'intéresse d'habitude à l'expression émotionnelle de la douleur. Mais il s'agit aussi d'un processus cognitif : si notre conception du monde est bouleversée, nous commençons par nous adapter, puis nous nous mettons à construire une nouvelle conception avec laquelle nous pourrons vivre. Il arrive parfois que les personnes qui ressentent trop tôt ces émotions prennent de la distance de façon prématurée – ce que les professionnels appellent une décathexis. Il existe un cas célèbre, remontant aux années 1940, celui d'une Anglaise dont le mari était parti à la guerre et qui était persuadée qu'il serait tué. Elle avait si profondément intégré son chagrin que lorsque son mari revint vivant, elle demanda le divorce[5]. Ainsi, ceux qui préconisent de ne pas désespérer, de demeurer positifs face aux conséquences du changement climatique craignent peut-être que nous ne nous sentions plus du tout concernés par l'avenir, que nous sombrions dans l'inertie et l'alcool ou dans une forme de nihilisme comme celui qu'exalte « No future », la chanson des Sex Pistols.

Selon un expert, un deuil sain exige un « retrait progressif de l'investissement affectif dans les espérances, dans les rêves et les attentes pour l'avenir » sur lesquels notre vie s'est construite[6]. Toutefois, après avoir regardé la vérité en face et nous être désintéressés de l'avenir, nous n'allons probablement pas demeurer prostrés et cesser de penser au lendemain. Les humains ne sont pas faits ainsi. Lorsque nous aurons rompu avec notre ancienne idée du futur, nous en bâtirons une nouvelle et nous nous y attacherons, comme nous

---

4. Ibid., p. 115. *Un troisième blocage peut survenir lorsque les circonstances de la mort sont traumatiques.*
5. Eric Lindemann, « Symptomatology et Management of Acute Grief », American Journal of Psychiatry, 101, 1944, p. 142-148.
6. *La citation, légèrement modifiée, est extraite de Thérèse Rando,* How to Go On Living When Someone You Love Dies, *New York (N. Y.), Bantam Books, 1991, p. 97.*

le faisons généralement après le décès d'un proche. Mais il nous faudra au préalable avoir accompli ce travail de deuil, c'est-à-dire avoir eu le courage, comme nous le rappelle Joanna Macy, d'aller jusqu'au bout du désespoir et de résister à la tentation de nous précipiter prématurément vers une nouvelle vision de l'avenir[7]. Macy cite T. S. Eliot : « J'ai dit à mon âme, tiens-toi tranquille, et attends sans espoir, car espérer ne porterait pas l'espoir dans une bonne direction. »

Attendre ne veut pas dire que nous devions rester passifs. Le processus de deuil variera d'un individu à l'autre, en partie selon les degrés d'attachement, conscient ou inconscient, à l'avenir. Certains vivent pour l'essentiel au jour le jour et ne s'encombrent pas du lendemain. D'autres se sentent profondément concernés par l'évolution de la société, de la civilisation ou de la nature. Un moi interdépendant ou méta-personnel risque davantage d'être perturbé par la menace que représente le bouleversement climatique pour le bien-être des populations ou pour la nature. Certaines cultures sont plus marquées que d'autres par l'attachement aux ancêtres ou à la descendance. Le deuil de chacun dépendra de la façon dont la société et le groupe auquel il appartient réagissent à la perte. Aujourd'hui, lorsque nous venons de perdre un proche, nous avons tendance à nous sentir seul et isolé, au point parfois de garder nos angoisses et nos idées noires pour nous-même de peur qu'elles ne fassent fuir notre entourage. Un peu comme les amis et la famille d'une enfant malade qui continuent d'affirmer : « Ne vous en faites pas, elle va s'en sortir », alors que les médecins la déclarent condamnée.

Je m'attends à des réactions d'humour noir, non pour tourner les faits en dérision mais pour aider à s'en accommoder. En voici le premier exemple que j'ai relevé : « Moi, je dis bienvenue à l'apocalypse. Enfin un monde où un homme n'a besoin de rien d'autre qu'une barbe de trois jours, une mule et un fusil à canon scié, et où les femmes sont belles, fatales et habillées de cuir. Un peu de présence d'esprit, du nerf, et l'on fraye son chemin parmi les hordes de mutants, de

---

7. Joanna Macy, « Working Through Environmental Despair », op. cit., p. 26.

cannibales et toutes sortes de bêtes. Comme le samedi soir dans les quartiers chauds, en fait[8]. »

En plus d'une éruption d'humour noir et de romans post-apocalyptiques, préparons-nous à des périodes de nostalgie d'un avenir perdu, avec, par exemple, des vagues de livres et de conférences sur l'ère qui s'achève et qui, avec le recul, se parera de toutes les vertus.

Accepter

Le traumatisme engendré chez chacun d'entre nous par la prise de conscience du fossé qui se creuse entre l'image de soi et l'avenir chaotique qui nous attend peut être interprété comme une forme de « désintégration positive ». Ce concept a été développé par le psychiatre Kazimierz Dabrowski pour désigner la sensation d'effondrement de notre monde personnel lorsqu'une situation invalide les valeurs sur lesquelles nous avons fondé notre identité[9]. La bataille intérieure que nous devons livrer pour nous adapter aux circonstances nouvelles exige de passer par un processus douloureux de « désintégration » accompagné d'émotions fortes, comme des crises de nerfs, de colère, d'anxiété, de culpabilité, de dépression, de désespoir et de détresse. Mais la capacité à les gérer et à se reconstruire est un signe de santé mentale. La transition, difficile, s'accompagne d'une activité psychique intense au cours de laquelle la personne devient un agent actif de sa propre désintégration, évalue d'elle-même les éléments brisés et les réassemble en une nouvelle personnalité plus solide[10]. Il s'agit là d'une stratégie d'adaptation.

Le bouleversement climatique répand une odeur de mort. Il menace de ramener à la surface des émotions que nous travaillons très fort à enfouir. Ernest Becker a écrit que la peur de la mort était « le moteur

---

8. Du blogger « savagedave », « Is There Any Point in Fighting to Stave off Industrial Apocalypse ? », Guardian website, 17 août 2009, http://www.guardian.co.uk/commentisfree/cif-green/2009/aug/17/environment-climate-change (légèrement modifié).
9. Ernest Becker, The Denial of Death, New York (N. Y.), The Free Press, 1973, p. 9.
10. Kazimierz Dabrowski, Psychoneurosis Is not an Illness, Londres, Gryf Publications, 1972, p. 220.

principal de l'activité humaine – activité essentiellement conçue pour éviter cette fatalité, pour la surpasser en niant qu'elle soit la destination finale de l'homme[11] ». C'est sans doute le désir d'immortalité qui pousse les nantis à accumuler toujours plus. Certains éléments le laissent penser. Des études utilisant la « théorie de la gestion de la peur » ont montré que lorsque quelqu'un est confronté, même furtivement, à l'évidence de sa condition de mortel, il a tendance à rechercher les moyens d'accroître sa propre estime de soi, via notamment l'argent, l'image et le statut[12], et à punir ceux qui ne sont pas d'accord avec sa vision des choses[13]. Sheldon et Kasser suggèrent que si les hommes s'accrochent à des objectifs superficiels de richesse, de séduction et de position sociale, c'est sans doute parce que cela augmente leurs chances de survie en des temps incertains et menaçants[14]. Il est donc envisageable que la menace de bouleversement climatique conduise à donner encore plus d'importance aux valeurs de consommation, celles-là mêmes qui sont responsables du réchauffement climatique. C'est comme si nous étions pris au piège : notre matérialisme exacerbe le changement climatique, et la perspective du changement climatique nous conduit à plus de matérialisme. Devons-nous pourtant cesser de parler du problème ? La réponse est heureusement non.

Alors que les évocations superficielles de la mort nous rendent plus égocentriques et plus matérialistes, nous savons de longue date, comme l'enseignent les traditions, la philosophie ou la religion, qu'une vraie réflexion sur le sujet nous éloigne des futilités telles que la possession de biens ou la position sociale pour nous ramener à l'essentiel, c'est-à-dire à ce qui donne du sens à la vie. Quiconque a frôlé la mort

---

11. Ernest Becker, *The Denial of Death*, New York (N. Y.), The Free Press, 1973, p. 9.
12. Kennon Sheldon et Tim Kasser, « Psychological Threat and Extrinsic Goal Striving », Motivation and Emotion, 32, 2008, p. 37-45 ; S. Solomon, J. Greenberg et T. Pyszczynski, « A Terror-management Theory of Social Behaviour : The Psychological Functions of Self-esteem and Cultural Worldviews », dans M. P. Zanna (ed.), Advances in Experimental Social Psychology, San Diego (Calif.), Academic Press, 1991.
13. P. Cozzolino, A. D. Staples, L. S. Meyers et J. Samboceti, « Greed, Death, and Values : From Terror Management to Transcendence Management Theory », Personality and Social Psychology Bulletin, 30 (3), 2004.
14. Kennon Sheldon et Tim Kasser, « Psychological threat and extrinsic goal striving », art. cité, p. 38.

ou a été atteint d'une grave maladie se trouve transformé par cette expérience et considère sa vie passée comme vide et égoïste. Selon la théorie de la « reconstruction post-traumatique », la confrontation avec l'imminence de sa propre mort bouleverse l'ordre des priorités ; on n'agit plus par avidité ou par orgueil, on donne plus d'importance aux relations intimes, on prend mieux conscience de ses forces, on s'ouvre au changement et on acquiert un sens plus profond de la vie[15].

Des tests menés dans le cadre de cette théorie ont confirmé qu'une réflexion approfondie sur la mort favorisait le rapprochement avec les autres, le développement personnel et l'insertion dans la communauté. Une véritable confrontation à la réalité de la mort nous amène à transcender nos réactions de défense et à accepter la vie comme la mort avec plus de maturité.

Les effets du changement climatique attendus au cours du XXIe siècle nous confrontent à l'idée de mortalité – la nôtre comme celle de nos descendants, celle des personnes vulnérables dans les pays pauvres et celle des autres espèces. Ils nous poussent aussi à reconsidérer la pertinence de notions plus abstraites comme la civilisation et le progrès. Il est tentant de réprimer ces pensées, pourtant un franc débat public sur le caractère éphémère des choses et sur la mort aurait un effet salutaire, car il contribuerait à réorienter nos valeurs vers plus de maturité et vers la protection de l'environnement. Renoncer à tirer la sonnette d'alarme sur les dangers des changements climatiques pour notre survie revient à renoncer à lutter contre notre égoïsme et notre matérialisme intrinsèques. À contrepied des gouvernements et des organisations environnementales qui s'évertuent à « ne pas réveiller le chat qui dort », une réflexion frontale sur la signification du bouleversement climatique aurait plus de chance de favoriser des objectifs plus sociaux et moins matérialistes.

Les incertitudes demeurent nombreuses sur les effets du réchauffement climatique au cours du XXIe siècle et au-delà, mais il ne fait pas de doute que, décennie après décennie, nos vies quotidiennes se modifieront sans

---

15. E. Lykins, S. Segerstrom, A. Averill, D. Evans et M. Kemeny, « Goals Shift Following Reminders of Mortality : Reconciling Post-traumatic Growth and Terror Management Theory », Personality and Social Psychology Bulletin, 33 (8), 2007 ; P. Cozzolino et al., « Greed, death, and values », art. cité.

cesse davantage. Aucun effet positif n'est à attendre pour la plupart des habitants des pays pauvres, leurs vies seront plus difficiles encore, et leur lutte quotidienne sera ponctuée d'événements climatiques catastrophiques et d'explosions politiques qui alourdiront encore leur fardeau. Dans les pays riches, il est possible que l'avenir soit plus dur à accepter pour beaucoup d'individus, mais que la mise à l'épreuve de leurs facultés à s'adapter contribue à les orienter vers des buts de vie plus élevés. N'est-ce pas la leçon de l'histoire ? Le nombre des maladies mentales a notoirement décru à Londres pendant les bombardements de la seconde guerre mondiale, peut-être en raison des liens de solidarité qui se tissaient, tandis que tout le monde était en danger[16]. Malgré tous les avantages matériels qu'elle procure et que peu de gens seraient prêts à abandonner, la richesse n'est pas réputée favoriser la bonne santé psychologique. Il a été établi, par Tim Kasser et d'autres, que ceux qui poursuivent des objectifs de vie tournés vers l'acceptation de soi, vers le développement personnel et vers le sentiment d'appartenance à une communauté avaient une vie mieux remplie que ceux qui recherchaient des objectifs extérieurs comme l'acquisition de biens, la séduction physique et la célébrité[17]. De même que les valeurs de l'éthique protestante ont favorisé la naissance du capitalisme, il faut s'attendre à ce que des valeurs inédites émergent à l'ère du réchauffement, telles que modération, humilité, respect voire vénération à l'égard du monde naturel. Et en lieu et place de l'apitoiement sur soi et de la satisfaction immédiate, nous pourrions assister à un regain d'ingéniosité et d'altruisme. Shelley Taylor affirme que « les gens résistants ont tendance à trouver du sens et de l'intérêt à tout ce à quoi ils participent ; ils sont souvent actifs et on ne les voit guère s'ennuyer, demeurer apathiques ou se sentir exclus (...) Ils se considèrent rarement comme des victimes passives[18] ».

Mais nous pourrions aussi évoluer dans la direction opposée, celle de l'instinct de conservation personnelle, qui verrait les cyniques et

---

16. Judd Marmor, Psychiatry in Transition, New York (N. Y.), Brunner/Mazel, 1974 [2ᵉ éd.], p. 21.
17. Tim Kasser, The High Price of Materialism, Cambridge (Mass.), MIT Press, 2002.
18. Shelley Taylor, Positive Illusions : Creative Self-Deception and the Healthy Mind, New York (N. Y.), Basic Books, 1989, p. 83, citant Salvador Maddi.

les puissants accaparer les ressources devenues insuffisantes et exclure les autres du partage. C'est pour éviter cela que dans la dernière partie de ce chapitre, j'insiste sur l'urgence d'une mobilisation de masse pour opposer un contre-pouvoir aux élites et aux entreprises qui ont fait main basse sur les gouvernements. Autrement dit, seule une démocratie rénovée donnera le moyen de lutter avec humanité contre les effets du changement climatique.

Retrouver du sens

Morris Berman a remarqué que, pendant les périodes de transformations rapides de l'histoire, comme la Renaissance, « le sens des vies individuelles surgissait comme une question dérangeante[19] ». À mesure que la crise climatique s'aggravera, mettant en cause l'avenir de l'humanité, nous serons de plus en plus guidés par le besoin de donner un sens à nos vies. Après une longue phase de troubles psychologiques, la stabilité ne pourra revenir que si elle s'accompagne d'une appréhension nouvelle de la Terre, qui se substitue à celle qui nous l'a fait considérer comme un réservoir de ressources destinées à alimenter une croissance sans fin. Le monde ne nous paraîtra plus soumis à notre volonté, mais gouverné par des forces qui nous échappent totalement. En ce sens, cette vision ressemblera beaucoup à celle des cultures prémodernes, selon laquelle les vies quotidiennes et les destinées étaient aux mains de forces toutes puissantes et invisibles. Une telle perception du monde a longtemps prévalu en Occident, de l'Antiquité grecque à l'époque shakespearienne. Périclès, pris dans une tempête en mer, déclamait : « Vent, pluie et tonnerre, souvenez-vous que l'homme d'ici-bas n'est qu'une substance incapable de vous résister. »

Les pièces de Shakespeare parlent, autant que de tout le reste, du temps qu'il fait – de sa capricieuse capacité à anéantir les plans des mortels, de ses humeurs si semblables aux nôtres et de son usage comme arme préférée des dieux.

---

19. Morris Berman, The Reenchantment of the World, *Cornel University Press*, Ithaca, 1981, p. 9.

Comme je l'ai déjà dit, nous faisons face à une grave menace non pas en raison de nos convictions ni même de nos comportements, mais de la façon dont nous envisageons le monde, dont nous sommes au monde. La révolution scientifique a changé notre perception de nous-mêmes ; elle nous a conduits à nous dissocier radicalement de l'environnement naturel, à nous considérer comme des égos isolés à l'intérieur de notre corps, qui doivent comprendre le « monde extérieur » et agir sur lui. L'alternative, c'est tout simplement une autre façon de nous percevoir nous-mêmes, pour faire émerger une nouvelle compréhension et un nouvel ensemble de valeurs. Cela implique de re-conceptualiser la Terre, de façon à balayer l'idée qu'elle n'existe que pour satisfaire nos besoins, ou qu'elle est un entrepôt que l'on peut piller à volonté, et à comprendre qu'elle est notre seule maison.

En ces temps dits modernes, nous sommes les premières générations d'humains à vivre dans un cosmos totalement désacralisé[20]. À la veille de la révolution scientifique, Newton lui-même était un fervent adepte de l'idée d'un univers vivant. Comme presque tous ses prédécesseurs, Newton différait moins de nous par ses convictions que par sa façon d'être au monde[21]. Pour lui, le bouleversement climatique d'origine anthropique, en plus de ses conséquences pratiques, aurait eu une signification religieuse. Il aurait été le signe d'un dérangement du ciel. Pour les hommes et les femmes prémodernes, le ciel détenait une puissante valeur symbolique. Il représentait l'infini, la transcendance ; c'était le lieu de résidence des dieux, c'était là que l'on espérait monter après avoir abandonné sa forme mortelle. Comme l'a écrit Micea Eliade, « un sens religieux de la divine transcendance naît de l'existence-même du ciel[22] ». En déréglant le climat, nous, mortels, avons violé le domaine des dieux, dérangé le foyer de la transcendance. Pourquoi s'étonner que les entités célestes se vengent, surtout si nous les avons réveillées en creusant le sous-sol et en libérant l'énergie qu'il recélait ?

---

20. Mircea Eliade, The Sacred and the Profane : The Nature of Religion, New York (N. Y.), Harper & Row, 1961, p. 17.
21. Ibid., p. 14.
22. Ibid., p. 119.

Je ne suis pas sûr qu'il s'agisse là d'une vision si primitive de la signification du changement climatique, car le ciel conserve partout son symbolisme divin : c'est vers lui que se tourne le regard de celui qui prie, comme celui du sportif qui a marqué un but ; ses humeurs s'imposent aux nôtres, et voler nous fait toujours frissonner. Et rien ne peut mieux éveiller un sentiment de mystère cosmique que le ciel nocturne. C'est donc une chose de ne pas respecter notre royaume sur Terre, mais c'en est une autre de violenter la voûte céleste, le royaume des dieux.

Eliade a remarqué que, dans les cultures primitives, l'Être Suprême se retire après avoir créé l'univers. À mesure que les hommes et les femmes s'affairent à leurs propres découvertes, le divin s'éloigne et d'autres forces religieuses entrent en jeu – la fertilité, la sexualité, l'argent et la créativité personnelle. Il s'agit là de mythologies plus concrètes. Aujourd'hui, en Occident, nous trouvons essentiellement du sens à notre engagement dans le progrès, la technologie et la consommation. Mais nous n'avons pas perdu notre sensibilité religieuse, car la sécularisation peut être comprise comme « le fait de dissocier la foi d'une culture religieuse globale[23] ». Et le dieu des dieux peut toujours opérer un retour. Comme l'a écrit Eliade, « dans les cas de détresse extrême, et surtout si les désastres proviennent du ciel – sécheresse, ouragans, épidémies – les hommes se tournent à nouveau vers l'Être Suprême et l'implorent [...] Dans une situation extrêmement critique, où l'existence même de la communauté est en jeu, les divinités qui, en temps normal, fondent et exaltent la vie sont abandonnées au profit du dieu suprême[24] ».

Les divinités secondaires peuvent assurer la reproduction et le développement de la vie, mais elles sont incapables de la sauver dans les moments de crise. Il se peut que nous ayons conservé ces schémas archaïques et qu'ils continuent de structurer notre inconscient. Si bien que lorsque surviendra le bouleversement climatique et que le ciel semblera se tourner contre nous, nous abandonnerons ces dieux secondaires que sont l'argent, la croissance et l'hédonisme pour nous

---

23. Scott Cowdell, Abiding Faith : Christianity Beyond Certainty, Anxiety, and Violence, Eugene (Or.), Cascade Books, Eugene, 2009, p. 9.
24. Mircea Eliade, The Sacred and the Profane, op. cit., p. 126-127.

tourner vers le dieu céleste, le dieu créateur qui seul a le pouvoir de nous sauver. La figure de Gaïa ne représente-t-elle pas une réaction de ce type ? Si la compréhension scientifique du monde et le pouvoir d'action de la technologie nous ont permis de mettre les dieux à l'écart, la réaffirmation du pouvoir de la Nature ne va-t-elle pas déclencher un retour au sacré pour tenter de nous protéger ? La poussée récente de l'athéisme militant ne va-t-elle pas être interprétée comme un éclat d'orgueil homérique avant la chute ?

Agir

La remise en cause, par le bouleversement climatique, de tout ce à quoi nous avons cru – le progrès sans fin, l'avenir stable, la capacité à contrôler la nature par la science et la technologie – va corroder les piliers de la psyché humaine moderne. Le déséquilibre psychologique que cela induira n'a peut-être été surpassé, dans l'histoire de l'humanité, que par l'invention de l'agriculture et par le développement de la société industrielle. Des psychiatres et des psychologues se mettent déjà à élaborer des guides de conduite pour gérer les émotions et les traumatismes causés par la prise de conscience du changement climatique, même si la majorité des professionnels de la santé mentale n'a pas encore tout à fait saisi le sérieux de la menace et continue largement de recommander de « garder le moral[25] ». Dans les premiers temps, il faut s'attendre à ce que la perte de foi en l'avenir et en notre capacité à maîtriser nos vies s'accompagne d'une recrudescence de troubles mentaux comme la dépression, le repli sur soi et la peur. On sait bien toutefois qu'une des réponses les plus efficaces à la dépression est l'action. Le découragement mène à la misère spirituelle : nous ne devons donc pas capituler même quand les choses paraissent désespérées. On prête à Pablo Casals les propos suivants : « La situation est sans espoir ; allons de l'avant. » Trouver

---

25. Par exemple, Australian Psychological Society, « Tip Sheet : Climate Change. What you Can Do », Melbourne, 2007. « Ne pas oublier qu'il y a beaucoup de choses que l'on peut faire soi-même, et commencer à agir pour mieux gérer l'environnement peut nous aider à sortir du désespoir et de l'impuissance, et nous donner le sentiment de pouvoir changer les choses. »

un sens dans des circonstances adverses, telle est l'une des plus remarquables qualités de l'homme[26].

S'il est trop tard pour empêcher le bouleversement climatique, nous ne sommes tout de même pas condamnés à l'inaction. Tout succès dans la réduction des émissions est préférable à rien, car il peut au moins ralentir le réchauffement et ses effets. Il n'est pas vain non plus de lutter contre ceux qui baissent les bras. Et nous pouvons commencer à nous préparer aux conséquences du bouleversement climatique, non pas en nous protégeant égoïstement, mais par un engagement politique énergique : il nous faut construire collectivement des démocraties capables de mettre en place les meilleures défenses contre un climat plus hostile, des démocraties qui n'abandonneront pas les personnes démunies et vulnérables à leur sort tandis que ceux qui auront les moyens de se protéger s'y consacreront aussi longtemps qu'ils le pourront. Car nous devons absolument garder à l'esprit ceci : lorsque les puissants auront compris que les implications dramatiques de la crise climatique les menacent, eux et leurs enfants, ils imposeront à tous, à moins de rencontrer une résistance, leurs propres solutions, des solutions qui protégeront leurs intérêts et exacerberont les inégalités d'accès aux moyens de survie, abandonnant les pauvres à eux-mêmes. Il en a toujours été ainsi. Nous devons démocratiser la capacité de survie.

Le changement climatique représente un échec des politiques modernes. Un gouvernement élu devrait exécuter la volonté du peuple. Pourtant, face à cette menace extrême pour notre avenir, les gouvernements du monde n'ont pas défendu les intérêts des peuples ; ils se sont fait piéger par les puissantes firmes du secteur de l'énergie et endoctriner par le fétichisme de la croissance qu'elles incarnent. L'observateur, si peu clairvoyant soit-il, ne peut qu'être frappé par le fait que ces compagnies sont « plus préoccupées par le commerce que par l'humanité », ainsi que l'avait déjà écrit Thoreau en son temps, et que leurs dirigeants sont pour le moins malavisés et motivés par leur seul intérêt, pour rester charitable. Depuis que l'évolution des systèmes

---

26. Shelley Taylor, Positive Illusions, op. cit., p. 193. « L'une des façons par lesquelles les gens parviennent à prendre le dessus lorsque les circonstances sont menaçantes consiste à s'impliquer activement dans les décisions qui sont prises à l'égard de ces circonstances » (p. 188).

politiques démocratiques a permis de donner plus de poids aux lobbies et aux initiés, cette tendance s'est encore accrue. La crise climatique survient parce que la démocratie a été corrompue ; l'influence a pris le pas sur la représentation, le slogan sur la communication honnête. La « professionnalisation » des principaux partis politiques les a transformés en machines à récupérer des votes. Au lieu d'être l'expression de forces sociales et d'idéologies qui s'affrontent, leurs dirigeants ont les yeux rivés sur les sondages, sur les études qualitatives et sur les analyses démographiques les plus subtiles. Aujourd'hui, les campagnes politiques se mènent principalement par médias interposés, et ce canal entre les citoyens et leurs gouvernants est occupé par une armée de spécialistes dont le travail est de faire passer des messages et de choyer les responsables de presse. Cela est rendu possible parce que le pouvoir des mouvements sociaux s'est érodé, et que les grandes visions politiques ont été balayées par l'appât du gain. La plupart des organisations environnementales se sont également laissé aspirer par le jeu des trafics d'influence et des apparitions médiatiques, et leurs responsables se sont résignés au réformisme, stratégie que la toute puissante Nature rend aujourd'hui dérisoire.

La passivité de l'opinion publique a conduit nos représentants politiques à se laisser de plus en plus dominer par une classe d'individus en quête de pouvoir et faisant peu de cas de ce qui ne sert pas leur promotion. Les partis politiques ont maigri, le nombre de leurs adhérents a fondu et ceux qui restent sont dépourvus de toute influence. Au Royaume-Uni, par exemple, en 2005, en prévision de l'arrivée au pouvoir des conservateurs après des années de gouvernement travailliste, les compagnies de lobbying ont licencié leurs collaborateurs proches du parti travailliste pour embaucher des conservateurs, de façon à avoir un accès immédiat aux nouveaux édiles. Le *Sunday Times* racontait à l'époque que « plus de cinquante candidats potentiels choisis par les principaux partis [étaient] déjà en train de travailler comme lobbyistes et directeurs des relations publiques, et [s'immergeait] profondément dans le monde médiatique[27] ». Les spécialistes de la communication décrivent ces deux carrières, le lobbying et la politique, comme

---

27. Marie Woolf, « *Spin Doctors Swoop on "Safe" Tory Seats* », Sunday Times, 9 août 2009.

« formant un couple naturel ». L'influence des agences de lobbying n'est contrôlée que lorsqu'elle devient trop voyante et que la pression qu'elle exerce pour déréguler le système met en péril l'existence même de ce système, comme ce fut le cas dans le secteur de la finance aux États-Unis avant la crise de 2008. Exiger une vraie démocratie est le seul moyen d'atténuer les effets du bouleversement climatique et d'éviter que les riches et les puissants ne sauvegardent leurs propres intérêts au détriment de ceux des autres. Cela passe par un nouveau radicalisme, un radicalisme qui refuse les marchandages électoraux à court terme et qui vise à changer les fondements mêmes de la politique.

Nous sommes tous attachés à une société de droit, et nous en profitons. Mais la situation présente nous impose un devoir hautement plus important, celui de ne plus nous soumettre à des lois qui protègent les pollueurs et qui risquent, de ce fait, de rendre la Terre inhabitable. Lorsque des lois justes sont utilisées pour protéger des comportements injustes, nous n'avons plus la même obligation envers ces lois. Dans le cours normal des choses, il est bon de laisser le processus démocratique, aussi lent soit-il, changer les règles pour les adapter à une réalité nouvelle. L'épisode suivant le confirme : en 2008, six protestataires de Greenpeace ont été jugés pour avoir endommagé la centrale à charbon de Kingsnorth, dans le Kent, au Royaume-Uni : ils avaient escaladé sa cheminée pour y peindre un slogan. Convaincus par l'argument de la défense que les protestataires avaient une raison légitime d'agir ainsi – en commettant ce dommage, ils tentaient de prévenir des dégâts beaucoup plus graves que ceux que la centrale infligeait au climat – le tribunal les acquitta.

Le réchauffement climatique nous place dans une situation délicate et nous pose un défi inédit. Au cours des grandes luttes pour le suffrage universel et les droits civiques, contre l'esclavage et les guerres injustes, la victoire signifiait la fin du problème, du moins le début de la fin du problème. Dans le cas du climat, il se peut que la victoire survienne trop tard. Un brusque réveil, dans dix ans, des gouvernements et des peuples face aux dangers du changement climatique se produira trop tard ; le système climatique mondial aura changé son cours et l'avenir aura cessé d'être entre nos mains. Dans ces conditions, nous avons des obligations morales autres que l'obéissance aux lois.

Nous devons obéir à une loi supérieure même s'il nous faut accepter les conséquences d'une transgression des lois constitutionnelles. Les personnes qui s'engagent dans la désobéissance civile se situent d'habitude parmi les citoyens les plus respectueux des lois – ceux qui ont la plus grande considération pour l'intérêt de la société et la compréhension la plus fine du processus démocratique.

Le changement climatique incontrôlé compromet aujourd'hui la communauté stable, prospère et civilisée que nos lois ont pour but de protéger. Il est temps de nous demander si nos obligations envers l'humanité et envers la nature ne nous donnent pas le droit de violer les lois protégeant ceux qui polluent l'atmosphère au point de menacer notre survie.

Désespérer, accepter, agir. Voilà les trois étapes par lesquelles nous devons passer. Le désespoir est une réponse normale à la nouvelle réalité que nous affrontons, résister à cette réalité est un déni de la vérité. La durée et l'intensité du désespoir varieront selon chacun d'entre nous, mais en rester là ne nous aidera en rien. Émerger du désespoir nous permettra d'accepter la situation et de retrouver notre sang-froid ; mais cela ne suffira pas, car nous risquerions de nous embourber dans la passivité et le fatalisme. Ce n'est que par l'action, et par une action éthique, que nous retrouverons notre humanité.

Annexe / LES GAZ À EFFET DE SERRE

Il est utile de clarifier un détail technique qui mène à de nombreuses confusions. Chaque gaz à effet de serre a un potentiel particulier de provoquer un réchauffement du climat, d'abord en raison de sa structure chimique, qui détermine son efficacité à absorber et émettre le rayonnement de différentes longueurs d'onde, ensuite parce que chaque gaz a un temps spécifique de résidence dans l'atmosphère avant d'être transformé chimiquement ou absorbé par les océans ou la biosphère.

Pour mesurer leurs effets relatifs, les climatologues convertissent les gaz à effet de serre autres que le dioxyde de carbone (CO_2) en « dioxyde de carbone équivalent » (CO_2-eq). Ainsi, par exemple, en ce qui concerne le potentiel de piégeage de la chaleur, une molécule de méthane (CH_4) est (sur 20 ans) 23 fois plus efficace qu'une molécule de CO_2. Leurs concentrations sont exprimées en parties par million (ppm) de dioxyde carbone équivalent (CO_2-eq) dans l'atmosphère. Dans la littérature scientifique et dans les discussions politiques, il est fréquent que les gens passent sans s'en apercevoir de la concentration en CO_2 à la concentration de tous les gaz à effet de serre, exprimée en CO_2-eq. La confusion se retrouve même dans des documents officiels, alors que la distinction est très importante.

Pour faciliter la compréhension, le tableau suivant donne les niveaux d'équivalence entre CO_2 et CO_2-eq, ainsi que les niveaux de réchauffement attendus correspondant aux niveaux les plus fréquemment discutés. (Les températures sont des estimations moyennes ayant des incertitudes considérables) Les niveaux de CO_2-eq ne peuvent être que des approximations car ils dépendent des émissions de gaz autres que le CO_2 durant la période prise pour que le CO_2 atteigne les concentrations indiquées. Si, par exemple, les émissions de méthane étaient plus réduites qu'on ne le pense, alors le niveau de CO_2-eq associé à chaque niveau de CO_2 serait plus faible.

Tableau : Niveaux d'équivalence entre CO_2 et CO_2-eq

Niveau	Concentration en CO_2 de l'atmosphère (en ppm)	Concentration correspondante en CO_2-eq (en ppm)	Réchauffement attendu le plus probable associé avec la concentration en CO_2-eq (en °C)
Pré-industriel	280	–	0
Objectif de Hansen...	350	445[a]	2
Habituellement cité...	387	455[b]	2,2
Objectif de l'Europe...	380	450	2,0
Objectif de Stern...	450	550	3,0
Scénario « optimiste » de Anderson et Bows...	530	650	4,0

Source : IPCC, "Summary for Policy Makers", dans *Climate Change 2007 : Mitigation, Contribution of the Working Group III to the Fourth Assesment Report of the Intergovernmental Panel on Climate Change*, Cambridge University Press, Cambridge, 2007.

a : Si les émissions annuelles passaient en dessous de zéro pour obtenir 350 ppm (par l'utilisation d'une forme de séquestration du carbone pour avoir un bilan net négatif), alors les gaz autres que le CO_2 auraient sans doute un niveau plus faible que le niveau indiqué.

b : Le rapport Stern indique que le niveau de 2006 est de 430 ppm de CO_2-eq. Si l'on tient compte des aérosols et d'autres facteurs compensateurs, l'effet net de tous les forçages anthropiques est estimé à 375 ppm de CO_2-eq (Stern, *The Economics of Climate Change*, p. 193).

Index

acceptation du changement climatique, 238-242
Achille et Hector (mythe de), 203-204
acidité des océans, 198
activités humaines et changement climatique, 20-21, 23-24, 27-30, 197, 218
adaptation au changement climatique, 43-45
  voir aussi stratégies d'adaptation inopérantes
Advancement of Sound Science Coalition, 123-124
aérosols, 25, 36, 42, 198, 202-208
  voir aussi aérosols sulfatés
aérosols sulfatés, 198-199, 206
Agence internationale de l'énergie (AIE), 185, 195
Agenda 21, 118
les Âges de Gaia (James Lovelock), 171
agriculture, 30, 165-166, 224-225
aisance (A), 57-60
  voir aussi richesse
albédo (aptitude de la Terre à réfléchir le rayonnement), 22, 36, 198, 200, 202, 204, 181
alchimie, 162-163
American Electric Power, 191
American Enterprise Institute, 209
American National Mining Association, 147
Anderson, Kevin (Tyndall Center for Climate research), 28-34, 217-221
Antarctique, 212

Antarctique Ouest, 14, 25-26, 38, 222
apathie, 149, 235
APCO, 123
approche des réductions d'émissions par budget, 219-220
d'Aquin, Thomas, 159, 171
Archer, David, 21
Arctique, 13-15, 22, 25-26, 38, 42, 218, 222
athéisme militant, 245
Attenborough, David, 156
atténuation du changement climatique
  efficacité des solutions technologiques existantes, 181-214
  et approche par budget d'émissions, 219-221
  et confiance des écologistes en une solution par le marché, 190-191
  et croissance économique, 353-357
  et manque de direction politique, 196
  et politique démographique, 87-59
  et réduction de la consommation, 102-103
  et réduction du temps de travail, 103-104
  et solution par la technologie, 57-64, 181-214
  mythe de la stabilisation, 37-43
  mythe de l'adaptation, 43-45
  nécessité de consommer moins, 102-103
  nécessité de se lier à nouveau avec la nature, 157

opposition, *voir* réaction conservatrice contre la science du climat
stratégie du « dépassement », 219-220
urgence, 190
voir aussi capture et stockage du carbone (CSC) ; coûts de l'atténuation du changement climatique ; ingénierie climatique ; sources d'énergie renouvelable
avenir, *voir* vivre dans un monde avec un climat différent

Bacon, Francis, 158
Bangladesh, 58
Becker, Ernest, 238
Beckerman, Wilfred, 55
Berlusconi, Silvio, 130
Berman, Morris, 242
bien-être, 79-81, 93
   et consommation, 48, 86-87, 105-106
   et croissance économique, 103-105
   et durée de la journée de travail, 103-104
biomasse, 186, 193
Bouddhisme, 174
Bows, Alice (Tyndall Center for Climate research), 28-34, 217-221
Boyle, Robert, 160-161, 203
Brésil, 17, 106, 220
Broecker, Wallace, 78, 200
Brown, Gordon, 182
Brown, Harrison, 200
budget (approche des réductions d'émissions par), 219-220
bulvérisme, 115-116
Bush, George H. W., 117-118
Bush, George W., 16, 49, 53, 67, 111, 122, 147

Calotte glaciaire, *voir* Antarctique ; Arctique ; couverture de glace de l'Antarctique Ouest ; couverture de glace du Groenland ; Himalaya ; Tibet

Calvinisme, 151
Cameron, David, 130
capitalisme
   caractérisé par l'arrogance technique, 186
   et capture et stockage du carbone (CSC), 83, 100, 182-190
   et Chine, 110-111
   et croissance, 50-51
   et éthique protestante, 165, 241
   et sentiment d'insatisfaction permanent du consommateur, 87
   menace le monde qu'il a promis de créer, 234
   voir aussi croissance économique
capture et stockage du carbone (CSC), 83, 100, 181-190
   bénéficie d'une faveur importante des politiques, 182-183
   entreprise d'une ampleur immense, 185-186
   projet de capture du carbone de Sleipner, 185
   réticence du secteur privé à y investir, 182-183
carbone, 20-24
   concentration dans l'atmosphère, 22-24, 28-34, 41-44, 199-200, 209
   l'ingénierie climatique en ignore la complexité, 200-202, 210
   voir aussi capture et stockage du carbone (CSC) ; cycle du carbone ; émissions de gaz à effet de serre
Carson, Rachel, 50, 166
Casals, Pablo, 245
Cassandre et Apollon (mythe de), 8
causes du changement climatique, 12, 178-179
   entreprises et gouvernements sont les principaux responsables, 96-97
   facteurs systémiques, 97, 125-126
   lobby des combustibles fossiles, 137
   obsession irrationnelle pour la croissance économique, 78-81

pouvoirs prométhéens de la science et la technologie, 166
richesse, 57-59
Centre Tyndall pour la recherche sur le changement climatique, 28, 217
changement climatique
  aggravation, 7-12, 13-20
  attitude politique consistant à « ne pas réveiller le chat qui dort », 240
  caractère non linéaire des variables climatiques, 37-40
  causes, *voir* causes du changement climatique
  conséquences sur les autres espèces, 44
  défi aux croyances humaines, 45
  déni, *voir* déni du changement climatique
  échec de la politique moderne, 246
  et croissance économique, *voir* croissance économique
  et rôle de la population et de la consommation, 57-59
  irréversibilité, 27-28, 39
  politisation, *voir* politisation du changement climatique
  preuves scientifiques du, 13-45
  problème sans précédent, 8, 27
  réponses psychologiques, 113-115, 137-153
  requiert des solutions collectives, 95
  rétroactions, 22-24
  trop rapide pour que les espèces puissent s'adapter, 225-227
  voir aussi vivre dans un monde avec un climat différent
charbon, 15, 17, 20-21, 33, 56, 96, 100-101, 107, 135, 147-148, 165, 169, 181-190
  centrales à charbon, 12, 96, 99-100, 147, 188, 194
  estimation des réserves, 181
  et capture et stockage du carbone (CSC), 83, 100, 182-190
  et « charbon propre », 100
  et Chine, 107, 147
  et désobéissance civile, 248
  et écoblanchiment, 100
  et géo-ingénierie climatique, 200, 203
  et spécialistes de la communication, 98-99
  industrie du charbon, 56, 181
  voir aussi capture et stockage du charbon (CSC) ; lobby des combustibles fossiles
  « charbon propre », *voir* charbon ; capture et stockage du carbone (CCS)
Chine
  bouc émissaire, 147
  et construction de centrales au charbon, 182
  et croissance de la consommation, 108-111
  et croissance des émissions de gaz à effet de serre, 17, 107
  et pollution de l'air, 36
  Parti communiste de, 107, 109
climatologie, *voir* science du climat
climato-scepticisme, 19-20, 113-154, 208, 212
  et créationnistes, 119, 136
  et dissonance cognitive, 113-115
  et extrême gauche, 131-137
  et fondamentalistes chrétiens, 125
  et responsables de la communication, 123, 139
  racines du climato-scepticisme, 116-125
  voir aussi climato-sceptiques ; déni du changement climatique
climato-sceptiques
  Bachmann, Michele, 125
  Clarkson, Jeremy, 143-146
  Duffy, Michael, 135
  Dyson, Freeman, 121
  Jastrow, Robert, 119, 121
  Krauthammer, Charles, 135

Michaels, Patrick, 208
Nierenberg, William, 119, 121
Phillips, Melanie, 135
Plimer, Ian, 136
Ray, Dixie Lee, 118, 132
Seitz, Frederick, 117, 119-121, 124
Singer, Fred, 207
Steyn, Mark, 135
Teller, Edward, 183-188, 208
Wood, Lowell, 183-188, 208
Clinton, Bill, 53, 126
Club de Rome, 50-53
communication (responsables et campagnes de), 98, 100, 123-124, 176, 184, 194, 212, 247
voir aussi marketing ; lobbying ; publicité
compensation (rétroaction négative), *voir* mécanismes de rétroaction
Competitive Enterprise Institute, 118
complexe militaro-industriel, 119, 208
concentration de carbone dans l'atmosphère, *voir* carbone
conférence de Bali sur le changement climatique, 26
conférence de Copenhague sur le changement climatique, 7-8, 14, 71, 153-154, 231
conséquences du changement climatique, *voir* conséquences d'une augmentation de la température mondiale ; conséquences d'un réchauffement de 4 °C
conséquences d'un réchauffement de 4 °C, 190-208
besoin réduit en chauffage dans les régions les plus froides, 225
déforestation et accroissement des incendies, 226-227
époque la plus chaude depuis le Miocène, il y a 25 millions d'années, lorsque la Terre était pratiquement dépourvue de glaces, 217
exigera une adaptation permanente, 227-230
fonte de la plupart des glaces, 218
implications pour la démocratie et la société, 231
implications pour les pauvres et les plus vulnérables, 225, 228-229
migrations environnementales, 228-229
niveau des mers de 50 mètres plus élevé, 218
niveau des mers de 70 mètres plus élevé, 23
sur la migration des espèces, 226-227
sur le niveau des mers, 221-225
sur les ressources en eau, 221-223
voir aussi conséquences d'une augmentation de la température mondiale
conséquences d'une augmentation de la température mondiale, 18-19, 23, 24-25, 215-232
4 °C, hypothèse la plus probable, 217
2 °C, limite officielle irréaliste, 217
zone dangereuse, 24
consommation, *voir* consumérisme
consommation de gaspillage, 92-94
construction du Moi, 155-157, 173-179
consumérisme, 83-111
différences entre l'Europe et les États-Unis, 89-90
en Chine, 108-11
équivaut au gaspillage, 85
et conséquences pour le changement climatique, 91-92
et crise financière mondiale, 102, 105
et « démocratisation du luxe », 85
et dette, 88-91
et enfance, 104-105
et identité personnelle, 86, 93-92, 98, 110
et la nouvelle entreprise, 83-86
gaspillage, 92-94
morale, 93-94
non-durabilité, 96

Index | 257

psychologie, 83, 86-92
WALL-E, 61-63
    voir aussi consumérisme vert
consumérisme vert, 94-98
    détourne des vraies responsabilités, 95-96
    perpétue le consumérisme, 98
    peu efficace, 96
Convention-cadre des Nations unies sur les changements climatiques, 24, 37, 116, 218
Convention sur l'interdiction d'utiliser des techniques de modification de l'environnement à des fins militaires ou à toutes autres fins hostiles (ENMOD), 211
coûts de l'atténuation du changement climatique, 40, 64-66, 79
    capture et stockage du carbone (CSC), 186-187
    centre du débat politique, 196
    et énergie nucléaire, 195
    et géo-ingénierie, 178, 201-202
    et Nordhaus, William, 72-74
    et perspectives pour les énergies renouvelables et le gaz naturel, 191-194, 196
    et protection des côtes, 223
    et rapport Garnaut, 70
    et rapport Stern, 66-67, 70-73, 78-79
    ne conduira pas à la ruine économique, 79
couverture de glace de l'Antarctique Ouest, 14, 25-26, 38, 222
couverture de glace du Groenland, 14, 20, 25-27, 38, 42, 222
créationnistes, 119, 136
le Cri (Edvard Munch), 181
crise financière mondiale, 13, 17, 36, 102-105
croissance de la population, 30-33, 50, 57-61, 66, 106
croissance économique, 11, 47-81
    comme fétiche, 47-53
    comme moyen d'améliorer les conditions de vie, 79-80
    comme progrès, 48-49
    comme solution au réchauffement climatique, 53-57
    et coût d'atténuation du changement climatique, 64-66
    importance pour réduire la pauvreté, 48
    motivée par le mal de vivre, 87
    nécessité de la modérer, 50-53
    obsession irrationnelle qui empêche d'agir contre le changement climatique, 78-81
    problème plus que solution, 68
    réponse donnée par les écologistes, 55-56
    signification symbolique dans les pays riches, 80-81
    symbole de la modernité, 80
    système monolithique, 63-64
    vision de Keynes, 83, 102
    voir aussi club de Rome ; consumérisme
Croll, Elizabeth, 108-109
Crompton, Tom, 141, 147, 178
Crutzen, Paul, 202
CSC, voir capture et stockage du carbone
cycle du carbone, 20-24, 200-202, 210
    voir aussi carbone

décathexis, 236
déforestation, 22-24, 29-30, 33, 226
démocratie, 245-249
    a été corrompue, 246-247
    et gestion gérer des crises, 231
    et nécessité d'un engagement politique, 246
    et nécessité d'un nouveau radicalisme, 248
    identifiée au marché, 75
déni du changement climatique, 113-154

voir aussi climato-scepticisme
Derham, William, 161
Descartes, René, 157, 159
désespoir face au changement positif, 233-238
désintégration positive, 238
désobéissance civile, 245-249
deuil, 235-238
Dieu, l'horloger, 161
dioxyde de carbone, 16, 21-25, 30, 41, 107, 181-182, 184, 186-188, 193-199, 204, 206, 209-210, 218-219, 251-252
absorption par les océans, 199
équivalents du dioxyde de carbone, 24-25, 251-252
réside mille ans dans l'atmosphère, 219
stock total dans les forêts, 30
voir aussi capture et stockage du carbone (CSC) ; émissions de gaz à effet de serre ; ingénierie climatique
dissonance cognitive, 113-115, 119
distanciation (mécanisme de défense psychologique), 142-143
diversion (mécanisme de défense psychologique), 142-143
divorce d'avec la nature, 62-63, 155-179
à travers la technologie, 62-63
et émergence du moi, 155-157, 173-179
et philosophie mécaniste, 157-166
mort de la nature, 157-162
voir aussi philosophie mécaniste
divorce d'avec la réalité (stratégie d'adaptation inopérante), 153
doctrine Thatcher-Clinton, 50
domination de la nature, 119-121, 234
croyance au droit d'exploiter les ressources sans limitation, 52
croyance conservatrice, 119
écologie considérée comme une menace contre la, 117-118
et ingénierie climatique, 206-208, 212-213
et Jan Smuts, 167
et mythe de Prométhée, 166, 179
et Terre morte, 158
et théorie Gaïa, 166-172
justification philosophique et politique de l'exploitation des ressources de la Terre, 165-166
voir aussi philosophie mécaniste
Durkin, Martin, 133-134
dioxyde de soufre, 100
injection dans la stratosphère, 198-201

écoblanchiment, 99-101
voir aussi communication ; marketing ; publicité
écologie
catalyseur du scepticisme climatique, 123
défi aux valeurs conservatrices, 50, 118, 125-126
et corrélation avec certains traits de caractères, 173-177
et extrême gauche, 131-137
et James Lovelock, 167-169
et nos liens avec la nature, 155
et notions de progrès et de domination de la nature, 117-118
et science, 52, 115, 123
l'Écologiste sceptique (Bjorn Lomborg), 19-20
économie de marché, 50-51, 55, 107, 164, 167
arrogance, 75
assimilé à la démocratie, 75
et confiance des écologistes, 168, 190
et craintes des conservateurs, 51, 116-117
et intérêt personnel, 155, 174-175
et rapport Stern, 66-78

Index

fondée sur des mathématiques ésotériques, 74
voir aussi consumérisme ; croissance économique
élévation du niveau des mers, 14-15, 20, 23, 145, 218, 221-224
Eliade, Mircea, 158
émissions anthropiques, *voir* activités humaines et changement climatique
émissions de carbone *voir* émissions de gaz à effet de serre
émissions de gaz à effet de serre croissantes, 7
découplage du réchauffement mondial par l'ingénierie climatique, 205
demeurent longtemps dans l'atmosphère, 39, 219
différence entre la France et les Etats-Unis, 94
dure plus longtemps que les déchets nucléaires, 21
et économies en développement, 17-18
et évaluation de scénarios optimistes de réduction, 28-37
facteurs contribuant à leur croissance, 32
gaz à effet de serre, 24-25, 251-252
importance cruciale de l'année du pic d'émissions, 220
importance cruciale des montants d'émissions cumulés, 219
importance cruciale du taux de réduction, 220-221
origines, 28-30
pays développés sont responsables de 75 % des émissions, 17, 106
précédents historiques de réduction, 32-33
taux de croissance, 16
voir aussi changement climatique ; émissions non carbonées
émissions non carbonées, 30, 251-252
et agriculture, 30
et aviation et transport maritime, 35
émissions liées au luxe, 93, 105
énergie éolienne, 172, 186, 191-195
énergie marémotrice, 192
énergie nuclélaire, 194-195
énergies renouvelables, *voir* sources d'énergie renouvelable
énergie solaire, 193
engagement politique dans un monde dont le climat change, 245-249
entreprise nouvelle, 83-86
entropie, 169
environnement, 54-57
et courbe de Kuznets, 54
et relation avec l'individu, 173-179
hommes et femmes, 144-145
minorités, 144
privatisation, 69
voir aussi consumérisme vert ; écologie ; ingénierie climatique
E.ON, 12, 96, 99, 189
et écoblanchiment, 99-100
épargne, mauvaise réponse au réchauffement mondial, 102-103
éruptions volcaniques, 26, 204
Krakatoa, 205
Mont Pinatubo, 199
Essai sur le principe de population (Thomas Malthus), 58-59
l'Éthique protestante et l'esprit du capitalisme (Max Weber), 165-166
États-Unis, 41, 53-54, 58 67-68, 89-90, 101, 104, 117-118, 127-131, 140, 155, 177, 182, 191, 199, 206, 210, 228
Europe, 24, 37, 58, 89-90, 130, 155-156, 166, 193, 218, 228
exploitation de la nature, *voir* domination de la nature
extrême gauche (analyse du changement climatique par l'), 132-135
ExxonMobil, 12, 122, 208

faux espoirs (stratégie d'adaptation inadéquate), 149-153

Festinger, Leon, 113-115
fétichisme de la croissance, 47-53
fièvre du luxe, 85
Fixing Climate (Robert Kunzig et Wallace Broecker), 200
fondamentalistes chrétiens, 125, 148, 151
fonte des glaces
  voir élévation du niveau des mers ; glace
forêt tropicale amazonienne, 22, 38
Fox News, 129
Free Enquiry into the Vulgarly Received Notion of Nature (Robert Boyle), 160-161
Freud, Sigmund, 141
Fu Hongchun, 110
Furedi, Frank, 132-133

Gaia, 148, 166-172
  théorie Gaïa, 167-170
Galbraith, John Kenneth, 74
Garnaut, Ross, 37, 40, 70, 182-183, 201
gaspillage, 92-94
gaz à effet de serre, 24-25, 251-252
  voir aussi émissions de gaz à effet de serre
gaz naturel, 20, 33, 185, 193, 196
General Motors, 12
  et écoblanchiment, 101
géo-ingénierie, *voir* ingénierie climatique
géopolitique, 206-213
GIEC, *voir* Groupe d'experts intergouvernemental sur l'évolution du climat
glace
  disparition de la glace de la surface de la terre, 23, 38
  voir aussi Arctique ; Antactique ; couverture de glace de l'Antactique Ouest ; couverture de glace du Groenland ; Himalaya ; Tibet
Goethe, Johann, 158, 160
Gore, Al, 77

Grande barrière de corail, 70, 203
Greenpeace International, 188, 194, 248
G-8, Groupe des Huit, 37, 218
Groupe d'experts intergouvernemental sur l'évolution du climat (GIEC), 15
  et approche « par stabilisation », 39
  et coûts économiques des reductions d'émissions, 65-66
  plus noir que le pire des scénarios (A1FI), 18-19
  positions conservatoires minimisant les dangers, 15
  Quatrième Rapport d'évaluation (2007), 20, 223
  Troisième Rapport d'évaluation (2001), 18

Halte à la croissance ?, 51-52
Hansen, James, 14-15, 25-27
Heartland Institute, 209
Heritage Foundation, 118
Hermétisme, 157, 162-164
Himalaya, 42, 44, 215
Holdren, John, 182, 201
Hopenhague, 153
Howard, John, 67
Hubris et Némésis (mythe de), 203-204
humour noir, 218, 237
hyper-consumérisme, 86
  et enfance, 104-105

identité personnelle, *voir* construction du Moi
Inde, 58, 61, 81, 106, 111, 147, 206, 215, 220
individualisation de la responsabilité de l'action contre le changement climatique, 57-58
individualisation, 86
ingénierie climatique, 18, 62, 197-206
  envisagée sérieusement, 201-202
  et complexité du cycle du carbone, 200-202, 210

et découplage du réchauffement mondial, 205
et déni du réchauffement climatique, 208-209
et déversement de chaux dans les océans, 202-203
et guerre du Vietnam, 211
et industrie des combustibles fossiles, 210
et nécessité d'un cadre juridique, 211-212
et préoccupations politiques internationales, 212
et scientifiques engagés dans la recherche militaire, 211-212
Institut de la Terre, 182
Institut Goddard d'études spatiales, 14
Institut Hoover, 208
Institut Marshall, 122, 208
International Climate Conference : *4 Degrees and Beyond* (University d'Oxford, 2009), orateurs
Allen, Myles (Université d'Oxford), 219-220
Anderson, Kevin (Tyndall Centre for Climate Change Research), 28-34, 217-221
Arnell, Nigel (Université de Reading), 224
Gemenne, François (Sciences Po), 228-229
Guillaume, Bertrand (Université de technologie de Troyes), 230
Karoly, David (Université de Melbourne), 226-227
Liverman, Diana (Environmental Change Institute, Université d'Oxford), 231
Malhi, Yadvinder (Université d'Oxford), 225-226
New, Mark (Université d'Oxford), 216
Nicholls, Robert (Université de Southampton), 223

Rahmstorf, Stefan (Université de Potsdam), 222-224
Schellnhuber, Hans (Institut de recherche sur les effets du climat, Potsdam), 42, 218-221, 225
Thornton, Phillip, 225
Vellinga, Pier (Université de Wageningen, Pays-Bas), 222-224
irréversibilité du changement climatique, 8, 10, 25-27, 39
Irwin, Steve, 156

Jackson, Tim, 60
Jour du dépassement, 47

Kasser, Tim, 141, 178, 239, 241
Keeling, Charles David, 200
Keith, David, 62
Keynes, John Maynard, 80, 83, 103
   Perspectives économiques pour nos petits-enfants, 103
King, David, 40, 70
Kuznets (courbe de), 54

Lahsen, Myanna, 119-121
Lawrence Livermore National Laboratory, 207
Leiserowitz, Anthony, 127, 142
Leontief, Wassily, 74
Lertzman, Renée, 129
Limbaugh, Rush, 129
lobby des combustibles fossiles, 12, 68, 124, 137, 166, 189
   et corruption de la démocratie, 247
lobby du tabac, 124-125
lobbying, 181, 184, 247-248
Lomborg, Bjorn, 19-20, 53, 55
Lovelock, James, 148, 167-170, 172
Lovins, Amery, 195

maîtrise de la nature *voir* domination de la nature
Maldives, 44
Malthus, Thomas, 58-59

Maniates, Michael, 96-97
marketing, 84, 86, 91, 105
  et écoblanchiment, 99-101
  et enfants, 105
  voir aussi publicité
marques commerciales et jeunesse, 105
matérialisme, 48-49
mécanisme, *voir* philosophie mécaniste ; philosophes, écrivains, et philosophie mécaniste
mécanismes de défense psychologique, 142-143
mécanismes de rétroaction, 12 15, 21-24, 37-43, 352
Merkel, Angela, 130, 221
mer, *voir* élévation du niveau des mers
méthane (gaz à effet de serre), 21-22, 24, 30, 204, 218, 251
migrations environnementales, 44, 67, 172, 215
Mill, John Stuart, 80
minimisation de la menace (mécanisme de défense psychologique), 142
modernité, 80-81, 109, 119-121, 133
  mouvements écologiques et changement climatique comme menaces, 45, 116-117, 245
  et philosophie mécaniste, 157-162
  et Chine, 109
  et consommation, 60, 81, 173
  et marques commerciales, 109
Monbiot, George, 123
Monde des pâquerettes et théorie Gaïa, 170
mort, 7, 138, 145, 175, 178
  de l'avenir, 236
  de la nature, 157-162
  de la Terre, 171
  et anxiété, 235, 238
  et identité personnelle, 91-92
Murtaugh, Paul, 57-58
mythe de l'adaptation au changement climatique, 43-45
mythe de la nécessité d'une puissance énergétique « de base », 191-193
mythe de la stabilisation du changement climatique, 37-43
mythes grecs
  Achille et Hector, 203-204
  Cassandre et Apollon, 8-9
  Hubris et Némésis, 203-204
  Pandore, 149, 166
  Prométhée, 166, 179

NASA, 14-15
National Academy of Sciences, 202
National Space Society, 62
Nations unies *voir* Convention-cadre des Nations unies sur les changements climatiques
nature, 155-179
  et Newton, 162-165
  et philosophie hermétique, 157, 163-164
  mort, 157-162
  peur, 156
  réaffirmation de son pouvoir, 244
  voir aussi construction du Moi ; divorce d'avec la nature ; domination de la nature ; philosophie mécaniste
Newton, Isaac, 162-165, 243
Nordhaus, William, 72-73
Norgaard, Kari Marie, 146-147, 150

Obama, Barack, 41, 117, 125, 182-183, 201
Occident, 17, 48-53, 102-103, 107, 116, 133, 242
  et néoconservatisme, 116-125, 135
  et Chine, 105-111
  et *Halte à la croissance ?*, 51-52
océans, 198
O'Neill, Brendan, 133-135
optimisme, 8, 149-153

paléo-climatologie, 13, 26, 38, 221-222
Pandore (mythe de), 149, 166
Peabody, 12
pergélisol, 15, 22, 38
Perspectives économiques pour nos petits-enfants (Johan Maynard Keynes), 103
pessimisme, 152-153, 237-238
Philip Morris, 123-124
philosophie hermétique, 157, 163-164
Philosophie mécaniste, 157-162
voir aussi philosophes, écrivains, et philosophie mécaniste
philosophes, écrivains, et philosophie mécaniste
  d'Aquin, Thomas, 159, 171
  Bacon, Francis, 158
  Boyle, Robert, 160-161, 203
  Descartes, René, 157, 159
  Goethe, Johann, 158, 160
  Newton, Isaac, 162-165, 243
  Platon, 157
  Wordsworth, William, 137, 158-159
PIB, *voir* produit intérieur brut
Platon, 137
politisation du changement climatique, 116-125
  écologie comme défi aux valeurs conservatrices occidentales, 51, 118, 125-126
  et analyse par l'extrême gauche, 131-137
  et convergence entre l'extrême gauche et l'extrême droite, 133
  et post-structuralisme, 135-136
  reflète les valeurs individuelles et l'idéologie politique, 125-130
pollution de l'air, 25, 36, 42
  et aviation mondiale, 199
  masque le réchauffement climatique, 25, 36, 42
  sa réduction augmente l'intensité du rayonnement parvenant à la surface de la Terre, 199
  preuves scientifiques du changement climatique, 13-45, 215-231
  voir aussi science climatique
Principia Mathematica (Isaac Newton), 162-163
Printemps silencieux (Silent Spring), 50
produit intérieur brut (PIB), 57-61, 65-67, 79-80
progrès
  écologie comme menace pour le progrès, 45, 116-118, 245
  identifié à la croissance, 49, 119
  implique une séparation entre les hommes et la nature, 155
  lié à la maîtrise de la nature, 118
  menace pour la planète, 234
  mesuré par le PIB, 49
  nécessité de le redéfinir, 104
  valeur fondatrice de l'Occident, 233
  voir aussi modernité
projet de capture du carbone de Sleipner, 185
Prométhée (mythe de), 166, 179
protestantisme et capitalisme, 165-168, 241
protocole de Kyoto, 54, 67, 147
puissance énergétique « de base », 191-193
publicité, 84-86, 104-105
  voir aussi marketing ; communication
Putnam, Robert, 174

racines du déni du changement climatique, *voir* politisation du changement climatique
rapport Brundtland, 55, 99
rapport Garnaut, 37, 40, 70, 182-183, 201
rapport Stern, 37, 67-78, 182, 188, 201, 210, 219, 252

Rapport sur le développement mondial, 54
réaction conservatrice contre la science du climat, 116-125
et besoin d'une opposition après l'effondrement de l'Union Soviétique, 116
et écologie scientifique, 116
et ExxonMobil, 12, 122, 124, 208
et George H. W. Bush, 116
et rapport Stern, 66-71
et soutien à l'ingénierie climatique, 206-213
Reagan, Ronald, 51, 122, 207
voir aussi politisation du changement climatique
réchauffement mondial, *voir* changement climatique
recherche de boucs émissaires (stratégie d'adaptation inopérante), 146-149
réduction de la durée de la journée de travail *voir* durée de la journée de travail
réduction du rayonnement solaire, 197-199
réfugiés climatiques, 44, 67, 172, 215
réponses psychologiques au changement climatique, 113-114, 137-153
voir aussi changement climatique ; dissonance cognitive ; stratégies d'adaptation inadéquates
responsables et campagnes de communication, *voir* communication
rétroaction négative (compensation), *voir* mécanismes de rétroaction
rétroaction positive, *voir* mécanismes de rétroaction
révolution consumériste, 83
révolution industrielle, 83, 158, 167, 179
révolution scientifique, 243
richesse, 60-61, 74, 79, 118, 128, 162, 241, 247
voir aussi aisance

Rio Tinto, 12
Royal Society, 134, 160
Rudd, Kevin, 182-183

Scepticisme climatique, *voir* climatoscepticisme ; déni du changement climatique
Schellnhuber, Hans, 218-219
Schlax, Michael, 57
Schultz, Wesley, 155
science du climat, 13-45, 135, 188, 215-231
attaquée par les conservateurs, 119-125, 143-146
et opinion publique, 125-131
Scripps Institution of Oceanography, 42
Seligman, Martin, 152
Serreze, Mark, 15
seuils de basculement, 8, 13, 22, 27-28, 35-36, 40-43, 230
Shakespeare, 242
Sheikh, Imran, 195
Sheldon et Kasser, 239
Shell, 99, 139
Sibérie, 15, 22, 218, 225
« Six Amériques » (étude), 127-130
Six Degrés (Mark Lynas), 215
Sleipner (projet de capture du carbone de), 185
Smil, Vaclav, 186
Snow, John W., 111
société de consommation *voir* consumérisme
société de production
et Chine, 109
et consumérisme vert, 96
et transformation vers une société de consommation, 83-84, 86-87
sommet de la Terre de Rio, 116
sources d'énergie renouvelable, 190-196
stabilisation du réchauffement climatique, 37-43

Index

Stern, Nicholas *voir* rapport Stern
Stern, Todd, 41
stockage hydraulique de l'énergie, 193
stratégie de « dépassement » (pour l'atténuation du changement climatique), 40, 219
stratégies d'adaptation inopérantes, 137-141
  attitude de fuite par dérision, 237-238
  faux espoirs, 149-153
  mécanismes de défense, 141-143
  recherche de boucs émissaires, 146-149
surconsommation
  et coûts psychologiques, 89
  et industrie du stockage, 88-89

technologie
  considérée comme une aubaine pour le bien-être, 50
  et croissance continue de l'économie et de la population, 52, 57-64
  et mythe de Prométhée, 166
  peut-elle nous sauver ?, 57-64, 120, 181-214
  voir aussi divorce avec la nature ; domination de la nature
Terre morte, 158
Terre vivante, 160, 162-163, 167-168, 243
  et théorie Gaïa, 167-169
Thatcher, Margaret, 135
théorie Gaïa, 167-172
théorie de la « reconstruction post-traumatique », 240
the World Without Us (Weissman, Alan), 148

Tibet, 42
Tol, Richard, 75
Toland, John, 164
traité de l'Antarctique (1959), 212
traité international sur la Lune, 212
Tuvalu, 44, 224, 229

Union des scientifiques concernés, 95
Union européenne et objectif des 2 °C, 24, 218
US National Snow and Ice Data Center, 15

Valeurs, idéologie et attitudes face au changement climatique, 118, 125-137
  étude des « Six Amériques », 127-131
  vivre dans un monde avec un climat différent, 7-12, 233-249
  acceptation, 238-242
  action à travers un engagement politique, 245-249
  désespoir, 233-238
  nécessité de réévaluer l'avenir, 233-235
  perte de l'avenir, 236
  potentiel d'émergence de valeurs nouvelles, 240-241
  psychologiquement déstabilisant, 245
  reconceptualiser la Terre, 243-245
  réévaluer le sens de la vie, 242-245

WALL-E, 61-63
Weber, Max, 165
Wordsworth, William, 158-159
Wright, Judith, 172
WWF, 95

IMPRIM'VERT®

Achevé d'imprimer par Corlet, Imprimeur, S.A.
14110 Condé-sur-Noireau
N° d'Imprimeur : 157358 - Dépôt légal : septembre 2013
Imprimé en France